# 表层水中DOM的光化学活性及其氧化潜势

李英杰　刘华英　屠依娜　著

科学出版社

北京

## 内 容 简 介

本书总结作者团队近十年对表层水中溶解有机物（DOM）光化学活性及其氧化潜势的研究成果，较为系统地阐述不同类型 DOM（如高原湖泊 DOM、河口水 DOM、塑料溶出物、溶解黑炭等）的光化学活性的差异及其对水环境中经常检测出的有机微污染物转化的影响机理，并基于简单的光谱参数构建可用于预测 DOM 光化学活性的预测模型。研究成果对认识表层水中污染物的光化学持久性和提升流域污染物治理效率具有理论指导意义。

本书可供环境类专业的本科生、研究生和专门从事环境污染化学相关研究的科研人员参考使用。

**图书在版编目（CIP）数据**

表层水中 DOM 的光化学活性及其氧化潜势 / 李英杰，刘华英，屠依娜著. -- 北京 ：科学出版社，2024. 9. -- ISBN 978-7-03-079090-3

Ⅰ. X52

中国国家版本馆 CIP 数据核字第 2024UB3347 号

责任编辑：武雯雯 / 责任校对：彭 映
责任印制：罗 科 / 封面设计：墨创文化

科学出版社出版
北京东黄城根北街 16 号
邮政编码：100717
http://www.sciencep.com
成都锦瑞印刷有限责任公司印刷
科学出版社发行 各地新华书店经销
*
2024 年 9 月第 一 版 开本：787×1092 1/16
2024 年 9 月第一次印刷 印张：9
字数：213 000

**定价：118.00 元**

（如有印装质量问题，我社负责调换）

# 前　言

溶解有机物（DOM）是水环境的重要组成部分，影响污染物的生物地球化学过程。DOM 也是表层水中最为重要的吸光物质和光敏剂，可通过光介导产生激发三重态 DOM（$^3DOM^*$）、单线态氧（$^1O_2$）、羟基自由基（•OH）、超氧自由基（$•O_2^-$）等一系列高反应性的活性氧物种，显著影响诸多污染物的降解转化。DOM 的光化学活性与其来源密切相关，不同来源 DOM 的分子结构与组成差异巨大，呈现不同的光化学活性。因此，本书研究不同来源 DOM 的光化学活性，并构建有关光介导活性氧物种生成能力的预测模型，对深入认识 DOM 的分子结构和环境光化学行为具有重要意义。

本书在国家自然科学基金和云南省优秀青年科学基金等的持续资助下，面向水环境中不同来源的 DOM（如高原湖泊 DOM、河口水 DOM、塑料溶出物溶解黑炭），开展较为系统的环境光化学行为与水质参数影响等研究，研究 DOM 光敏化降解有机微污染物的潜势，构建基于简单的光谱参数便可预测 DOM 光化学活性的模型。研究有助于深入认识表层水中不同来源 DOM 的光化学活性及其差异，以及其光敏化降解有机污染物的潜势，可为流域内水体污染治理效率的提升和水体修复提供科学依据。

本书总结了作者团队近十年对 DOM 光化学行为及其对有机微污染物光化学转化影响的研究成果，研究工作得到了团队成员房岐、屠依娜、石凤丽、张志宇、雷雅杰、侯智超、唐威、吴玮琳、周碟等的大力支持，在此表示感谢！

由于作者水平有限，书中难免存在不足之处，敬请各位专家、同行批评指正。

# 目录

# 第1章 绪　论

## 1.1 DOM的组成、来源及特性

溶解有机质（dissolved organic matter，DOM）在自然水体中能够被检测到，最早认为水体中能够通过孔径为0.45 μm的滤膜的有机物就是溶解有机物[1]，它在环境中的物质的量浓度范围为0.5～100 $mg \cdot L^{-1}$。DOM在地表水体中广泛存在，对地表水体起到了至关重要的作用[2]，它具有不同类型的活性官能团，如醌基、羧基、酮基、酰胺基、酚羟基、脂基等。DOM的发色成分可以吸收太阳光，是环境水体中的重要吸光组分。在水生生态系统中，它可以作为反应载体与水体中的有机污染物发生反应，对污染物在水体中的迁移转化具有重要的影响。水体中的DOM是重要的碳库，它的含量变化能够影响全球范围内的碳循环[3]，同时DOM也能在一定程度上调节生态系统。不仅如此，DOM还是水体中很多微生物的重要能量来源[4]。由此可见，DOM在生物地球化学循环中起到了重要作用。自然水体中主要的有机物组分如图1-1所示。

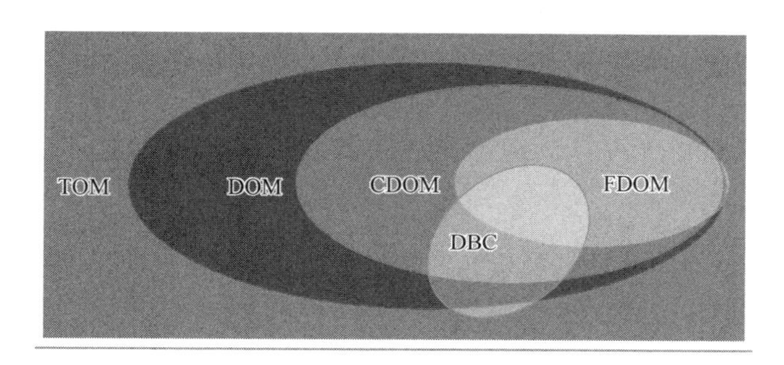


图1-1　自然水体中主要的有机物组分示意图[5]

TOM（total organic matter）为总有机物；DOM为溶解有机质；DOC（dissolved organic carbon）为溶解有机碳；CDOM（chromophoric dissolved organic matter）为有色溶解有机物；FDOM（fluorescent dissolved organic matter）为荧光溶解有机物；DBC为溶解黑炭

溶解有机物中能对太阳光进行吸收的组分被定义为有色溶解有机物（CDOM），其可以吸收波长为230～700 nm的紫外光及可见光，芳香类物质的含量较高[6]。CDOM有较强的光学活性，所以CDOM对水生生态系统有两个主要的作用：①可以吸收紫外光，使得水生生物不会受到过强的紫外光辐射；②可以吸收可见蓝光，使得光合作用的效率下降[7]。水体中的部分CDOM在吸收自然光后，在短波长光的激发下，会发出波长长于吸收波长的荧光，这部分物质称为荧光溶解有机物（FDOM）[8]。荧光光谱相较于CDOM的光谱，灵敏度更高，且可以作为指示有机物来源和化学性质的更加敏感和有效的因子。除CDOM和FDOM这两种组分以外，溶解黑炭也是溶解有机质中一种较重要的组分，它主要来源于生物质和化石燃料的不完全燃烧，经过长时间风化后溶解到水体中[9]。溶解黑炭作为难降解碳，对全球碳循环具有重要的影响，同时它还与气候变化[10]和空气污染[11]等环境问题密切相关。在地表水中，溶解黑炭的含量与溶解有机碳的含量呈显著的线性相关关系[12]。

环境中的DOM来源非常广泛，包括动植物及微生物的分解物、根系的分泌物、动物的排泄物，以及部分有机质的分解及腐殖化产物等[13]。在自然水环境中，DOM根据来源一般分为内源性DOM及外源性DOM，而水体中的藻类、水生植物及微生物的分泌物和降解产物等是内源性DOM的主要来源[14-16]，表现为以类蛋白质为主要成分；动植物残骸以及土壤中的有机质经微生物分解后产生的有机物是外源性DOM的主要来源[16, 17]，表现为以类腐殖质为主要成分。不同来源的DOM分子结构差异较大，且理化性质也有所不同。除此之外，生活污水的排放、人类活动、土地利用、沉积物再悬浮、雨水、水体富营养化程度等也会影响DOM的含量与分布[18, 19]。

DOM的组成较复杂，是由多种组分构成的天然有机质（natural organic matter，NOM）混合体，所以在研究时往往只能根据某些特性将其分成不同组分（或形态）[20]，可以根据不同的分类方式对其进行分类（图1-2）。由于DOM的介质有较大差异，可以根据DOM的介质对DOM进行分类[21]。利用不同的DOM提取方法如超滤、膜渗析、凝胶层析等[22]，可以对DOM的分子量进行分级，提取到的DOM分子量大小不一，所以也可以利用DOM分子量的大小来对DOM进行分类[23]。Leenheer和Huffman[24]按化合物的极性和电荷特性，使用离子交换树脂将DOM分为亲水性、亲脂性、酸溶性、中性以及碱溶性五类，该方法能够更好地反映DOM中的各种组分与有机污染物的反应机理，因此目前使用得较多。

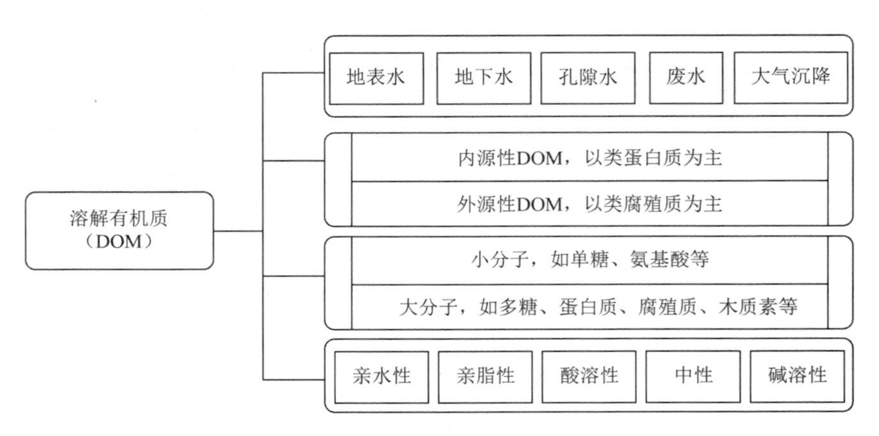


图1-2 溶解有机质（DOM）的分类[25]

## 1.2 DOM的光化学行为

在天然水体中，DOM具有大量的有机共轭体系，对紫外光具有强烈的吸收作用。除DOM以外，还存在其他的吸光物质，当波长小于250 nm时，水体中的无机物对太阳光也有一定的吸收作用[26]。所以对于紫外光谱的检测波长，一般选择250～800 nm，使用紫外可见吸收光谱研究DOM的特征和性质。但使用紫外可见吸收光谱测得的吸收光谱较宽，无法分析出特征吸收峰，所以一般会对光谱数据进行处理，采用吸收系数来描述它们的吸收特性。常用的四种表征吸收光谱特征的参数分别为吸收系数（$a$）、光谱斜率（$S$）、吸收系数比，以及254 nm处单位有机碳的吸收系数（$SUVA_{254}$）（表1-1）。其中常用的吸收系数为$a_{254}$[27-29]、$a_{300}$[30, 31]、$a_{350}$[32]、$a_{355}$[33]等，一般用来表征水体中CDOM的丰度，或用来表征DOM中的木质素酚类和疏水组分[34]，$a_{254}$也可以用来评估湖泊的营养状态[35]。波长为275～295 nm的光谱斜率与波长为290～350 nm的光谱斜率的比值（$S_{275\sim295}/S_{290\sim350}$）一般用来分析DOM的来源与组成，DOM来源不同，则光谱斜率也不同，该参数可以反映DOM中富里酸和腐殖酸的含量比[36, 37]，同时也可以反映DOM的光漂白程度，它与DOM的光漂白程度呈正相关[38]。$SUVA_{254}$值的大小可用来表示腐殖质样品中芳香性结构含量的多少，通常$SUVA_{254}$值的大小与DOM的芳香性呈正相关[39]。常用的吸收系数比一般为$E_2/E_3$（$A_{250}/A_{365}$）和$E_4/E_6$（$A_{465}/A_{665}$），其中$E_2/E_3$与DOM分子量的大小成反比，其值越大，DOM的分子量越小。通常情况下，腐殖酸分子量较大，富里酸较小，所以DOM分子量的大小在一定程度上反映了DOM中腐殖酸结构所占的比例，DOM分子量越大，意味着腐殖酸的含量越高[40, 41]。同时$E_2/E_3$值的大小也反映了DOM通过电荷转移发生光化学反应的情况，该值与光化学反应受电荷转移的影响成反比，即$E_2/E_3$值越大，光化学反应受电荷转移的影响越小[42]。$E_4/E_6$可以反映苯环C骨架的聚合度，$E_4/E_6$值越大，表明苯环C骨架的聚合度越小，苯环C骨架的聚合度一般与分子量的大小呈正相关，$E_4/E_6$值下降表明聚合度上升，此时该结构的分子量也会相应地增大[43]。

**表1-1 DOM的光谱参数**

| 光谱参数 | 代表信息 | 内源性DOM | 外源性DOM |
|---|---|---|---|
| $E_2/E_3$[44, 45] | 与DOM的分子量呈负相关 | 大 | 小 |
| $SUVA_{254}$[39] | 与样品的芳香性呈正相关 | 小 | 大 |
| $S_R$[46, 47] | 与DOM的分子量呈负相关，与DOM的光漂白程度呈正相关 | ＞1 | |
| 荧光指数（fluorescence index，FI）[48] | 与DOM的芳香性有关，指示DOM的来源 | ＞1.9 | ＜1.4 |
| 腐殖化指数（humification index，HIX）[49] | 表征DOM腐殖化程度 | ＜4 | 10～16 |
| 自生源指数（biological index，BIX）[49] | 表征DOM的自生源特性 | ＞0.8 | ＜0.8 |

三维荧光光谱（3DEEM）目前广泛用于分析水体中DOM的特征与性质，由于DOM中的芳香烃、氨基酸和蛋白质等都具有荧光特性[50]，所以使用3DEEM可以比较简单、方便、快速和无破坏性地进行实验测定。平行因子分析法（PARAFAC）是目前三维荧光

光谱解析中最常用的分析方法，该分析方法可以减少荧光组分间的干扰，使定量结果相对更为准确。通常在3DEEM图中，主要能观察到两类物质的荧光信号：类腐殖质荧光信号与类蛋白质荧光信号。其中类腐殖质荧光团的发光波长主要为400～500 nm，类腐殖酸主要包括类富里酸和类腐殖酸[51]，而类蛋白质荧光团的发光波长主要为300～380 nm，类蛋白质类主要包括类色氨酸和类络氨酸及其衍生物[52]。根据DOM在3DEEM中的激发波长（$\lambda_{ex}$，nm）和发射波长（$\lambda_{em}$，nm）不同，可以将DOM细分为六类物质，即类腐殖质（紫外光类富里酸）峰A、类蛋白质（络氨酸）峰B、类腐殖质（可见光类富里酸）峰C、类腐殖质（胡敏酸）峰F、海洋类腐殖质峰M和类蛋白质（色氨酸）峰T[53, 54]。目前使用较多的荧光参数主要有三种，分别为荧光指数（FI）、自生源指数（BIX）和腐殖化指数（HIX）。FI值的大小与DOM的芳香性有关，常用该指数反映DOM的来源[55]，分析研究DOM究竟为外源性DOM（FI＜1.4）还是内源性DOM（FI＞1.9），BIX多用来表示DOM的生物可利用性。

DOM在地表水中广泛存在，它具有不同类型的活性官能团，如醌基、羧基、酮基、酰胺基、酚羟基、脂基等，这些官能团之间可以发生电子转移。一般来说，DOM结构中具有供电子能力（electron donating capacity，EDC）的官能团多为酚类结构，具有接受电子能力的官能团多为醌类结构，供电子能力表征DOM在氧化还原反应过程中能够转移的电子数量，是常用来表示DOM氧化还原能力的参数，目前用得较多的测量方法是介导电化学氧化（mediated electrochemical oxidation，MEO）法。不同的DOM在氧化还原能力方面存在一定的差异，这是因为DOM所含的酚类结构以及醌类结构的含量占比存在差异，通常水源性DOM酚类结构的含量较高，一般有较强的供电子能力，而陆源性DOM醌类结构的含量较高，具有较强的接受电子能力。

一般来说，DOM的光化学反应可以分为直接光降解反应和间接光降解反应，而直接光降解反应又可以分为两类，一类反应可以归为光漂白，即DOM中的发色部分对紫外-可见光进行吸收，使得太阳光能够辐照穿透更深的水体深度[56]，除此之外，还会产生其他的影响。浮游植物的光合作用主要依靠吸收太阳光进行，当水体的光漂白效应比较强时，太阳光的辐照深度增加，在一定程度上会使得浮游植物的光合作用增强，同时也会影响水体中的微生物。另一类反应可以归为光矿化，DOM经过光矿化反应以后，会生成一些小分子物质，如$CO_2$、CO等，从而影响水体中的碳循环。

DOM发生间接光反应，主要是由于DOM中的物质（如腐殖质、无机离子等）在吸收太阳光以后会达到激发状态成为光敏剂，这些物质可以通过能量转移或者电荷转移使得DOM发生键断裂或者被氧化，并产生活性氧自由基[如单线态氧（$^1O_2$）、羟基自由基（•OH）等]，从而生成小分子物质发生降解反应[57]。如图1-3所示，环境中的DOM吸收光子后会被激发产生$^1DOM^*$，$^1DOM^*$的反应活性很强，但是该活性氧物种的寿命短且稳态浓度低[58]。生成$^1DOM^*$以后，通过系间窜越生成$^3DOM^*$，相较于$^1DOM^*$，$^3DOM^*$的反应活性要低一些，但是在环境水体中，它的稳态浓度更高（$10^{-14}$～$10^{-12}$ mol·L$^{-1}$[59]），存活时间也更长（约为2 μs[59]），所以它在环境体系中的作用相较于$^1DOM^*$更重要。DOM分子含有大量的得电子结构（包括醌、酮和醛等）和供电子结构（酚、胺和羧酸等）[60, 61]，在生成$^3DOM^*$以后，这些结构之间会发生分子内电子转移反应，从而生成DOM自由基

正负离子 $DOM^{\cdot+/\cdot-}$。$DOM^{\cdot+/\cdot-}$可以与水体中的 $O_2$ 反应，生成 $O_2^{\cdot-}$，之后经过歧化反应可以生成 $H_2O_2$，后续可以生成·OH。$^3DOM^*$与水体中的溶解氧分子发生反应后，通过能量转移的方式将 $^3DOM^*$的能量转移给 $O_2$ 分子，从而生成单线态氧 $^1O_2$[62]，$^3DOM^*$是 $^1O_2$ 的反应前驱体。除此之外，$^3DOM^*$也可以与水体中的溶解氧分子通过电子转移的方式发生反应，直接生成 $O_2^{\cdot-}$[60]，$^3DOM^*$还可以通过多种途径反应生成•OH，它也是•OH 的反应前驱体，但是该反应相较于生成单线态氧的反应较弱。

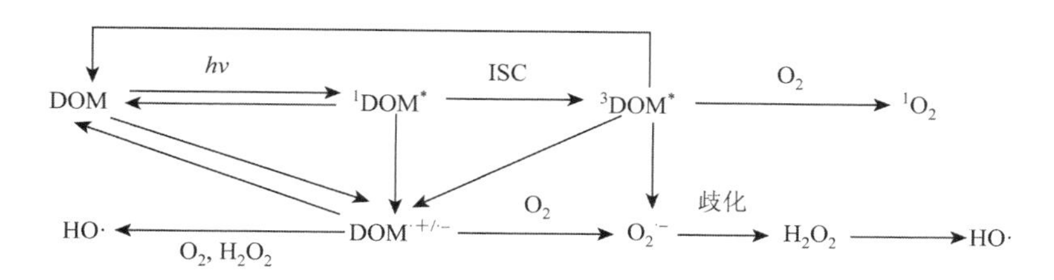


图 1-3　DOM 激发活性氧物种的途径

在环境水体中，DOM 的光降解反应一般发生在浅表层水体中，而且 DOM 的光降解受环境因素的影响非常大，其中环境水体的 pH、太阳光的光照、水体的深度、水体中的金属离子以及无机盐的含量等都会对DOM的光降解产生一定的影响。一般情况下，天然水体的 pH 变化不大，但是若受到季节变化、天气条件以及人为干扰等多种因素的影响，水体的 pH 也会发生变化，它会影响 DOM 在水体中的存在形态。除此之外，水体的 pH 也是影响 DOM 在水体中的化学反应和降解速率的一个重要因素[63]。光照条件对 DOM 光反应的影响非常直接，DOM 需要吸收太阳光才能进行光反应，在进行模拟实验时，如果选择的光源不同，反应的光强一定，那么反应速率以及反应产物都有可能产生差别。除此之外，不同的地区紫外照射强度可能不同，在高原地区，紫外线强烈，使得光漂白效应较强，从而影响 DOM 的化学结构以及产生的活性氧物种的活性。水体中的金属离子如 $Fe^{2+}$、$Cu^{2+}$等，不仅可以参与 DOM 产生活性氧自由基的过程，而且可以与 DOM 进行络合反应，生成不同的络合物[64]，这些络合物的反应活性各不相同，会影响 DOM 的光降解。水体中的无机盐如卤素离子，可以与·OH、$^3DOM^*$等发生反应，生成卤素自由基，发生 DOM 的卤化[65]。水体中的硝酸盐、磷酸盐等无机盐离子，化学性质不稳定，直接受到光照之后容易被分解，产生多种活性氧自由基，使得 DOM 的光降解速率受到影响[66]。

## 1.3　DOM 光致 ROS 对有机微污染物光解的影响

### 1.3.1　DOM 的光漂白及其对有机微污染物光化学行为的影响

DOM 是水体中重要的吸光组分，DOM 中的发色部分吸收紫外-可见光后会发生一系列光化学反应，而 DOM 在光化学降解过程中因吸收紫外光导致吸光度及荧光强度降低的过程就叫作光漂白。DOM 的光漂白包括发色团的直接漂白以及间接漂白，其中间接光漂白是指通过光化学反应产生的活性物质破坏发色团，间接光漂白与直接转化相比，对 DOM 光漂白的贡献相对较小[67]。有研究指出，DOM 的光漂白会破坏它的共轭结构，使其对光的吸收能力下降，吸收光谱发生蓝移（往短波方向移动）[68]。DOM 的光漂白与其分子量的大小有关，光漂白会使 DOM 的分子量下降，DOM 的分子量越小，光漂白活性越低[46]。此外，光漂白还会使 DOM 表现出从陆源性 DOM 向自生源性 DOM 转化的趋势[69]。DOM 的光漂白效应对自然水体中的生态环境有比较重要的意义，它能够让太阳光辐照穿透水体的深度加深[56]，除此之外，还会产生其他的影响。浮游植物的光合作用主要依靠吸收太阳光进行，当水体的光漂白效应比较强时，太阳光的辐照深度增加，在一定程度上会使得浮游植物的光合作用增强，同时也会影响水体中的微生物。不仅如此，DOM 与环境水体中金属离子的络合也会受到光漂白的影响，水体中有机微污染物的分布及迁移转化和生态毒性也与光漂白存在一定的关系。对有的污染物而言，一些能够使污染物发生敏化降解的 DOM 官能团可能会在光漂白过程中与活性氧物种发生反应，从而导致这些官能团含量减少甚至消失，污染物的降解速率下降，有的污染物甚至可以淬灭 DOM 吸光以后产生的活性氧物种，使得 DOM 分子中光敏基团的光转化受到抑制，从而使得该污染物的降解速率降低。

### 1.3.2　DOM 与金属离子络合对 DOM 光化学行为的影响

DOM 能为金属离子提供结合位点，与金属离子配位形成 DOM-金属络合物。DOM 所含的氧化还原基团对其光化学活性起主导作用，如芳香酮类基团和酚类基团等。DOM-金属络合物的形成既影响金属离子在水体中的迁移性，同时也影响 DOM 的光活性。金属离子与 DOM 共存会使 DOM 的荧光强度降低，改变 DOM 的荧光光谱响应状态。有研究发现，铁对 DOM 荧光的淬灭程度和区域会随着铁与溶解有机碳的浓度比、DOM 的组成和 pH 变化而变化[70]。

DOM 的光化学活性决定着其光致生成活性物种的能力。DOM 吸收光子后跃迁到 $^1DOM^*$，经系间窜越形成 $^3DOM^*$。$^3DOM^*$与水体中的 $O_2$、$H_2O$ 或其他物质进行能量转移和电子转移后进一步生成 $^1O_2$、$\cdot O_2^-$ 和$\cdot OH$ 等活性物种，这些活性物种对水体中有机污染物的光降解有重要意义。同时，环境中共存的金属离子可通过静态淬灭和动态淬灭减少 DOM 光致生成的活性氧（reactive oxygen species，ROS）。发生静态淬灭是由于金属离子与 DOM 反应生成基态络合物，DOM 吸收光子后生成的 $^1DOM^*$减少，进而导致通过 $^1DOM^*$ 系间窜越生成的 $^3DOM^*$减少。发生动态淬灭是由于 DOM 吸收光子后激发生成的 $^3DOM^*$ 与金属离子发生碰撞，$^3DOM^*$与金属离子之间的相互作用使 $^3DOM^*$回到基态。$^3DOM^*$作为 $^1O_2$、$\cdot O_2^-$ 和$\cdot OH$ 等活性氧物种的前驱体，其产率的降低会进一步减少活性氧物种的产生。有研究表明，金属离子的静态淬灭和动态淬灭效应会导致 $^3DOM^*$减少，且淬灭程度与金属离子和 DOM 的结合能力呈正相关。有研究指出，铁离子与 DOM 的芳香酮、醌类官能团的相互作用使得 DOM 光致生成 $^1O_2$ 的量子产率减小[71]。刘砚弘等[72]的研究表明，Fe(III)浓度较高时，对 DOM 生成 $^3DOM^*$、$^1O_2$、$\cdot OH$ 的能力具有抑制作用，低浓度的 Fe(III) 则对活性物种的生成无显著影响。金属离子共存会对 DOM 产生淬灭作用，还有其他的研究表明金属-DOM 配合物在光照条件下能使金属离子发生氧化还原循环，促进•OH 的生成。根据相关研究，Fe(III)和腐殖酸（HA）的羧基官能团配位结合后，生成的 Fe(III)-HA 配合物会光致发生配体-金属电荷转移反应，生成更多的•OH。

### 1.3.3 DOM 与卤素离子共存对 DOM 光化学行为的影响

河口长期以来都被认为是重要的生态系统，是为水体生物提供丰富营养物质的区域[73]。随着人类活动的开展和化工的发展，河口和海洋接纳了大量从河流上游顺流而至的有机微污染物[73]。来自河口和海洋的 DOM 对水体中有机微污染物的间接光解是保护河口和海洋生态系统的重要途径之一，同时也是自然界消减水体有机微污染物的途径之一。河口和海洋相较于淡水含有大量高浓度的卤化物以及高浓度的离子[74]。河口和海洋中的卤素离子会影响水体中 DOM 的光物理性质和光化学活性。Grebel 等[75]研究发现，相较于淡水基质，任何来源的 DOM 在人工海水中的吸光度和光漂白速率都会增加 40%左右。其中，人工海水中的卤素盐类并不会影响 DOM 发色团中的荧光结合团。DOM 光漂白实验也证明，离子强度不会影响 DOM 发色团的光漂白。DOM 在海水环境中产生光漂白现象是因为溴离子产生特殊盐离子效应，而非氯离子。同时，河口和海洋中丰富的卤素离子（如氯离子和溴离子）也会明显影响 DOM 光诱导生成 ROS 的速率。河口和海洋中的溴离子作为•OH 的高效淬灭剂，可淬灭约 93%的•OH，致使•OH 稳态浓度减小约 40%，并生成活性更高的活性卤素（reactive halogen species，RHS）[76]，而 RHS 将能够更有选择性地与 DOM 中的富电子基团发生反应[75]。RHS 的生成途径如下：

$$\bullet OH + Br^{-} \rightarrow OH^{-} + Br^{\bullet}$$

$$^{3}DOM^{*} + Br^{-} \rightarrow DOM^{-\bullet} + Br^{\bullet}$$

$$Br^{\bullet} + Br^{-} \leftrightarrow Br_2^{-\bullet}$$

$$\bullet OH + Cl^{-} \leftrightarrow ClOH^{-\bullet}$$

$$ClOH^{-\bullet} + H^{+} \leftrightarrow Cl^{\bullet} + H_2O$$

$$Cl^{\bullet} + Cl^{-} \leftrightarrow Cl_2^{-\bullet}$$

由于 $^{3}DOM^{*}$（主要的 ROS）和•OH 等（次要的 ROS）与河口或海洋环境中有机微污染物的间接光降解密切相关，所以卤素离子也会影响盐水环境中 DOM 对有机微污染物的光降解。河口或海洋中 DOM 的光敏化反应及其对有机微污染物的间接光降解途径如图 1-4 所示。基态 DOM 通过吸收光辐照能量，跃迁至高振动能级，生成 $^{1}DOM^{*}$。$^{1}DOM^{*}$可通过光漂白敏化降解有机微污染物，或者通过光子弥散（荧光辐射）以及由其他淬灭途径导致的热能损耗弛豫到基态，或者通过自旋翻转和系间窜越跃迁至更高振动能级的 $^{3}DOM^{*}$。$^{3}DOM^{*}$也会通过光子弥散（磷光辐射）和由其他淬灭途径导致的热能损耗弛豫至基态，或者经历光漂白后间接光敏化降解有机微污染物。由于 $^{3}DOM^{*}$很难自旋翻转至 $^{1}DOM^{*}$，且 $^{3}DOM^{*}$的半衰期比 $^{1}DOM^{*}$的半衰期长，因此 $^{3}DOM^{*}$是地表水光化学反应中的重要反应中间体。此外，$^{3}DOM^{*}$作为高活性分子，可以通过能量转移或电子转移使有机微污染物得到降解，或者通过产生除 $^{3}DOM^{*}$之外的其他 ROS（如 $^{1}O_2$、•OH 等）促进有机微污染物的氧化。

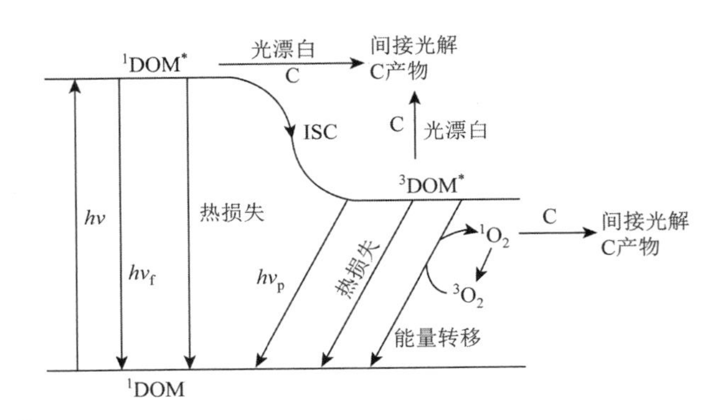


图 1-4　DOM 在河口或海洋中的光敏化反应及间接光降解污染物的可能途径

有机微污染物在地表淡水环境中的间接光降解已被广泛研究[77, 78]，但关于河口和海洋环境中离子强度和卤素离子对有机微污染物光降解影响的研究相对较少。有研究发现，海水中某些有机微污染物的间接光降解和淡水基质相比具有明显的变化[74, 79, 80]。前人的研究表明，在模拟的太阳光辐照条件下，三氯生[81]和呋喃[82]在海水 DOM 中的光降解速率比在淡水 DOM 中的光降解速率要大很多，但布洛芬、酮洛芬、17α-乙炔雌二醇[83]、氟苯尼考和硫霉素[84]在海水 DOM 中的光降解速率和淡水 DOM 没有明显差异。Wang 等[85]在对比海水水域和淡水水域中磺胺类抗生素的光降解速率时发现，海水水域中磺胺类有机微污染物的间接光降解明显增加。

海水和河口水与淡水相比有很多不同，如 pH、卤素离子、离子强度、DOM 来源或浓度等。很多研究针对海水卤化物浓度对有机微污染物的影响展开了调查。在 0.54～0.75 $mol·L^{-1}$ 氯化物和 5 $mg·L^{-1}$DOM 条件下，2, 4-二硝基甲苯的间接光降解速率提升了 4～8 倍[86]，氟虫腈的间接光降解速率提升了 20%左右[87]。卡马西平的间接光降解速率在 DOM、0.42 $mol·L^{-1}$ 氯化物和铁胶体的光辐照溶液中明显提升，并形成了一系列氯化物[88]，这是因为氯化物被铁胶体氧化成了活性更强的氯自由基。而微囊藻毒素、软骨藻酸和二甲基硫醚在海水中的间接光降解增加是因为 $^{3}DOM^{*}$和卤素离子发生氧化还原反应，生成 RHS（如 $Cl^{·}$、$Br^{·}$、$Cl_2^{·-}$、$Br_2^{·-}$和 $ClBr^{·-}$）而造成的[74, 89]。

卤素离子除了影响 DOM 以及 DOM 存在下有机微污染物的间接光降解之外，也会对有机微污染物的直接光降解有一定的影响。前人研究发现，在农药芬那醇的光辐照溶液中分别添加 0.5 $mol·L^{-1}$ 左右的氯离子和溴离子后，可明显抑制农药芬那醇的直接光降解进程[90]。其中氯离子存在条件下，芬那醇的直接光降解速率减小 58%左右；溴离子存在条件下，芬那醇的直接光降解速率减小 81%左右。相关的荧光淬灭实验数据显示，卤素离子能够清除其激发单重态的中间体。Bai 等[91]发现卤化物会抑制 90%左右的 17β-雌二醇的间接光降解，其中 70%归因于卤化物的离子强度效应，其余归因于溴离子的特殊盐离子效应。另外，海水基质中 17β-雌二醇间接光降解的减少与卤化物促进 DOM 发色团的光漂白相关。

由于 DOM 的发色团会通过影响海洋水体光照深度、海洋水体色度和吸收紫外可见光发生光敏化反应影响有机微污染物在海洋中的氧化降解，因此研究卤素离子对河口和海洋环境中有机微污染物间接光降解的影响，以及河口和海洋环境中有机微污染物的归趋及传输模型有重要意义。

## 1.4 DOM 的环境光化学意义

DOM 会对环境水体的质量产生影响。一方面，由于 DOM 具有较强的光化学活性，所以它是影响环境水体透光率的重要因素。环境水体中，大多数 DOM 可以和颗粒态有机质进行相互转化，从而导致水体的浊度出现变化。除此之外，DOM 的光漂白效应会使水体的透光性增加[92]；DOM 在水体中进行光化学反应后的产物会被微生物降解，从而对水体质量产生影响；环境水体中的金属离子（如 $Fe^{2+}$、$Cu^{2+}$等）可以与 DOM 络合，形成络合物，影响这些金属离子在水体中的溶解度；水体中的无机盐离子（如卤素离子等）可以和一些天然矿物发生反应，并在光化学反应的作用下，生成新的产物（如 HOCl、卤甲烷等），对水质安全产生影响[93]。另外，DOM 也会影响水体的 pH。

水体中的 DOM 是非常重要的碳库，DOM 含量的变化会影响全球碳循环过程。DOM 经过光矿化作用或者微生物的不断分解后，可以变成无机小分子化合物或者 $CO_2$、$CH_4$、CO 等气体，这些物质会重新被植物或者微生物利用，经过一系列反应后重新变成有机质进入土壤，或者通过降雨、地表径流等方式再次进入环境水体[94]。

DOM 含有大量的活性官能团，它的发色成分可以吸收太阳光，是湖泊表层水体的重要吸光组分，也是环境水体中重要的光敏物质，可以吸收太阳光产生活性中间体。水体中有机污染物的光降解行为在一定程度上受到 DOM 的影响，DOM 对有机污染物光降解的影响具有两面性，在一些情况下，DOM 可以促进有机污染物的光降解，而在另一些情况下，DOM 可能会抑制有机污染物的光降解。DOM 光致能够产生活性氧自由基（如•OH、$^3DOM^*$、$^1O_2$ 等），这些自由基可以与有机物发生反应，使得有机物被氧化降解[95]，从而促进污染物的降解。DOM 在某些情况下可以充当淬灭剂，淬灭光反应产生的活性氧自由基使得反应体系中有机污染物的降解速率减慢，不仅如此，在一些情况下 DOM 与污染物会产生光屏蔽效应，这同样会导致污染物的降解速率减慢。

## 参考文献

[1] Řezá čová V，Conte P，Komendová R Veronika R，et al. Factors influencing structural heat-induced structural relaxation of dissolved organic matter[J]. Ecotoxicology and Environmental Safety，2019，167：422-428.

[2] Hutzinger O. Environmental science and pollution research[J]. Umweltwissenschaften Und Schadstoff-Forschung，1993，5（2）：61.

[3] 朱礼鑫. 溶解有机物在长江口和南大西洋湾中部河口及其邻近海域的不保守行为及絮凝、光降解影响研究[D]. 上海：华东师范大学，2020.

[4] Carlson C，del Giorgio P，Herndl G. Microbes and the dissipation of energy and respiration：from cells to ecosystems[J].

Oceanography，2007，20（2）：89-100.

[5] 雷雅洁. 高原湖泊溶解性有机质的光化学活性及对典型内分泌干扰物光解的影响[D]. 昆明：昆明理工大学, 2022.

[6] 穆光熠. 河流水体 CDOM 光学特性及其对生态环境要素的响应[D]. 长春：东北师范大学，2019.

[7] 王鑫，张运林，张文宗. 太湖北部湖区 CDOM 光学特性及光降解研究[J]. 环境科学研究，2008，21（6）：130-136.

[8] Coble P G，Green S A，Blough N V，et al. Characterization of dissolved organic matter in the Black Sea by fluorescence spectroscopy[J]. Nature，1990，348：432-435.

[9] Jaffé R，Ding Y，Niggemann J，et al. Global charcoal mobilization from soils via dissolution and riverine transport to the oceans[J]. Science，2013，340（6130）：345-347.

[10] Jacobson M Z. Strong radiative heating due to the mixing state of black carbon in atmospheric aerosols[J]. Nature，2001，409：695-697.

[11] Highwood E J，Kinnersley R P. When smoke gets in our eyes：the multiple impacts of atmospheric black carbon on climate，air quality and health[J]. Environment International，2006，32（4）：560-566.

[12] Ding Y，Yamashita Y，Dodds W K，et al. Dissolved black carbon in grassland streams：is there an effect of recent fire history？[J]. Chemosphere，2013，90（10）：2557-2562.

[13] 陈伟. 环境中典型化学活性有机物及其相关环境行为的分子光谱研究[D]. 合肥：中国科学技术大学，2016.

[14] Villacorte L O，Ekowati Y，Neu T R，et al. Characterisation of algal organic matter produced by bloom-forming marine and freshwater algae[J]. Water Research，2015，73：216-230.

[15] Livanou E，Lagaria A，Psarra S，et al. A DEB-based approach of modeling dissolved organic matter release by phytoplankton[J]. Journal of Sea Research，2019，143：140-151.

[16] Senga Y，Yabe S，Nakamura T，et al. Influence of parasitic chytrids on the quantity and quality of algal dissolved organic matter（AOM）[J]. Water Research，2018，145：346-353.

[17] De Laurentiis E，Buoso S，Maurino V，et al. Optical and photochemical characterization of chromophoric dissolved organic matter from lakes in Terra nova bay，Antarctica. Evidence of considerable photoreactivity in an extreme environment[J]. Environmental Science & Technology，2013，47（24）：14089-14098.

[18] Kieber R J，Whitehead R F，Reid S N，et al. Chromophoric dissolved organic matter（CDOM）in rainwater，southeastern north Carolina，USA[J]. Journal of Atmospheric Chemistry，2006，54（1）：21-41.

[19] Zhang Y L，van Dijk M A，Liu M L，et al. The contribution of phytoplankton degradation to chromophoric dissolved organic matter（CDOM）in eutrophic shallow lakes：field and experimental evidence[J]. Water Research，2009，43（18）：4685-4697.

[20] 陈同斌，陈志军. 土壤中溶解性有机质及其对污染物吸附和解吸行为的影响[J]. 植物营养与肥料学报，1998，4（3）：201-210.

[21] Senesi N，Xing B，Huang P. Dissolved Organic Matter（DOM）in Natural Environments[M]. Hoboken：John Wiley & Sons，Inc；2009.

[22] Marschner B，Bredow A. Temperature effects on release and ecologically relevant properties of dissolved organic carbon in sterilised and biologically active soil samples[J]. Soil Biology and Biochemistry，2002，34（4）：459-466.

[23] Mostofa K M G，Wu F C，Liu C Q，et al. Photochemical，microbial and metal complexation behavior of fluorescent dissolved organic matter in the aquatic environments[J]. Geochemical Journal，2011，45（3）：235-254.

[24] Lenheer J A，Huffman E W D. Classification of organic solutes in water by using macroreticular resin[J]. Journal of Research of the U.S. Geological Survey，1976，4（6）：737-751.

[25] 何伟，白泽琳，李一龙，等. 溶解性有机质特性分析与来源解析的研究进展[J]. 环境科学学报，2016，36（2）：359-372.

[26] Johnson K S，Coletti L J. In situ ultraviolet spectrophotometry for high resolution and long-term monitoring of nitrate，bromide and bisulfide in the ocean[J]. Deep Sea Research Part I：Oceanographic Research Papers，2002，49（7）：1291-1305.

[27] Alberts J J，Takács M T. Total luminescence spectra of IHSS standard and reference fulvic acids，humic acids and natural

organic matter：comparison of aquatic and terrestrial source terms[J]. Organic Geochemistry，2004，35（3）：243-256.

[28] Shang Y X，Song K S，Jacinthe P A，et al. Characterization of CDOM in reservoirs and its linkage to trophic status assessment across China using spectroscopic analysis[J]. Journal of Hydrology，2019，576：1-11.

[29] Song K S，Li S J，Wen Z D，et al. Characterization of chromophoric dissolved organic matter in lakes across the Tibet-Qinghai Plateau using spectroscopic analysis[J]. Journal of Hydrology，2019，579：124190-124193.

[30] Yang L Y，Chen W，Zhuang W E，et al. Characterization and bioavailability of rainwater dissolved organic matter at the southeast coast of China using absorption spectroscopy and fluorescence EEM-PARAFAC[J]. Estuarine Coastal and Shelf Science，2019，217：45-55.

[31] Clark C D，De Bruyn W J，Brahm B，et al. Optical properties of chromophoric dissolved organic matter（CDOM）and dissolved organic carbon（DOC）levels in constructed water treatment wetland systems in southern California，USA[J]. Chemosphere，2020，247：125906.

[32] Lyu L L，Wen Z D，Jacinthe P A，et al. Absorption characteristics of CDOM in treated and non-treated urban lakes in Changchun，China[J]. Environmental Research，2020，182：109084.

[33] Fichot C G，Benner R. A novel method to estimate DOC concentrations from CDOM absorption coefficients in coastal waters[J]. Geophysical Research Letters，2011，38（3）：L03610（1-5）.

[34] Al-Juboori R A，Yusaf T，Pittaway P A. Exploring the correlations between common UV measurements and chemical fractionation for natural waters[J]. Desalination and Water Treatment，2016，57（35）：16324-16335.

[35] Zhang Y L，Jeppesen E，Liu X H，et al. Global loss of aquatic vegetation in lakes[J]. Earth-Science Reviews，2017，173：259-265.

[36] Santos P S M，Otero M，Duarte R M B O，et al. Spectroscopic characterization of dissolved organic matter isolated from rainwater[J]. Chemosphere，2009，74（8）：1053-1061.

[37] Spencer R G M，Pellerin B A，Bergamaschi B A，et al. Diurnal variability in riverine dissolved organic matter composition determined by in situ optical measurement in the San Joaquin River（California，USA）[J]. Hydrological Processes，2007，21（23）：3181-3189.

[38] Timko S A，Romera-Castillo C，Jaffé R，et al. Photo-reactivity of natural dissolved organic matter from fresh to marine waters in the Florida Everglades，USA[J]. Environmental Science：Processes & Impacts，2014，16（4）：866-878.

[39] Weishaar J L，Aiken G R，Bergamaschi B A，et al. Evaluation of specific ultraviolet absorbance as an indicator of the chemical composition and reactivity of dissolved organic carbon[J]. Environmental Science & Technology，2003，37（20）：4702-4708.

[40] Haan H. Solar UV-light penetration and photodegradation of humic substances in peaty lake water[J]. Limnology and Oceanography，1993，38（5）：1072-1076.

[41] 牛城，张运林，朱广伟，等. 天目湖流域 DOM 和 CDOM 光学特性的对比[J]. 环境科学研究，2014，27（9）：998-1007.

[42] Dalrymple R M，Carfagno A K，Sharpless C M. Correlations between dissolved organic matter optical properties and quantum yields of singlet oxygen and hydrogen peroxide[J]. Environmental Science & Technology，2010，44（15）：5824-5829.

[43] 贺润升，徐荣华，韦朝海. 焦化废水生物出水溶解性有机物特性光谱表征[J]. 环境化学，2015，34（1）：129-136.

[44] McCabe A J，Arnold W A. Seasonal and spatial variabilities in the water chemistry of prairie pothole wetlands influence the photoproduction of reactive intermediates[J]. Chemosphere，2016，155：640-647.

[45] McKay G，Huang W X，Romera-Castillo C，et al. Predicting reactive intermediate quantum yields from dissolved organic matter photolysis using optical properties and antioxidant capacity[J]. Environmental Science & Technology，2017，51（10）：5404-5413.

[46] Helms J R，Stubbins A，Ritchie J D，et al. Absorption spectral slopes and slope ratios as indicators of molecular weight，source，and photobleaching of chromophoric dissolved organic matter[J]. Limnology and Oceanography，2008，53（3）：955-969.

[47] McKay G，Couch K D，Mezyk S P，et al. Investigation of the coupled effects of molecular weight and charge-transfer interactions on the optical and photochemical properties of dissolved organic matter[J]. Environmental Science &

Technology，2016，50（15）：8093-8102.

[48] McKnight D M，Boyer E W，Westerhoff P K，et al. Spectrofluorometric characterization of dissolved organic matter for indication of precursor organic material and aromaticity[J]. Limnology and Oceanography，2001，46（1）：38-48.

[49] Huguet A，Vacher L，Relexans S，et al. Properties of fluorescent dissolved organic matter in the Gironde Estuary[J]. Organic Geochemistry，2009，40（6）：706-719.

[50] 赵夏婷. 水体中溶解性有机质的特征及其与典型抗生素的相互作用机制研究[D]. 兰州：兰州大学，2019.

[51] Cory R M，McKnight D M. Fluorescence spectroscopy reveals ubiquitous presence of oxidized and reduced quinones in dissolved organic matter[J]. Environmental Science & Technology，2005，39（21）：8142-8149.

[52] 蒋愉林，黄清辉，李建华. 水体有色溶解有机质的研究进展[J]. 江苏环境科技，2008，21（2）：57-59，63.

[53] 何伟，白泽琳，李一龙，等. 水生生态系统中溶解性有机质表生行为与环境效应研究[J]. 中国科学：地球科学，2016，46（3）：341-355.

[54] Ishii S K L，Boyer T H. Behavior of reoccurring PARAFAC components in fluorescent dissolved organic matter in natural and engineered systems：a critical review[J]. Environmental Science & Technology，2012，46（4）：2006-2017.

[55] Hood E，Fellman J，Spencer R G M，et al. Glaciers as a source of ancient and labile organic matter to the marine environment[J]. Nature，2009，462：1044-1047.

[56] Goldstone J V，Pullin M J，Bertilsson S，et al. Reactions of hydroxyl radical with humic substances：bleaching，mineralization，and production of bioavailable carbon substrates[J]. Environmental Science & Technology，2002，36（3）：364-372.

[57] Caupos E，Mazellier P，Croue J P. Photodegradation of estrone enhanced by dissolved organic matter under simulated sunlight[J]. Water Research，2011，45（11）：3341-3350.

[58] Boyle E S，Guerriero N，Thiallet A，et al. Optical properties of humic substances and CDOM：relation to structure[J]. Environmental Science & Technology，2009，43（7）：2262-2268.

[59] McNeill K，Canonica S. Triplet state dissolved organic matter in aquatic photochemistry：reaction mechanisms，substrate scope，and photophysical properties[J]. Environmental Science：Processes and Impacts，2016，18（11）：1381-1399.

[60] Zhang Y，Del Vecchio R，Blough N V. Investigating the mechanism of hydrogen peroxide photoproduction by humic substances[J]. Environmental Science & Technology，2012，46（21）：11836-11843.

[61] Garg S，Rose A L，Waite T D. Production of reactive oxygen species on photolysis of dilute aqueous quinone solutions[J]. Photochemistry and Photobiology，2008，83（4）：904-913.

[62] Boreen A L，Arnold W A，McNeill K. Triplet-sensitized photodegradation of sulfa drugs containing six-membered heterocyclic groups： identification of an $SO_2$ extrusion photoproduct[J]. Environmental Science & Technology，2005，39（10）：3630-3638.

[63] 刘砚弘. 溶解性有机质及其与铁共存时的光化学活性研究[D]. 南京：南京林业大学，2019.

[64] Ge L K，Na G S，Zhang S Y，et al. New insights into the aquatic photochemistry of fluoroquinolone antibiotics：direct photodegradation，hydroxyl-radical oxidation，and antibacterial activity changes[J]. Science of the Total Environment，2015，527：12-17.

[65] Niu X Z，Liu C，Gutierrez L，et al. Photobleaching-induced changes in photosensitizing properties of dissolved organic matter[J]. Water Research，2014，66：140-148.

[66] Janssen E M L，Erickson P R，McNeill K. Dual roles of dissolved organic matter as sensitizer and quencher in the photooxidation of tryptophan[J]. Environmental Science & Technology，2014，48（9）：4916-4924.

[67] Vecchio R，Blough N V. Photobleaching of chromophoric dissolved organic matter in natural waters：kinetics and modeling[J]. Marine Chemistry，2002，78（4）：231-253.

[68] Moran M A，Sheldon W M Jr，Zepp R G. Carbon loss and optical property changes during long-term photochemical and biological degradation of estuarine dissolved organic matter[J]. Limnology and Oceanography，2000，45（6）：1254-1264.

[69] 高洁，江韬，闫金龙，等. 天然日光辐照下两江交汇处溶解性有机质（DOM）光漂白过程：以涪江-嘉陵江为例[J]. 环

境科学，2014，35（9）：3397-3407.

[70] Poulin B A，Ryan J N，Aiken G R. Effects of iron on optical properties of dissolved organic matter[J]. Environmental Science & Technology，2014，48（17）：10098-10106.

[71] 刘雪石. 形成环境与共存离子对 DOM 光致生成 $^1O_2$ 的影响[D]. 大连：大连理工大学，2016.

[72] 刘砚弘，李威，韩建刚. Fe（III）对不同来源溶解性有机质的光化学活性的影响[J]. 农业环境科学学报，2019，38（11）：2563-2572.

[73] Grebel J E，Pignatello J J，Mitch W A. Impact of halide ions on natural organic matter-sensitized photolysis of 17β-estradiol in saline waters[J]. Environmental Science & Technology，2012，46（13）：7128-7134.

[74] Parker K M，Mitch W A. Halogen radicals contribute to photooxidation in coastal and estuarine waters[J]. Proceedings of the National Academy of Sciences of the United States of America，2016，113（21）：5868-5873.

[75] Grebel J E，Pignatello J J，Song W H，et al. Impact of halides on the photobleaching of dissolved organic matter[J]. Marine Chemistry，2009，115（1-2）：134-144.

[76] Mopper K，Zhou X L. Hydroxyl radical photoproduction in the sea and its potential impact on marine processes[J]. Science，1990，250（4981）：661-664.

[77] Wenk J，von Gunten U，Canonica S. Effect of dissolved organic matter on the transformation of contaminants induced by excited triplet states and the hydroxyl radical[J]. Environmental Science & Technology，2011，45（4）：1334-1340.

[78] Zafiriou O C，Joussot-Dubien J，Zepp R G，et al. Photochemistry of natural waters[J]. Environmental Science & Technology，1984，18（12）：358A-371A.

[79] Li Y J，Chen J W，Qiao X L，et al. Insights into photolytic mechanism of sulfapyridine induced by triplet-excited dissolved organic matter[J]. Chemosphere，2016，147：305-310.

[80] Parker K M，Pignatello J J，Mitch W A. Influence of ionic strength on triplet-state natural organic matter loss by energy transfer and electron transfer pathways[J]. Environmental Science & Technology，2013，47（19）：10987-10994.

[81] Aranami K，Readman J W. Photolytic degradation of triclosan in freshwater and seawater[J]. Chemosphere，2007，66（6）：1052-1056.

[82] Campbell S，David M D，Woodward L A，et al. Persistence of carbofuran in marine sand and water[J]. Chemosphere，2004，54（8）：1155-1161.

[83] Matamoros V，Duhec A，Albaigés J，et al. Photodegradation of carbamazepine，ibuprofen，ketoprofen and 17α-ethinylestradiol in fresh and seawater[J]. Water，Air，and Soil Pollution，2009，196（1）：161-168.

[84] Ge L K，Chen J W，Qiao X L，et al. Light-source-dependent effects of main water constituents on photodegradation of phenicol antibiotics：mechanism and kinetics[J]. Environmental Science & Technology，2009，43（9）：3101-3107.

[85] Wang J Q，Chen J W，Qiao X L，et al. DOM from mariculture ponds exhibits higher reactivity on photodegradation of sulfonamide antibiotics than from offshore seawaters[J]. Water Research，2018，144：365-372.

[86] Mihas O，Kalogerakis N，Psillakis E. Photolysis of 2，4-dinitrotoluene in various water solutions：effect of dissolved species[J]. Journal of Hazardous Materials，2007，146（3）：535-539.

[87] Walse S S，Morgan S L，Kong L，et al. Role of dissolved organic matter，nitrate，and bicarbonate in the photolysis of aqueous fipronil[J]. Environmental Science & Technology，2004，38（14）：3908-3915.

[88] Chiron S，Minero C，Vione D. Photodegradation processes of the antiepileptic drug carbamazepine，relevant to estuarine waters[J]. Environmental Science & Technology，2006，40（19）：5977-5983.

[89] Parker K M，Reichwaldt E S，Ghadouani A，et al. Halogen radicals promote the photodegradation of microcystins in estuarine systems[J]. Environmental Science & Technology，2016，50（16）：8505-8513.

[90] Mateus M C D A，daSilva A M，Burrows H D. Kinetics of photodegradation of the fungicide fenarimol in natural waters and in various salt solutions：salinity effects and mechanistic considerations[J]. Water Research，2000，34（4）：1119-1126.

[91] Bai Y，Zhou Y L，Che X W，et al. Indirect photodegradation of sulfadiazine in the presence of DOM：effects of DOM components and main seawater constituents[J]. Environmental Pollution，2021，268：115689.

[92] Helms J R，Mao J D，Stubbins A，et al. Loss of optical and molecular indicators of terrigenous dissolved organic matter during

long-term photobleaching[J]. Aquatic Sciences，2014，76（3）：353-373.

[93] Hao Z N，Wang J，Yin Y G，et al. Abiotic formation of organoiodine compounds by manganese dioxide induced iodination of dissolved organic matter[J]. Environmental Pollution，2018，236：672-679.

[94] Hedges J I. Why dissolved organics matter[M]//. Biogeochemistry of Marine Dissolved Organic Matter. Amsterdam：Elsevier，2002：1-33.

[95] Haag W R，HoignéJ，Gassman E，et al. Singlet oxygen in surface waters——Part I：furfuryl alcohol as a trapping agent[J]. Chemosphere，1984，13（5-6）：631-640.

# 第2章　高原湖泊DOM的光化学活性及对典型内分泌干扰物光降解的影响

湖泊是全球水循环的一个重要组成部分，同时湖泊也参与了地球系统中的能量循环和物质转移[1]。其中，高原湖泊一般是指海拔比较高的湖泊[2]。云南省九大高原湖泊可以归类为云贵高原湖区。湖泊作为一种重要的湿地资源，可以提供丰富的水资源（湖泊中动植物品种、矿产资源都较丰富），也可以提供较好的水运条件。除此之外，湖泊可以用来调节环境气候以及防洪抗旱，同时由于生物种类丰富，湖泊也具有一定的观赏、旅游价值以及教育、科研价值[3]。近些年，云南省几大湖泊流域经济社会快速发展，而与之配套的治理措施和方法跟不上经济社会的发展，出现了治理速度大幅度低于污染速度的情况[4]，导致湖泊流域的生态环境被严重破坏。

环境内分泌干扰物广泛存在于各类环境中，是一种新型污染物，对水生环境和水生生态系统的安全构成了潜在的危害，与此同时，也逐渐受到研究者的广泛关注[5]。环境内分泌干扰物指能够对生物体内激素的产生、释放、运输、结合和代谢产生一定的干扰作用，从而影响生物体维持内部平衡和调节发育过程的外源性物质[6]，又叫作环境激素。环境内分泌干扰物进入生物体的途径有很多[7]，它可以与生物体内的各种受体（如雄激素受体、雌激素受体以及过氧化物酶体增殖物激活受体等）结合，还可以通过模拟、增强或抑制生物体内的激素发挥内分泌干扰作用。在自然环境中，环境内分泌干扰物的浓度虽然很低，但是其可以通过生态系统中的食物链层层积累[8]，最终严重影响食物链中的中高营养级生物。环境中的内分泌干扰物进入生物体内后，不仅会对生物体的生殖发育系统、神经内分泌系统、免疫系统造成严重的损害（对生殖发育系统的影响最大），甚至会诱发癌症，增加罹患癌症的风险等，使人以及动物的生命健康安全受到威胁。

## 2.1　高原湖泊DOM的结构特征及光致 $^1O_2$ 与 $^3DOM^*$

溶解有机质（DOM）在地表水中广泛存在，它的发色成分可以吸收太阳光，是环境水体的重要吸光组分，对光化学转化过程有非常重要的作用。DOM在吸收太阳光以后，可以发生一系列光化学反应，生成活性氧物种，如激发三重态（$^3DOM^*$）、单线态氧（$^1O_2$）、羟基自由基（•OH）、超氧自由基（$•O_2^-$）等。环境中的DOM吸收光子后会被激发产生 $^1DOM^*$，再通过系间窜越生成 $^3DOM^*$，在环境水体中 $^3DOM^*$ 的稳态浓度为 $10^{-14}$～$10^{-12}$ $mol·L^{-1}$[9]。在生成 $^3DOM^*$ 以后，这些结构之间会发生分子内电子转移反应，生成DOM自由基正负离子 $DOM^{·+/-}$。除此之外，$^3DOM^*$ 也可以与水体中的溶解氧分子发生反应，通过能量转移的方式将 $^3DOM^*$ 的能量转移给溶解氧分子，生成单线态氧 $^1O_2$[10]。$^3DOM^*$

是 $^1O_2$ 的前体物，氧分子通过能量转移变成 $^1O_2$ 所需的能量为 94 kJ·mol$^{-1}$，而对 DOM 光化学反应起至关重要作用的一般是能量达到 250 kJ·mol$^{-1}$ 的高能 $^3DOM^*$，所以一般会将 $^1O_2$ 的量子产率作为 $^3DOM^*$的一种检测指标。

由于高原地区受到的紫外线照射较强，所以高原湖泊 DOM 所受到的光漂白效应的影响比较大，光漂白效应会影响 DOM 的分子结构及光反应活性。众所周知，活性氧物种（ROS）是由 DOM 光解产生的，但是目前 DOM 的性质对 ROS 的生成速率以及量子产率的影响并不明确，因此本书选取六种高原湖泊 DOM 以及 SRHA、SRFA 两种商品化 DOM 来进行对比研究。

### 2.1.1 高原湖泊 DOM 的吸光特征

实验所用水样的采样点位于云南省的昆明市以及玉溪市，选取六个湖泊作为取样点，分别为阳宗海、洱海、抚仙湖、滇池、杞麓湖以及星云湖，分别命名为 1#、2#、3#、4#、5#、6#。用聚乙烯仪器取表层水样，六个湖泊的水样取样体积均为 60 L，将水样保存在瓶中，并带回实验室。对取得的水样进行初步处理，用 0.45 μmol·L$^{-1}$ 的水系滤膜过滤，之后将所滤得的水样放入反渗透机（型号为 BONA-GM-19）中，使用反渗透浓缩方法将 DOM 从湖泊水中分离出来，经过反渗透过滤以后的浓缩液放在聚乙烯瓶中，然后将聚乙烯瓶放入冰箱冷冻保存待用，保存温度为–20℃。使用总有机碳分析仪（型号为杭州启鲲科技有限公司的 CD-800S）对 TOC 进行测定。

实验所选取的光化学反应仪为 Q-sun Xe-1 光老化仪（美国 Q-Panel 公司），使用该光化学反应仪进行光解实验，光化学反应仪以 1800 W 氙灯作为主光源，使用的滤光片为 290 nm 截止滤光片（$\lambda$>290 nm），用于获得特定波长的光谱。该仪器的反应温度控制在 20～25℃，以模拟太阳光下的光化学反应。将装有反应溶液的石英管（内径为 1.2 cm，高度为 16 cm，体积为 25 mL）等间距且均匀地放置在光老化仪中进行光解实验。在所有实验中，用 1800 W 的氙灯进行照射，间隔固定的反应时间，从试管中取出的样品通过高效液相色谱仪、紫外分光光度仪等仪器进行测量。光解实验中选用的化学露光计对硝基苯甲醚/吡啶（PNA/pyr）溶液，使用该溶液来进行校正[11]，上述光解实验都需要重复进行三次并进行暗对照实验。

在进行 DOM 光降解实验时，为了分析和量化 DOM 产生的活性氧自由基，选用 2,4,6-三甲基苯酚（2,4,6-trimethylphenol，TMP）以及山梨酸（sorbic acid，SA）两种物质作为 $^3DOM^*$的化学探针，选用糠醇（furfuryl alcohol，FFA）作为 $^1O_2$ 的化学探针。实验所使用的 DOM 浓度均为 5 mg·L$^{-1}$，TMP 以及 FFA 的浓度均为 10 μmol·L$^{-1}$，山梨酸选用六个浓度来进行实验，分别为 0.4 mmol·L$^{-1}$、0.8 mmol·L$^{-1}$、1.0 mmol·L$^{-1}$、1.2 mmol·L$^{-1}$、1.6 mmol·L$^{-1}$、1.8 mmol·L$^{-1}$。将 DOM 与 TMP 均匀混合，然后进行光照实验，测定 DOM 在光照下产生 $^3DOM^*$的速率。将 DOM 与不同浓度的山梨酸均匀混合，然后进行光照实验，测定 DOM 在光照下产生 $^3DOM^*$的稳态浓度。将 DOM 与 FFA 均匀混合，然后进行光照实验，测定 DOM 在光照下产生 $^1O_2$ 的速率。实验所使用的缓冲液为 0.02 mol·L$^{-1}$ 的 $Na_2HPO_4$ 和 $NaH_2PO_4$ 按一定比例混合的混合液，将混合液的 pH 调节为 7，使用的 pH 计为雷磁 PHS-3E。所有实验中，除了暗对照实验和空白对比实验，其他实验一式三份以消除偶然误差。

使用磷酸盐缓冲液（0.02 $mol·L^{-1}$）作为空白样，使用 1 cm 的石英比色皿来进行紫外测量，以测定 DOM（5 mg $C·L^{-1}$）的紫外可见吸收光谱，扫描波长范围为 200～700 nm，波长间隔为 1 nm。根据 DOM 的吸光度得出特征紫外吸光度（$SUVA_{254}$）、$E_2/E_3$、$E_4/E_6$ 以及光谱斜率比值（$S_R$）等参数[12]，将其作为重要的光谱参数来表征不同湖泊 DOM 的芳香性和分子量等。使用荧光计记录 3D 激发-发射矩阵（excitation-emission matrix，EEM）荧光光谱，使用的样品 DOM 浓度均为 5 $mg·L^{-1}$。选用的激发波长（$\lambda_{ex}$）为 200～700 nm，发射波长（$\lambda_{em}$）为 200～700 nm，波长间隔为 5 nm，扫描速度为 2400 nm/min，光学狭缝设定为 5 nm（减去纯水的 EEM，以消除拉曼散射）。根据不同的荧光光谱数据，可以计算得到荧光强度 FI 以及自生源指标 BIX[13]，这些数值可以用来表征不同湖泊 DOM 的来源及生物可利用性。

实验主要利用电化学工作站并通过 MEO 法对九种 DOM 溶液的 EDC 值进行测量，实验的反应电极由玻碳电极（WE）、铂网电极（CE）和银/氯化银参比电极（RE）组成[14]。将 30 mL 的电解质溶液（0.1 $mol·L^{-1}$ KCl，0.1 $mol·L^{-1}$ 磷酸盐缓冲液，pH = 7）添加到电解池中，在测量之前，向添加了电解质溶液的电解池中通入氮气（15 min）以去除水中的溶解氧，在测量期间，室温保持为（25±2）℃，使用恒电位电流时间法进行测定（在 MEO 分析中，Eh = 0.725 V）。将 195 μL ABTS（介体物质）（20 $mmol·L^{-1}$）添加到电解液中，由于 ABTS 氧化成 ABTS 自由基阳离子，因此产生了氧化峰值电流，该峰值电流通过电化学工作站记录为时间-电流图。在时间-电流图的基线达到稳定以后，将 1 mL DOM 溶液（10 $mg·L^{-1}$）添加到电解池中，并记录时间-电流图，反应时间为 10 min，通过式（2.1.1）进行计算。

$$\mathrm{EDC}=\frac{\int \frac{I}{F}\mathrm{d}t}{m_{\mathrm{DOM}}} \tag{2.1.1}$$

式中，$F$ 为法拉第常数，值为 96485 A·s/mol $e^-$；$I$ 为氧化电流，μA；$m_{DOM}$ 为反应体系中 DOM 的质量，mg。

### 2.1.2　高原湖泊 DOM 光致 $^1O_2$ 与 $^3DOM^*$

采用高效液相色谱分析技术与紫外分光技术，分析和量化 DOM 在光照下产生活性氧自由基的化学探针，使用 TMP 以及 FFA 分别作为 $^3DOM^*$、$^1O_2$ 的化学探针分子。实验使用的 DOM 浓度为 5 $mg·L^{-1}$，体系中使用的 NaOH 和 $H_3PO_4$ 溶液调节至 pH = 7，化学探针浓度分别为 TMP = 10 $\mu mol·L^{-1}$、FFA = 10 $\mu mol·L^{-1}$。之后使用高效液相色谱仪进行分析，型号为 Agilent 1100，该液相色谱仪所使用的色谱柱为 ZORBAX Eclipse XDB-C18 色谱柱（4.6 mm×150 mm，5 $\mu mol·L^{-1}$），进样量一般设置为 20 μL，流速设置为 1 mL/min，使用的紫外检测器为二极管阵列检测器。活性氧自由基检测的具体方法见表 2-1。

**表 2-1　探针化合物的检测方法**

| 化学探针 | 检测方法 |
| --- | --- |
| FFA（糠醇） | HPLC 紫外，检测波长为 220 nm，水：乙腈（60：40） |
| 2, 4, 6-三甲基苯酚 | HPLC 紫外，检测波长为 220 nm，水：乙腈（30：70） |

选择 FFA 作为 $^1O_2$ 的探针，FFA 对 $^1O_2$ 具有高度选择性，并且在辐照 DOM 溶液时不会与自由基或其他氧化剂发生反应。使用式（2.1.2）来计算 $^1O_2$ 的稳态浓度：

$$\left[{}^1\mathrm{O}_2\right]_{\mathrm{SS}} = k_{\mathrm{obs}} / k_{{}^1\mathrm{O}_2,\,\mathrm{FFA}} \tag{2.1.2}$$

$$R_{\mathrm{P}} = \left[{}^1\mathrm{O}_2\right]_{\mathrm{SS}} \times k_{\mathrm{d}} \tag{2.1.3}$$

其中：$k_{obs}$ 为 FFA 的伪一阶降解速率常数；$k_{^1O_2,\,FFA}$ 为 $^1O_2$ 与 FFA 的反应速率常数，等于 $1.2\times10^8\ (mol\cdot L^{-1})^{-1}\cdot s^{-1}$；$k_d$ 为 $^1O_2$ 的淬灭速率常数，等于 $2.4\times10^5\ s^{-1}$；$R_p$ 为 $^1O_2$ 的生成速率（$mol\cdot L^{-1}\cdot s^{-1}$）。使用式（2.1.4）和式（2.1.5）计算 $^1O_2$ 的量子产率 $\Phi_{^1O_2}$：

$$\Phi_{{}^1\mathrm{O}_2} = R_{\mathrm{P}} / R_{\mathrm{a}} \tag{2.1.4}$$

$$R_{\mathrm{a}} = \sum_{\lambda}\left[E^0_{\mathrm{p},\lambda}(1-10^{-\partial_\lambda z})/z\right] \tag{2.1.5}$$

$$E^0_{\mathrm{p},T} = \frac{k'_{\mathrm{PNA}} \times [\mathrm{PNA}]_0 \times z}{1000\Phi_{\mathrm{PNA}} \times \sum_{\lambda}\rho_\lambda(1-10^{-\varepsilon_\lambda z[\mathrm{PNA}]_0})\Delta\lambda} \tag{2.1.6}$$

$$E^0_{\mathrm{p},\lambda} = E^0_{\mathrm{p},T} \times \rho_\lambda \tag{2.1.7}$$

其中 $R_a$ 为光吸收速率（$Einsteins\cdot L^{-1}\cdot s^{-1}$）[①]；$\partial_\lambda$ 为溶液吸收系数（$cm^{-1}$）；式（2.1.5）中的积分波长在 500 nm 以下；$E^0_{p,\lambda}$ 为样品表面的光谱光子辐照度（$Einsteins\cdot cm^{-2}\cdot s^{-1}\cdot m^{-1}$），使用式（2.1.6）和式（2.1.7）计算，通过辐射测量法确定；式（2.1.6）中，$\lambda$ 为波长；$z$ 为光程长度（cm）；$k'_{PNA}$ 为反应体系中 PNA 的降解速率；$[PNA]_0$ 为反应体系中 PNA 的浓度；$\Phi_{PNA}$ 为 PNA 的表观量子产率；$\rho_\lambda$ 为光强比；$\varepsilon_\lambda$ 为 PNA 在每个波段的摩尔吸收系数$[(mol\cdot L^{-1})^{-1}\cdot cm^{-1}]$；$E_{p,T}{}^0$ 是总光子辐照度（$Einsteins\cdot cm^{-2}\cdot s^{-1}$）。使用 TMP（10 $\mu mol\cdot L^{-1}$）作为 $^3DOM^*$ 电子转移的化学探针，测定 DOM 溶液发生光反应以后 $^3DOM^*$ 的生成情况，在实验条件下，化学探针在反应体系中的直接光降解可以忽略不计。使用式（2.1.8）来计算 $^3DOM^*$ 的量子屈服系数 $f_{TMP}$：

$$f_{\mathrm{TMP}} = \frac{k'_{\mathrm{TMP}}}{R_{\mathrm{a}}} \tag{2.1.8}$$

式中，$R_a$ 的计算公式同式（2.1.5），为光吸收速率（$einsteins\cdot L^{-1}\cdot s^{-1}$）；$k'_{TMP}$ 为探针 TMP 的降解速率，同样选择 TMP 作为探究 $^3DOM^*$ 电子转移的化学探针，由于 TMP 与 $^3DOM^*$

① 1 Einsteins 表示 1mol 光量子的能量。

的反应遵循伪一级动力学模型，假设 TMP 在反应体系中的光转化主要由 $^3DOM^*$引起，那么可以通过式（2.1.9）计算反应体系中 $^3DOM^*$的生成速率以及 $^3DOM^*$与 TMP 的反应速率常数。

$$\frac{1}{k_{TMP}}=\frac{1}{R_{^3DOM^*}}[TMP]_0+\frac{k_{O_2}[O_2]+k_d}{R_{^3DOM^*}k_{^3DOM^*,\,TMP}} \tag{2.1.9}$$

式中，$k_{TMP}$为 TMP 的降解速率常数（$s^{-1}$）；$k_{^3DOM^*,\,TMP}$为 $^3DOM^*$与 TMP 的二级反应速率常数 [$(mol\cdot L^{-1})^{-1}\cdot s^{-1}$]；$k_d$ 为 $^3DOM^*$的淬灭速率常数，$k_d=5\times10^4\ s^{-1}$；$k_{O_2}$ 为溶解氧对 $^3DOM^*$的淬灭速率常数，值为 $2\times10^9\ (mol\cdot L^{-1})^{-1}\cdot s^{-1}$；$[TMP]_0$为反应体系中 TMP 的浓度；$R_{3DOM*}$为 $^3DOM^*$的形成速率（$mol\cdot L^{-1}\cdot s^{-1}$）。

选择山梨酸作为探究 $^3DOM^*$能量转移的化学探针，采用不同浓度的山梨酸作为探针来测定异构化速率，可以计算得到反应体系中 $^3DOM^*$的稳态浓度。

$$\frac{[山梨酸]}{R_p}=\frac{[山梨酸]}{F_T}+\frac{k_s'}{F_T k_p} \tag{2.1.10}$$

$$F_T=\frac{1}{S} \tag{2.1.11}$$

$$k_s'=\frac{k_p Z}{S} \tag{2.1.12}$$

$$[T]_{SS}=F_T/k_s' \tag{2.1.13}$$

式中，[山梨酸]为化学探针 SA 的浓度；$R_P$为山梨酸酯异构化率；$F_T$为三重态形成率；$k_s'$为淬灭速率常数，$k_s'$包括辐射或无辐射衰变造成的损失，以及溶解氧（$k_q[O_2]$）和其他溶液组分清除所造成的损失；$k_p$ 为高能三重态与探针的二级反应速率常数，值为 $6.2\times10^8\ (mol\cdot L^{-1})^{-1}\cdot s^{-1}$；$[T]ss$ 为 $^3DOM^*$的稳态浓度。根据式（2.1.10）绘制拟合[山梨酸]和 $\frac{[山梨酸]}{R_p}$ 的线性拟合曲线图，S 表示拟合曲线的斜率，Z 表示拟合曲线的截距。结合式（2.1.10）以及式（2.1.11），可以计算得到 $F_T$，结合式（2.1.10）～式（2.1.13）四个公式，可以计算得到 $^3DOM^*$的稳态浓度。

### 2.1.3　高原湖泊 DOM 光化学活性与光谱参数之间的关系分析

图 2-1 所示为六种高原湖泊 DOM 以及两种商品化 DOM 的紫外可见吸收光谱图，在 200～700 nm 范围内进行全波段扫描。由图可知，提取的六种 DOM 的紫外可见吸收光谱随着波长的增加，吸光度逐渐减小，但是商品化 DOM SRHA 及 SRFA 在吸收波长为 210 nm 时出现了明显的特征峰。

将紫外可见光谱数据做处理，进行 DOM 结构的初步表征，得到表 2-2 所示的数据。其中 $E_2/E_3$ 与 DOM 分子量的大小成反比，前者值越大，DOM 的分子量越小。通常情况下，腐殖酸分子量较大，富里酸分子量较小，所以 DOM 分子量的大小在一定程度上反映了

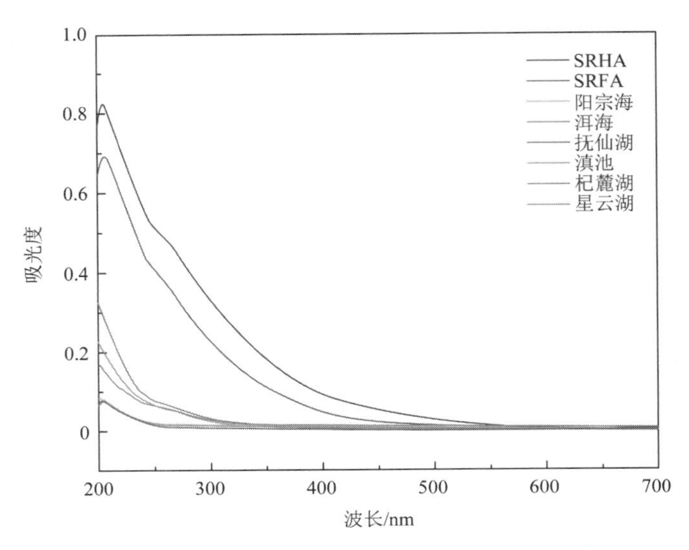


图 2-1　DOM 的紫外可见吸收光谱图（[DOM] = 5 mg·L$^{-1}$，pH = 7）

DOM 中腐殖酸所占的比例，DOM 分子量越大，腐殖酸所占比例就越高[15, 16]。由表 2-2 中的数据可以了解到，在八种 DOM 中，星云湖的 $E_2/E_3$ 值最高，达到了 12.00，其次是杞麓湖和滇池。整体来说，六种高原湖泊 DOM 的 $E_2/E_3$ 值普遍高于商品化 DOM 的 $E_2/E_3$ 值，两种商品化 DOM 的 $E_2/E_3$ 值为 3～5，SRHA 值最低，为 3.38。由此可以知道，高原湖泊 DOM 整体的分子量较小，富里酸的含量可能相对偏高，商品化 DOM 中可能以腐殖酸为主，分子量较大。一般情况下，DOM 的腐殖化程度与 DOM 的来源有关，腐殖化程度较高的 DOM 偏向于外源性 DOM，腐殖化程度较低的 DOM 偏向于内源性 DOM，所以可以大致推断出，高原湖泊中的 DOM 多以内源性 DOM 为主，所选用的两种商品化 DOM（如 SRHA、SRFA）多以外源性 DOM 为主。

**表 2-2　DOM 的光化学参数**

| DOM | $E_2/E_3$ | $E_4/E_6$ | $SUVA_{254}$ | $S_R$ | FI | BIX |
|---|---|---|---|---|---|---|
| 阳宗海 | 7.73 | 8.81 | 0.48 | 3.03 | 1.59 | 1.00 |
| 洱海 | 6.58 | 0.90 | 0.40 | 2.49 | 1.57 | 1.43 |
| 抚仙湖 | 8.31 | 0.72 | 0.33 | 2.41 | 1.61 | 1.46 |
| 滇池 | 8.59 | 1.92 | 1.35 | 1.44 | 1.73 | 0.95 |
| 杞麓湖 | 9.17 | 1.27 | 1.68 | 1.28 | 1.60 | 0.99 |
| 星云湖 | 12.00 | 1.99 | 0.74 | 4.69 | 1.70 | 0.83 |
| SRHA | 3.38 | 8.51 | 11.63 | 0.71 | 1.04 | 0.29 |
| SRFA | 4.63 | 41.42 | 9.15 | 0.68 | 1.19 | 0.33 |

注：[DOM] = 5 mg·L$^{-1}$，pH = 7。

在计算所得的光谱参数中，$S_R$ 值同样与 DOM 的分子量成反比，六种高原湖泊 DOM 的 $S_R$ 值在 1.28～4.69 范围内，其中星云湖的 $S_R$ 值最高，为 4.69，而 SRHA 以及 SRFA 的 $S_R$ 值分别为 0.71 和 0.68，低于六种高原湖泊 DOM 的 $S_R$ 值，该数据的规律与 $E_2/E_3$ 值的规律相吻合。除此之外，$S_R$ 值还与 DOM 的光漂白程度呈正相关，本书所选择的云南六大湖泊均处于高原地区，紫外线照射强烈，这意味着光漂白效应也比较强，DOM 在经过光漂白以后，会转变成分子量更小的小分子物质，而由 $S_R$ 值可知，高原湖泊的光漂白效应更强，符合实际。$SUVA_{254}$ 值的大小可用来表示腐殖质样品中芳香性结构含量的多少，$SUVA_{254}$ 值越高，DOM 的芳香性越强，相应地，DOM 的分子量也越高[17]。由表 2-2 中的数据可知，抚仙湖的 $SUVA_{254}$ 值最低，只有 0.33，而值最高的 SRHA 其 $SUVA_{254}$ 值达到了 11.63，比抚仙湖高将近 35 倍，SRFA 的 $SUVA_{254}$ 值也同样比较高，为 9.15。由此可知，所提取的六种高原湖泊 DOM 与选择的两种商品化 DOM 在分子结构上存在很大的差异，高原湖泊 DOM 的结构含有较少的芳香性物质以及高分子量物质，而 SRHA、SRFA 的结构则相反。

图 2-2 所示为八种不同 DOM 的三维荧光光谱图，从图中可知，阳宗海有两个比较明显的特征峰，特征峰位置分别为 $\lambda_{ex}/\lambda_{em}$ = 220～240 nm/210～230 nm 以及 $\lambda_{ex}/\lambda_{em}$ = 210～230 nm/410～430 nm，表现为峰 A，属于类腐殖质（紫外光类富里酸）；洱海也表现出两个特征峰，特征峰的位置分别为 $\lambda_{ex}/\lambda_{em}$ = 230～250 nm/330～360 nm 以及 $\lambda_{ex}/\lambda_{em}$ = 260～310 nm/340～380 nm，表现为峰 T，属于类蛋白质；抚仙湖的特征峰则不是很明显，有一个特征峰的位置为 $\lambda_{ex}/\lambda_{em}$ = 270～300 nm/350～390 nm，也表现为类蛋白质的峰 T；滇池能够观察到三个特征峰，位置分别为 $\lambda_{ex}/\lambda_{em}$ = 230～250 nm/400～440 nm、$\lambda_{ex}/\lambda_{em}$ = 270～290 nm/410～450 nm 以及 $\lambda_{ex}/\lambda_{em}$ = 320～360 nm/400～450 nm，分别表现为峰 A、峰 C 以及峰 F，均属于类腐殖质；杞麓湖有一个较明显的特征峰，根据峰位置，可以判断为峰 A，峰位置为 $\lambda_{ex}/\lambda_{em}$ = 230～270 nm/390～440 nm；星云湖也可以看到两个较为明显的特征峰，峰位置分别为 $\lambda_{ex}/\lambda_{em}$ = 220～240 nm/320～360 nm 以及 $\lambda_{ex}/\lambda_{em}$ = 220～260 nm/390～430 nm，可以分别判断为峰 T 和峰 A；SRHA、SRFA 都能观察到两个非常明显的特征峰，SRHA 特征峰的位置为 $\lambda_{ex}/\lambda_{em}$ = 250～300 nm/420～500 nm 以及 $\lambda_{ex}/\lambda_{em}$ = 310～390 nm/430～510 nm，表现为峰 F，SRFA 的特征峰位置主要为 $\lambda_{ex}/\lambda_{em}$ = 250～290 nm/420～470 nm 和 $\lambda_{ex}/\lambda_{em}$ = 320～380 nm/420～490 nm，从三维荧光光谱图中可以看出，这两种 DOM 的特征峰比较接近，均表现为峰 F，属于类腐殖质（胡敏酸）。

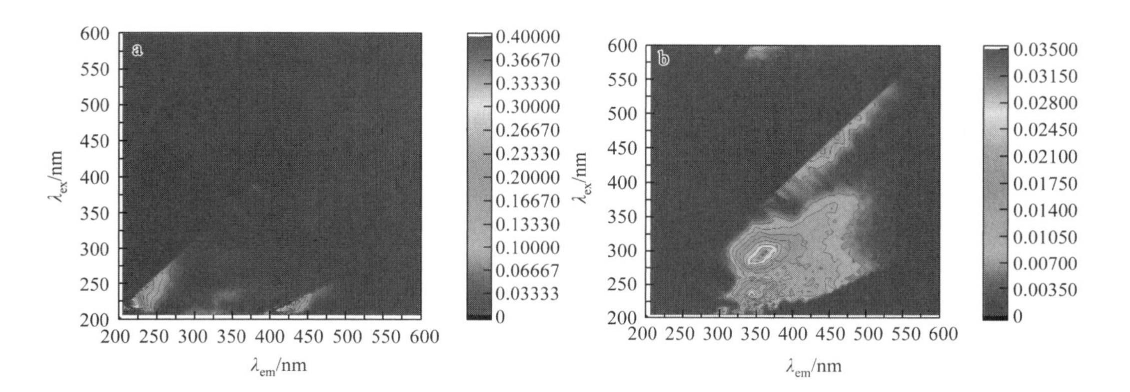

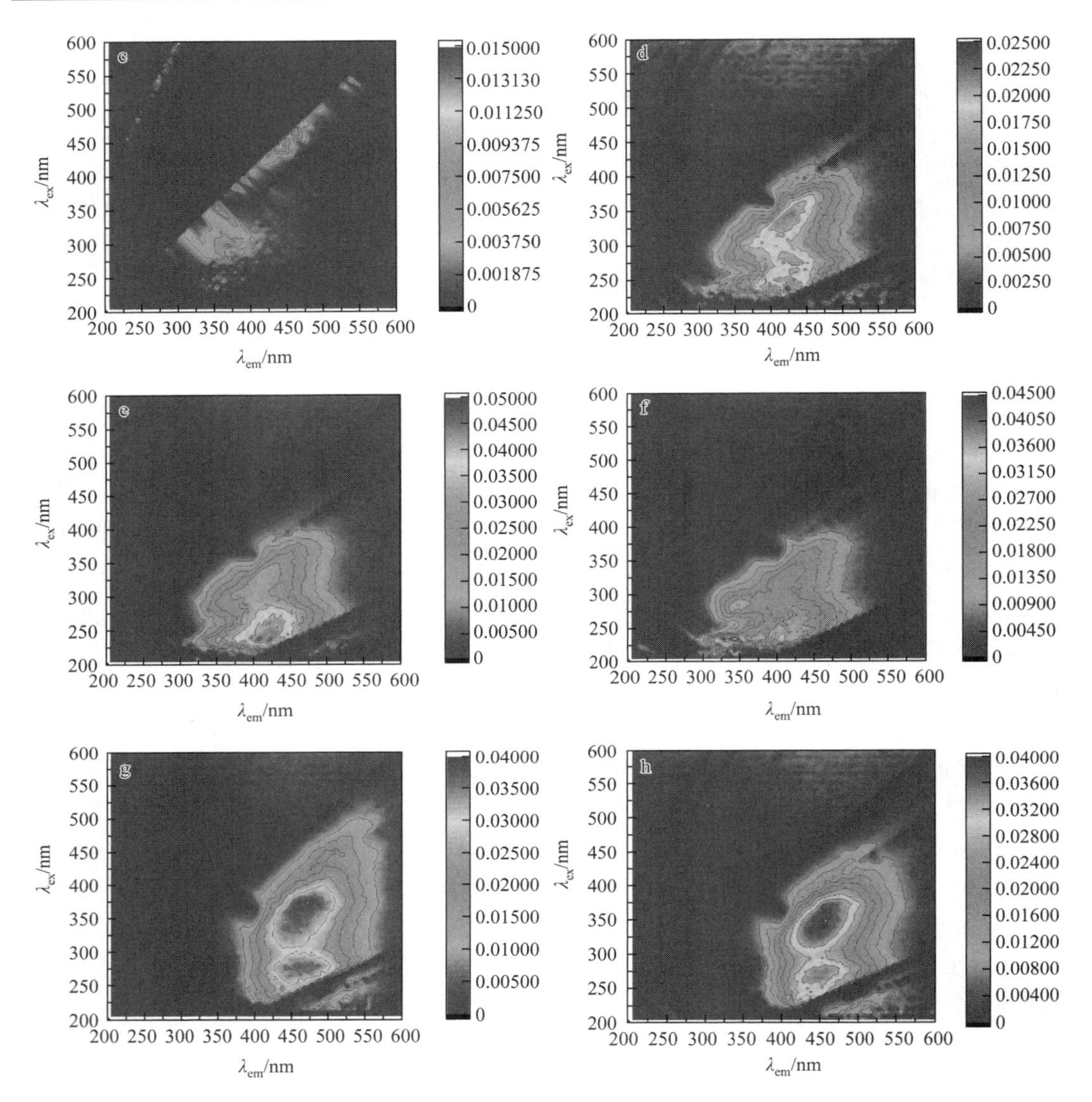


图 2-2　不同 DOM 的三维荧光光谱图

a：阳宗海；b：洱海；c：抚仙湖；d：滇池；e：杞麓湖；f：星云湖；g：SRHA；h：SRFA

将得到的三维荧光光谱数据进行处理，计算得到荧光强度（FI）和自生源指数（BIX），FI 值一般与 DOM 的芳香性有关，也可以用来指示 DOM 的来源。由表 2-2 可知，SRHA、SRFA 的 FI 值在 1.00～1.20 范围内，而六种高原湖泊 DOM 的 FI 值在 1.50～1.80 范围内，滇池的 FI 值最高，所以可以大致认为商品化 DOM（如 SRHA、SRFA）以陆源性 DOM 为主，而六种高原湖泊 DOM 则以内源性 DOM 为主。自生源指数（BIX）可以表征 DOM 的自生源特性，当 BIX＞0.8 时，则认为自生源特性非常明显，即为内源性 DOM。由表 2-2 中的数据可知，两种商品化 DOM 的 BIX 值分别为 0.29 以及 0.33，显著低于 0.80，而六种高原湖泊 DOM 的 BIX 值为 0.83～1.46。通过 BIX 指数，同样可以认定商品化 DOM

主要为陆源性 DOM，而提取的高原湖泊 DOM 以内源性 DOM 为主。DOM 常见组分的荧光基团及其激发波长/发射波长见表 2-3 所示。从三维荧光光谱图中可以明显看出，商品化 DOM 与六种高原湖泊 DOM 相比，它的激发波长和发射波长整体右移，特征峰的位置也出现右移，表明陆源性 DOM 含有更多的芳香结构，官能团比较多，结构复杂[18]。内源性 DOM 出现特征峰的位置，激发波长和发射波长一般都较小，出现短波长荧光则表明内源性 DOM 含有更多共轭键少、分子量小的简单分子。

**表 2-3　DOM 常见分组**

| 荧光峰类别 | 荧光基团类型 | 激发波长（nm）/发射波长（nm） |
|---|---|---|
| A | 类腐殖质（紫外光类富里酸） | 230～270/370～460 |
| B | 类蛋白质（络氨酸） | 225～230，270～280/305～310 |
| C | 类腐殖质（可见光类富里酸） | 275～330/380～460，320～360/420～480 |
| F | 类腐殖质（胡敏酸） | 250～290，345～370/430～530 |
| M | 海洋类腐殖质 | 290～325/370～430 |
| T | 类蛋白质（色氨酸） | 225～230，270～280/340～350 |

## 2.2　高原湖泊 DOM 对 17β-雌二醇的光降解动力学及反应机理

环境雌激素广泛存在于河流、沉积物和污水处理厂中[19]，作为一种新型污染物，环境雌激素已经对水生环境和水生生态系统的安全构成了潜在的威胁，17β-雌二醇作为常见的一种环境雌激素，受到了广泛关注。在北美的一些污水处理厂、河流中检测到的 17β-雌二醇浓度分别为 1～22 ng $L^{-1}$ 和 0～4.5 ng $L^{-1}$[20]；Luo 等[21]对湘江（华南）地表水中的内分泌干扰物进行了季节性调查，发现 17β-雌二醇的检出率达到了 95%～100%；Huang 等[22]研究了在滇池 21 条流入河流、10 个国家地表水水质监测点所采集的地表水和沉积物，且在这些样品中也广泛检测到了雌激素，地表水中雌激素的平均浓度为 5.3～798.2 ng $L^{-1}$。

为了评估环境水体中有机微污染物的环境风险，需要对其在环境水体中的迁移转化规律进行研究，以及探究可能会对其迁移转化产生影响的因素。在环境水体中，17β-雌二醇的光降解是其重要的转化途径，17β-雌二醇的光降解主要包括直接光降解和间接光降解，与直接光降解相比，间接光降解对 17β-雌二醇在水体中的光化学转化起到了更加重要的作用。间接光降解主要是指水体中的光敏物质吸收太阳光所引起的反应，水体中 DOM 是一种非常重要的光敏物质，探究水体中 DOM 的光化学活性有助于了解 DOM 对 17β-雌二醇光降解的影响，以及进一步揭示 17β-雌二醇在环境水体中的迁移转化规律。17β-雌二醇可以与 DOM 受光照产生的活性氧自由基激发三重态（$^3DOM^*$）、单线态氧（$^1O_2$）、羟基自由基（•OH）、超氧自由基（$•O_2^-$）等发生反应，从而实现间接光降解的目的。而前人的研究多以商品化 DOM 以及海水 DOM 等为主，研究 DOM 对水体中有机微污染物光降解的影响时，少有选择高原湖泊 DOM。因此，本书以 17β-雌二醇为模型化合物，研究湖泊水体中 17β-雌二醇的光降解情况，选取六种高原湖泊 DOM 来探究其对湖泊水体中 17β-雌二醇光降解的影响，并进行自由基淬灭实验，进一步探讨 DOM 受光照产生的活性氧自由基 $^3DOM^*$、$^1O_2$、•OH 对 17β-雌二醇光降解所做的贡献。此外，本书还选取 SRHA 以及 SRFA 两种商品化 DOM 与六种高原湖泊 DOM 做对比，探究不同来源的 DOM 对 17β-雌二醇光降解的影响。

本书所选取的光化学反应仪为 XPA-1 型光化学反应仪（南京胥江机电厂），使用该光化学反应仪进行光解实验，光化学反应仪所配备的光源为 500 W 汞灯，使用的滤光片为 290 nm 截止滤光片（$\lambda$>290 nm），汞灯放置在石英冷凝管中，冷凝管中通入循环冷凝水以控制实验温度，光解实验的反应温度维持在（25±1）℃。将装有反应溶液的石英管（内径为 1.2 cm，高度为 16 cm，体积为 25 mL）等间距且均匀地放置在光化学反应仪中进行光解实验，石英管围绕光源连续旋转，以保证样品能得到均匀且充足的光照。在所有实验中，使用 500 W 汞灯进行照射，间隔固定的反应时间，将从试管中取出的样品通过高效液相色谱仪、紫外分光光度仪等仪器进行测量。基于此，探究光照条件下 17β-雌二醇在添加不同 DOM 的体系中的光降解动力学。选用 TMP、FFA 以及硝基苯这三种物质来分别作为 $^3DOM^*$、$^1O_2$、•OH 的化学探针，测定 17β-雌二醇与 DOM 共存的体系中这三种活性氧自由基的生成速率。选用玫瑰红以及 FFA 来分别作为 $^1O_2$ 的光敏剂和参比化合物，以硝基苯作为 •OH 的参比化合物，通过竞争动力学方法测定 17β-雌二醇与 $^1O_2$ 以及 •OH 的二级反应速率常数。选用 TMP 作为 $^3DOM^*$的化学探针，通过动力学模型拟合方法，计算 17β-雌二醇与 $^3DOM^*$的二级反应速率常数。实验所使用的 DOM 浓度均为 5 mg·L$^{-1}$，FFA、玫瑰红、17β-雌二醇、硝基苯的浓度均为 10 μmol·L$^{-1}$，TMP 选用六个浓度来进行实验，分别为 0.4 mmol·L$^{-1}$、0.8 mmol·L$^{-1}$、1.0 mmol·L$^{-1}$、1.2 mmol·L$^{-1}$、1.6 mmol·L$^{-1}$、1.8 mmol·L$^{-1}$。配置 DOM 与 17β-雌二醇的混合体系，向反应体系中分别加入 5 mmol·L$^{-1}$ 山梨酸（$^3DOM^*$淬灭剂）、250 mmol·L$^{-1}$ 异丙醇（isopropanol，IP）（•OH 淬灭剂）以及通入 10 min 氮气（$^1O_2$ 淬灭剂），通过自由基淬灭实验来探究 $^3DOM^*$、$^1O_2$ 以及 •OH 等活性氧物种对有机微污染物光降解的影响。实验所使用的缓冲液均为 0.02 mol·L$^{-1}$ 的 $Na_2HPO_4$ 和 $NaH_2PO_4$ 按一定比例混合的混合液，将混合液的 pH 调节为 7，使用的 pH 计为雷磁 PHS-3E。所有实验中，除了暗对照实验和空白对比实验，其他实验一式三份以消除偶然误差。

使用高效液相色谱仪进行分析，型号为 Agilent 1100，该液相色谱仪所用的色谱柱为 ZORBAX Eclipse XDB-C18 色谱柱（4.6 mm×150 mm，5 μmol·L$^{-1}$），进样量设置为 20 μL，流速设置为 1 mL/min，所使用的紫外检测器是二极管阵列检测器。不同化合物的流动相组成以及检测波长等见表 2-4。

**表 2-4　探针化合物的检测方法**

| 探针化合物 | 检测方法 |
| --- | --- |
| 硝基苯 | HPLC 紫外，检测波长 220 nm，水：甲醇（40∶60） |
| 17β-雌二醇 | HPLC 紫外，检测波长 220 nm，水：乙腈（35∶65） |

### 2.2.1 不同高原湖泊DOM对17β-雌二醇的光降解动力学

使用竞争动力学方法测定17β-雌二醇与•OH的二级反应速率常数，实验选择硝基苯（NB）作为参比化合物。将5 $mg·L^{-1}$的DOM加入反应体系中，DOM在光照条件下反应生成•OH，同时该体系含有10 $μmol·L^{-1}$的硝基苯和10 $μmol·L^{-1}$的17β-雌二醇，将反应溶液均匀混合后放入光解箱中进行光照实验。已知硝基苯与•OH的二级反应速率常数为$3.9\times10^{9}(mol·L^{-1})^{-1}·s^{-1}$[23]，因此，可以通过竞争动力学公式求得17β-雌二醇与•OH的二级反应速率常数。对于硝基苯以及17β-雌二醇在含有•OH的体系中的竞争降解，有以下方程：

$$\frac{dc_{NB}}{dt}=k_{HO•NB}[NB][HO·]_{SS} \tag{2.2.1}$$

$$\frac{dc_{P}}{dt}=k_{HO•P}[P][HO·]_{SS} \tag{2.2.2}$$

有机物硝基苯和17β-雌二醇的降解符合伪一级动力学，式（2.2.1）和式（2.2.2）等号两边同时对时间$t$积分，得到式（2.2.3）和式（2.2.4）。两个方程联立即可解得此体系中•OH的稳态浓度以及17β-雌二醇与•OH的二级反应速率常数$k_{•HO,P}$的值。

$$\frac{\ln(c/c_0)_{NB}}{t}=k_{HO•NB}[HO·]_{SS} \tag{2.2.3}$$

$$\frac{\ln(c/c_0)_{P}}{t}=k_{HO•P}[HO·]_{SS} \tag{2.2.4}$$

式中，$c_{NB}$和$c_P$为硝基苯、17β-雌二醇的浓度；$k_{HO•P}$为•OH与污染物（污染物P主要指17β-雌二醇）的二级反应速率常数；$k_{HO•NB}$为•OH与硝基苯的二级反应速率常数；[P]、[NB]以及$[HO·]_{SS}$分别为反应体系中17β-雌二醇的浓度、硝基苯的浓度以及•OH的稳态浓度；$c$和$c_0$分别为不同时刻和初始时刻的浓度。

使用竞争动力学方法测定17β-雌二醇与$^1O_2$的二级反应速率常数，实验选择玫瑰红和FFA分别作为$^1O_2$的光敏剂以及参比化合物。将5 $mg·L^{-1}$的DOM加入反应体系中，同时该体系含有10 $μmol·L^{-1}$的FFA、10 $μmol·L^{-1}$的17β-雌二醇以及10 $μmol·L^{-1}$的玫瑰红，由此构建了可产生$^1O_2$的反应体系，将反应溶液均匀混合后放入光解箱中进行光照实验。已知FFA与$^1O_2$的二级反应速率常数为$1.2\times10^{8}(mol·L^{-1})^{-1}·s^{-1}$[24]，因此，可以通过竞争动力学公式求得17β-雌二醇与$^1O_2$的二级反应速率常数。对于FFA以及17β-雌二醇在含有$^1O_2$的体系中的竞争降解，则有以下方程：

$$\frac{dc_{FFA}}{dt}=k_{^1O_2,FFA}[FFA]\left[{}^1O_2\right]_{SS} \tag{2.2.5}$$

$$\frac{dc_{P}}{dt}=k_{^1O_2,P}[P]\left[{}^1O_2\right]_{SS} \tag{2.2.6}$$

已知FFA和17β-雌二醇的降解符合伪一级动力学，式（2.2.5）和式（2.2.6）等号两边同时对时间$t$积分，得到式（2.2.7）和式（2.2.8）。两个方程联立即可解得此体系中$^1O_2$的稳态浓度以及17β-雌二醇与$^1O_2$的二级反应速率常数$k_{^1O_2,P}$。

$$\frac{\ln(c/c_0)_{FFA}}{t}=k_{^1O_2,FFA}\left[{}^1O_2\right]_{SS} \tag{2.2.7}$$

$$\frac{\ln(c/c_0)_{P}}{t}=k_{^1O_2,P}\left[{}^1O_2\right]_{SS} \tag{2.2.8}$$

式中，$k_{^1O_2,P}$为$^1O_2$与污染物（污染物P主要指17β-雌二醇）的二级反应速率常数；$k_{^1O_2,FFA}$为$^1O_2$与FFA的二级反应速率常数；[P]、[FFA]以及$[^1O_2]_{SS}$分别为反应体系中17β-雌二醇的浓度、FFA的浓度以及$^1O_2$的稳态浓度。

采用动力学拟合模型计算17β-雌二醇与$^3DOM^*$的二级反应速率常数[25]。如图2-3所示，17β-雌二醇的光降解主要有三个途径，分别是17β-雌二醇与$^3DOM^*$发生反应、与$^1O_2$发生反应以及与•OH发生反应。图2-3中，$k_q$表示$^3DOM^*$与17β-雌二醇的二级反应速率常数，$k_1$表示$DOM^{\cdot-}\cdots E_2^{\cdot+}$分离成阳离子自由基$E_2^{\cdot+}$的反应速率常数，$k_2$表示$DOM^{\cdot-}\cdots E_2^{\cdot+}$通过电子转移达到基态的反应速率常数，$k_3$表示$E_2^{\cdot+}$的一级降解速率常数，$k_4$表示$E_2^{\cdot+}$的淬灭速率常数，$k_d$表示$^3DOM^*$的淬灭速率常数，通过图中的反应过程可以得到下列计算公式。

$$k_{obs}[E_2]=k_q[{}^3DOM^*][E_2]+k_{\bullet OH,E_2}[\bullet OH][E_2]+k_{^1O_2,E_2}\left[{}^1O_2\right][E_2]-a \tag{2.2.9}$$

$$a=k_4[E_2^{\cdot+}][DOM]-k_2[DOM^{\cdot-}\cdots E_2^{\cdot+}] \tag{2.2.10}$$

$$[{}^3DOM^*]_{SS}=k_{abs}\Phi_{ISC}[DOM]/(k_d+k_{O_2}[O_2]+k_q[E_2]) \tag{2.2.11}$$

$$[DOM^{\cdot-}\cdots E_2^{\cdot+}]_{SS}=k_q[{}^3DOM^*][E_2]/(k_1+k_2) \tag{2.2.12}$$

$$[E_2^{\cdot+}]_{SS}=k_1[DOM^{\cdot-}\cdots E_2^{\cdot+}]/(k_4[DOM]+k_3) \tag{2.2.13}$$

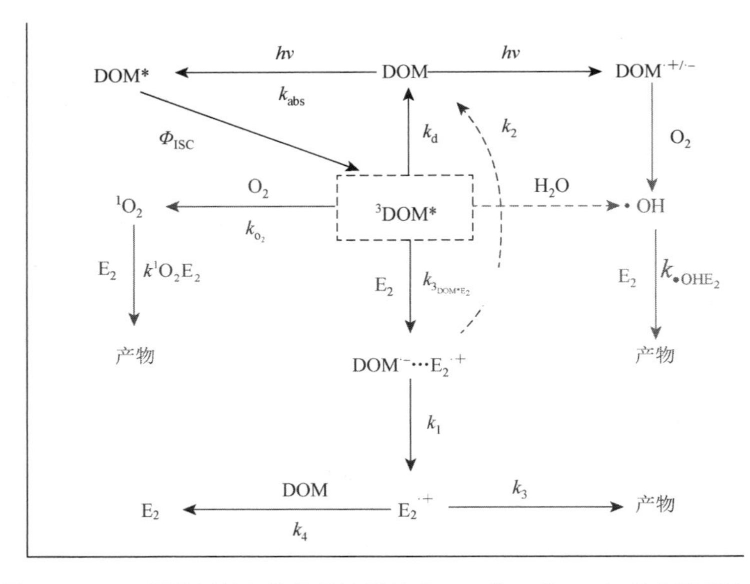


图2-3　DOM激发活性氧物种的途径以及17β-雌二醇（$E_2$）的光降解途径

将5 mg·L$^{-1}$的DOM加入反应体系中，DOM在光照条件下会反应生成$^3DOM^*$，同时在该体系中加入不同浓度的17β-雌二醇，选择的浓度分别为2 μmol·L$^{-1}$、5 μmol·L$^{-1}$、

8 μmol·L$^{-1}$、12 μmol·L$^{-1}$、15 μmol·L$^{-1}$，将反应溶液均匀混合后放入光解箱中进行光照实验。由图 2-3 可知，17β-雌二醇的降解不仅是由 $^3DOM^*$引起的，还需要考虑反应体系中 $^1O_2$ 以及•OH 这两种活性氧自由基对 17β-雌二醇降解的影响，所以在式（2.2.14）中，扣除了 $^1O_2$ 以及 • OH 的影响。将式（2.2.9）～式（2.2.13）均代入式（2.2.14）中，然后将式（2.2.14）代入式（2.2.15）中，可以得到式（2.2.16），通过式（2.2.16）可以计算 17β-雌二醇与 $^3DOM^*$的二级反应速率常数 $k_q$。

$$k_{obs}^T = k_{obs} - k_{^1O_2,E_2}\left[{}^1O_2\right]_{SS} - k_{HO\cdot E_2}[HO\cdot]_{SS} \tag{2.2.14}$$

$$r_T = k_{obs}^T[E_2] \tag{2.2.15}$$

$$\frac{1}{r_T} = \frac{k_d + k_{O_2}[O_2]}{fk_q}\frac{1}{[E_2]} + \frac{1}{f} \tag{2.2.16}$$

$$\frac{1}{f} = \frac{(k_4[DOM] + k_3)(k_1 + k_2)}{k_1k_3k_{abs}\varPhi_{ISC}[DOM]} \tag{2.2.17}$$

式中，$k_{obs}$ 为污染物的拟一阶降解速率常数；$k_{obs}^T$ 为 $^3DOM^*$光敏化污染物的间接光降解速率常数；$k_q$ 为 $^3DOM$*与污染物的二级反应速率常数；$k_d$ 为 $^3DOM^*$的淬灭常数；$k_{O_2}$ 为溶解氧对 $^3DOM^*$的淬灭速率常数；[$O_2$]为反应体系中溶解氧的浓度，在空气饱和的水中，25℃下测得的[$O_2$]为 245 μmol·L$^{-1}$；$f$ 为常数。

进行模拟太阳光照射的实验，在黑暗环境中，六种高原湖泊 DOM 以及 SRHA 和 SRFA 样品中并未发现 17β-雌二醇出现明显降解，表明在实验过程中其他途径对 17β-雌二醇的降解可以忽略不计。之后进行 17β-雌二醇的直接光降解实验，实验数据如图 2-4 所示。由图中的数据可知，17β-雌二醇的直接光降解比较弱，在 1.25 h 内 17β-雌二醇并未出现明显的光降解，说明 17β-雌二醇的降解主要由间接光降解起主导作用，直接光降解并不明显，所以本实验并不考虑直接光降解的影响。

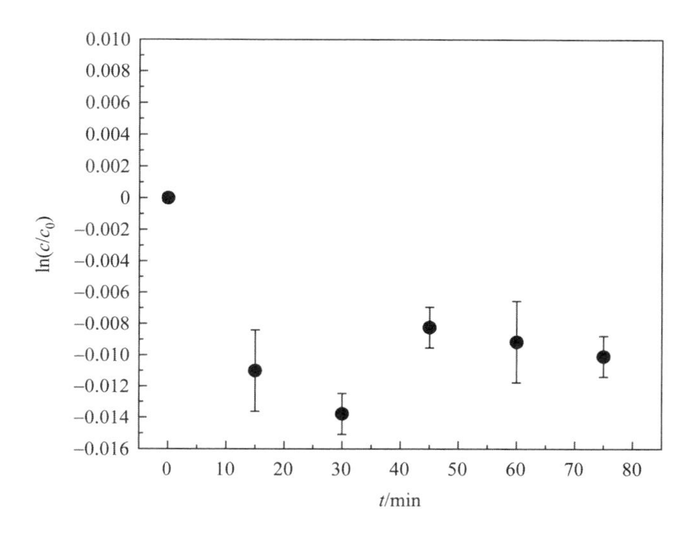


图 2-4　17β-雌二醇的直接光降解动力学曲线

图 2-5 为在添加不同 DOM 的溶液中 17β-雌二醇的降解动力学曲线，由降解动力学曲线可知，17β-雌二醇的降解遵循准一级动力学（$r>0.98$，$p<0.05$）。在杞麓湖 DOM 存在的溶液中，17β-雌二醇的降解速率最快，$k$ 值为 $6.9\times10^{-3}\ \text{min}^{-1}$，其他几种湖泊 DOM 的降解速率也比较快，阳宗海 DOM、洱海 DOM、抚仙湖 DOM、滇池 DOM 以及星云湖 DOM 的降解速率 $k$ 值分别为 $3.3\times10^{-3}\ \text{min}^{-1}$、$3.6\times10^{-3}\ \text{min}^{-1}$、$4.5\times10^{-3}\ \text{min}^{-1}$、$5.8\times10^{-3}\ \text{min}^{-1}$、$5.2\times10^{-3}\ \text{min}^{-1}$，而 SRHA 存在的溶液中 17β-雌二醇的降解速率为 $3.4\times10^{-3}\ \text{min}^{-1}$，SRFA 存在的溶液中 17β-雌二醇的降解速率略高，为 $4.5\times10^{-3}\ \text{min}^{-1}$。但是整体而言，SRHA 以及 SRFA 对 17β-雌二醇的降解速率相较于高原湖泊 DOM 略低。因为 SRHA 以及 SRFA 属于外源性 DOM，而高原湖泊 DOM 则属于内源性 DOM，内源性 DOM 对污染物的降解速率高于外源性 DOM，主要原因在于内源性 DOM 在吸收太阳光之后能产生更多的 Hi-$^3$DOM$^*$，而对污染物起主要降解作用的活性自由基就是 Hi-$^3$DOM$^*$。而且在反应体系中，DOM 与污染物会发生光竞争，SRHA 以及 SRFA 的光屏蔽作用较强，这也是 SRHA 以及 SRFA 的降解速率 $k$ 值相对于高原湖泊 DOM 略低的原因。除此之外，内源性 DOM 的酚类含量较低，说明内源性 DOM 的抗氧化剂含量较低，抗氧化剂对 $^3$DOM$^*$与污染物反应的抑制作用比较弱，从而能观察到六种高原湖泊 DOM 对污染物的降解速率相较于 SRHA 和 SRFA 更快。

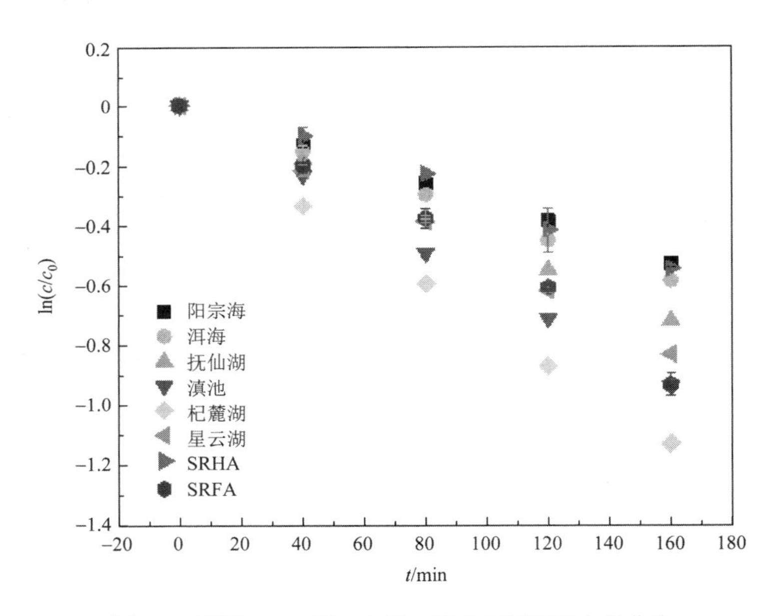


图 2-5　不同 DOM 下 17β-雌二醇的光降解动力学曲线

### 2.2.2　不同高原湖泊 DOM 对 17β-雌二醇的光降解反应机理

以选取的八种 DOM 为例，进行活性氧物种的淬灭实验，以探究不同 DOM 对 17β-雌二醇光降解的作用机制，选择异丙醇作为•OH 的淬灭剂，山梨酸作为 $^3$DOM$^*$的淬灭剂，通入氮气淬灭反应体系中的 $^1O_2$。由图 2-6 可知，当向反应体系中加入异丙醇以后，除了杞麓湖 DOM 以及 SRHA 的降解速率 $k$ 值略有升高，其他六种 DOM 的降解速率 $k$ 值均出现了不同程度的下降。除此之外，在添加异丙醇以后，洱海 DOM 对 17β-雌二醇的降解速率仅下降了 8%，滇池 DOM 以及星云湖 DOM 对 17β-雌二醇的降解速率分别下降了 14%以及 17%，说明洱海 DOM、滇池 DOM 以及杞麓湖 DOM 受光照产生的•OH 对 17β-雌二醇的降解起到了一定的促进作用，但是作用不明显。阳宗海 DOM 以及抚仙湖 DOM 对 17β-雌二醇的降解速率 $k$ 值在添加异丙醇以后分别下降了 42%以及 62%，说明•OH 对 17β-雌二醇的降解起到了比较明显的促进作用，但不全是•OH 导致 17β-雌二醇发生降解。当向反应体系中加入山梨酸作为淬灭剂以后，几乎完全抑制了 17β-雌二醇的降解，尤其是对于抚仙湖 DOM 以及滇池 DOM，添加山梨酸以后，17β-雌二醇的降解速率分别下降了 96%以及 93%，抚仙湖 DOM 的 $k$ 值由原来的 $4.5\times10^{-3}$ $min^{-1}$ 下降到 $0.2\times10^{-3}$ $min^{-1}$，滇池 DOM 的 $k$ 值由原来的 $5.8\times10^{-3}$ $min^{-1}$ 下降到 $0.4\times10^{-3}$ $min^{-1}$。其他几种 DOM 的反应体系中，17β-雌二醇的降解速率也下降了非常多，下降幅度最小的 SRHA 对 17β-雌二醇的降解速率 $k$ 值也从 $3.4\times10^{-3}$ $min^{-1}$ 下降到 $0.7\times10^{-3}$ $min^{-1}$，说明 17β-雌二醇的降解主要由 $^3DOM^*$引起。

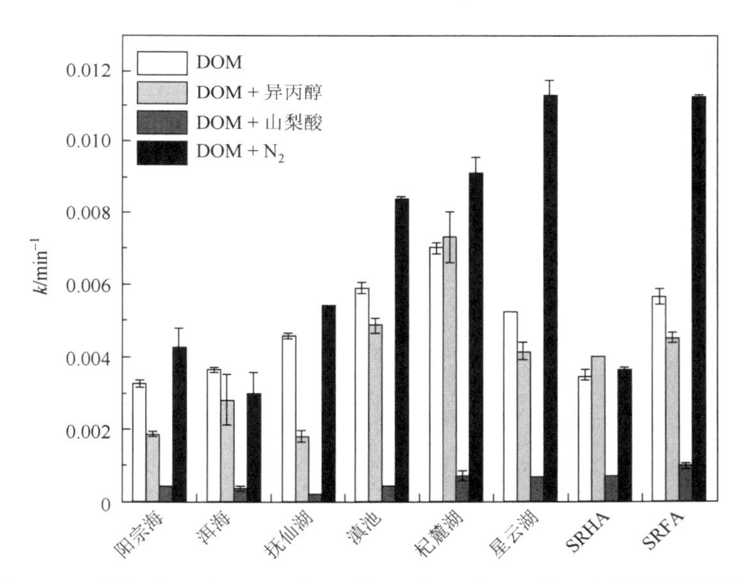


图 2-6　活性氧自由基•OH 、$^3DOM^*$以及 $^1O_2$ 对 17β-雌二醇光降解的作用

为了进一步判断 $^1O_2$ 是否参与了 17β-雌二醇的光降解，向反应体系中通入 $N_2$。$^3DOM^*$是 $^1O_2$ 的前体物，如果向反应体系中通入 $N_2$，会降低 $^1O_2$ 的生成速率，同时也会降低 $^3DOM^*$的淬灭速率，此时反应体系中 $^1O_2$ 的稳态浓度下降，$^3DOM^*$的稳态浓度提高。当通入 $N_2$ 以后，含有杞麓湖 DOM 的反应体系中 17β-雌二醇的降解速率提高了 112%，含有 SRFA 的反应体系中 17β-雌二醇的降解速率提高了 105%，对这两种 DOM 来说，17β-雌二醇的降解是由 $^3DOM^*$主导的。含有阳宗海 DOM、抚仙湖 DOM、滇池 DOM、杞麓湖 DOM 以及 SRHA 的反应体系中，17β-雌二醇的降解速率都得到了不同幅度的提高，说明这几种 DOM 光解产生的 $^3DOM^*$对 17β-雌二醇的降解起主要作用，$^1O_2$ 对 17β-雌二醇的降解影响不是很大，因为如果 $^1O_2$ 对 17β-雌二醇的降解具有非常显

著的影响，那么通入 $N_2$ 以后，17β-雌二醇的降解速率 $k$ 值会有所下降，但是在上述几种 DOM 中，并没有观察到这个现象。除此之外，通入 $N_2$ 之后，含有洱海 DOM 的反应体系中，17β-雌二醇的降解速率下降了 28%，说明洱海 DOM 产生的 $^1O_2$ 对 17β-雌二醇的降解起到了一定的作用，虽然通入 $N_2$ 会提高反应体系中 $^3DOM^*$ 的浓度，促进 17β-雌二醇的降解，但是淬灭 $^1O_2$ 会使得 17β-雌二醇的降解受到抑制，且抑制作用要强于促进作用，最终呈现出来的结果就是在含有洱海 DOM 的反应体系中，通入 $N_2$ 会抑制 17β-雌二醇的降解。

为了更直观地展示 $^3DOM^*$、$^1O_2$ 以及 • OH 对 17β-雌二醇光降解所做的贡献，使用 $^1O_2$ 以及 •OH 的稳态浓度和它们与 17β-雌二醇的二级反应速率常数进行计算，得出 $^3DOM^*$、$^1O_2$ 以及 •OH 对 17β-雌二醇光降解的贡献，结果见表 2-5。由表 2-5 可知，在八种 DOM 中，对 17β-雌二醇光降解贡献最少的自由基是 $^1O_2$，其次是 •OH，$^3DOM^*$ 对 17β-雌二醇的光降解起主导作用，这个结果和之前的淬灭实验数据基本吻合。在八种 DOM 中，SRHA 产生的 $^1O_2$ 对 17β-雌二醇的贡献度最高，达到了 13.2%，最低的是星云湖 DOM，其受光照产生的 $^1O_2$ 对 17β-雌二醇的贡献度仅为 2.5%，其他几种 DOM 产生的 $^1O_2$ 对 17β-雌二醇的贡献度在 3.0%～6.5%。整体来说，$^1O_2$ 对 17β-雌二醇的光降解影响不大，作用比较弱。SRHA 产生的 •OH 对 17β-雌二醇光降解的贡献度最高，为 28.3%，相应地，$^3DOM^*$ 对 17β-雌二醇光降解的贡献降低，但是 SRHA 产生的 $^3DOM^*$ 对 17β-雌二醇的光降解仍起主要作用。杞麓湖 DOM 产生的 $^3DOM^*$ 对 17β-雌二醇光降解的贡献度最高，达到了 86.6%，除 SRHA 外其他几种 DOM 产生的 $^3DOM^*$ 对 17β-雌二醇光降解的贡献度也比较高，贡献度在 70.0%～86.0%，只有 SRHA 产生的 $^3DOM^*$ 对 17β-雌二醇光降解的贡献度略低，但也达到了 58.5%，由此可以看出，17β-雌二醇的光降解是由 $^3DOM^*$ 主导的。

**表 2-5 $^3DOM^*$、•OH 以及 $^1O_2$ 对 17β-雌二醇光降解所做的贡献**

| 项目 | $^3DOM^*$/% | •OH/% | $^1O_2$/% |
|---|---|---|---|
| 阳宗海 | 72.5 | 23.3 | 4.2 |
| 洱海 | 74.8 | 20.7 | 4.5 |
| 抚仙湖 | 80.4 | 14.5 | 5.1 |
| 滇池 | 79.6 | 16.5 | 3.9 |
| 杞麓湖 | 86.6 | 10.3 | 3.1 |
| 星云湖 | 84.2 | 13.3 | 2.5 |
| SRHA | 58.5 | 28.3 | 13.2 |
| SRFA | 85.4 | 8.3 | 6.3 |

使用竞争动力学方法对 17β-雌二醇与 $^1O_2$ 以及 •OH 的二级反应速率常数进行测定。选用 FFA 作为参比化合物来测定 17β-雌二醇与 $^1O_2$ 的二级反应速率常数，之后选用硝基苯作为参比化合物来测定 17β-雌二醇与 • OH 的二级反应速率常数。通过计算，可以得到 17β-雌二醇与 • OH 的二级反应速率常数为 $3.05\times10^9\ (mol\cdot L^{-1})^{-1}\cdot s^{-1}$，17β-雌二醇与 $^1O_2$

的二级反应速率常数为 $3.4\times10^7$ $(mol\cdot L^{-1})^{-1}\cdot s^{-1}$，可以看出 17β-雌二醇与 •OH 的二级反应速率常数是该化合物与 $^1O_2$ 的二级反应速率常数的 90 倍，可见 17β-雌二醇与 •OH 的反应活性要远高于 17β-雌二醇与 $^1O_2$ 的反应活性，这和之前所分析的淬灭实验数据比较吻合。在反应体系中加入 •OH 的淬灭剂后，17β-雌二醇的降解速率基本上都出现下降，但是向反应体系中通入 $N_2$ 后，除了洱海 DOM，含有其他 DOM 的反应体系中 17β-雌二醇的降解速率大幅度上升，这也证明了上述结论。

为了探究 $^3DOM^*$与 17β-雌二醇的反应活性，使用式（2.2.16）的计算模型，并通过线性拟合（图 2-7），将所得数据进行处理，最终得到八种 DOM 所产生的 $^3DOM^*$与 17β-雌二醇的二级反应速率常数，如表 2-6 所示。由表 2-6 可知，阳宗海 DOM 受光照产生的 $^3DOM^*$与 17β-雌二醇的二级反应速率常数最低，为 $1.78\times10^{10}$ $(mol\cdot L^{-1})^{-1}\cdot s^{-1}$，杞麓湖 DOM 受光照产生的 $^3DOM^*$与 17β-雌二醇的二级反应速率常数最高，为 $14.21\times10^{10}$ $(mol\cdot L^{-1})^{-1}\cdot s^{-1}$，其次是抚仙湖 DOM 受光照产生的 $^3DOM^*$与 17β-雌二醇的二级反应速率常数［达到了 $10.12\times10^{10}$ $(mol\cdot L^{-1})^{-1}\cdot s^{-1}$］。由之前的淬灭实验数据也可以看出，当向反应体系中加入山梨酸作为淬灭剂时，含有抚仙湖 DOM、滇池 DOM 以及杞麓湖 DOM 的反应体系中，17β-雌二醇的降解速率 $k$ 值分别下降了 95.5%、93.1% 以及 91.3%，可见这三种 DOM 产生的 $^3DOM^*$对 17β-雌二醇的降解起到了非常重要的作用，表 2-6 的数据也印证了这一点。

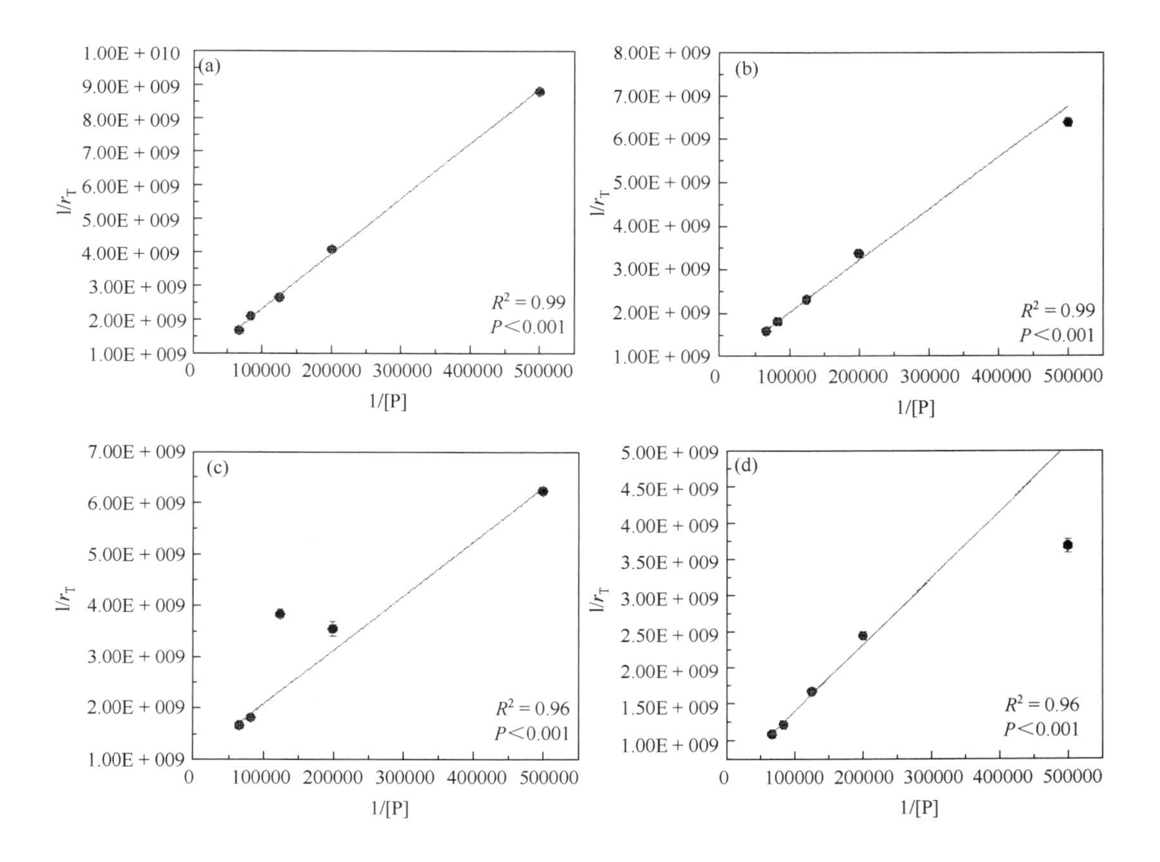

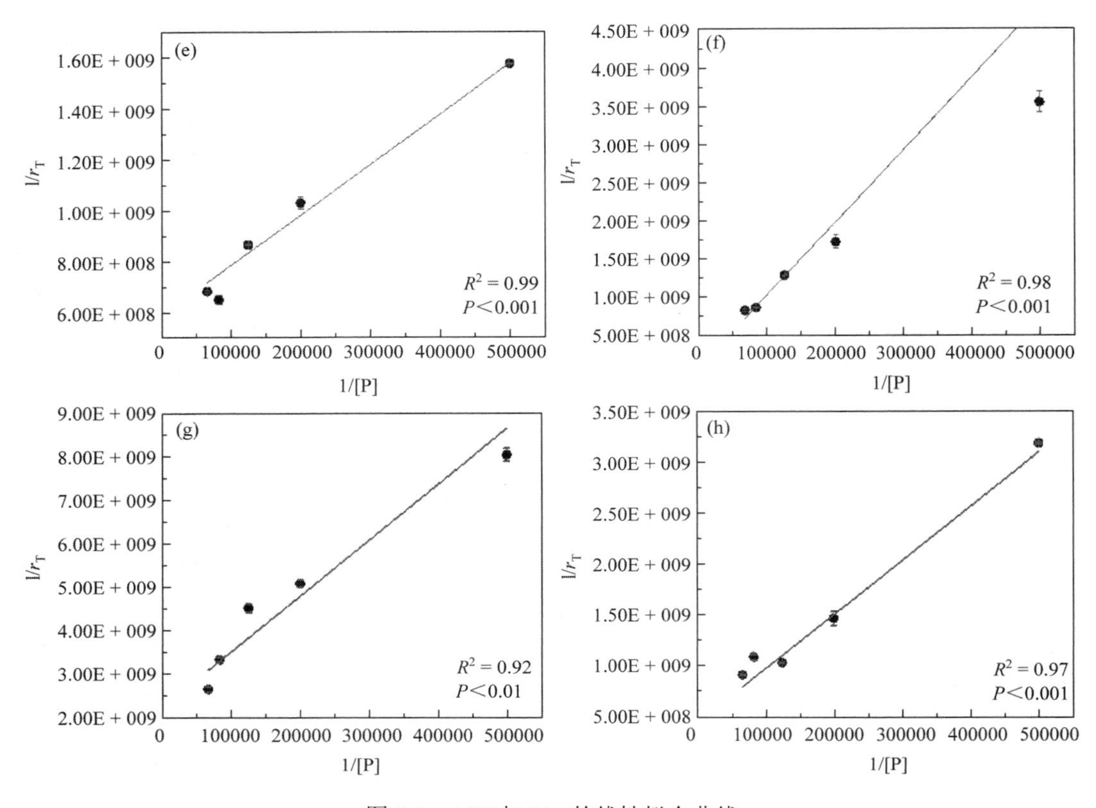


图 2-7　1/[P]与 $1/r_T$ 的线性拟合曲线

（a）阳宗海；（b）洱海；（c）抚仙湖；（d）滇池；（e）杞麓湖；（f）星云湖；（g）SRHA；（h）SRFA

**表 2-6　在模拟太阳光照射下 17β-雌二醇与 $^3DOM^*$ 的二级反应速率常数**

| DOM | $k_{R,^3DOM^*}$ $[10^{10}(mol \cdot L^{-1})^{-1} \cdot s^{-1}]$ |
|---|---|
| 阳宗海 | 1.78±0.02 |
| 洱海 | 4.06±0.07 |
| 抚仙湖 | 10.12±0.10 |
| 滇池 | 7.36±0.30 |
| 杞麓湖 | 14.21±0.10 |
| 星云湖 | 3.22±0.20 |
| SRHA | 8.42±0.30 |
| SRFA | 4.68±0.01 |

注：$\rho_{DOM} = 5\ mg \cdot L^{-1}$，pH = 7。

将 $^3DOM^*$ 与 17β-雌二醇的二级反应速率常数、•OH 与 17β-雌二醇的二级反应速率常数以及 $^1O_2$ 与 17β-雌二醇的二级反应速率常数进行比较，发现 $^3DOM^*$ 与 17β-雌二醇的二级反应速率常数最高，且即使是值最低的阳宗海 DOM 受光照产生的 $^3DOM^*$ 与 17β-雌二醇的二级反应速率常数都比•OH 与 17β-雌二醇的二级反应速率常数高近 6 倍，比 $^1O_2$ 与

17β-雌二醇的二级反应速率常数高 524 倍。由此可知，DOM 光致产生的活性氧自由基中，$^3DOM^*$对 17β-雌二醇的降解起主导作用，•OH 对 17β-雌二醇的降解起一定的作用，但是作用没有 $^3DOM^*$的大，$^1O_2$ 对 17β-雌二醇的降解也有一定的影响，但是影响不显著。

## 参 考 文 献

[1] 卡尔夫. 湖沼学:内陆水生态系统[M]. 古滨河，刘正文，李宽意，等，译. 北京：高等教育出版社，2011.

[2] 环境保护部科技标准司，中国环境科学学会. 湖泊水环境保护知识问答[M]. 北京：中国环境出版社，2015.

[3] Reynaud A，Lanzanova D. A global meta-analysis of the value of ecosystem services provided by lakes[J]. Ecological Economics，2017，137：184-194.

[4] 赵光洲，贺彬. 云南高原湖泊流域可持续发展条件与对策研究[M]. 北京：科学出版社，2011.

[5] 范宇莹. 污水生化处理系统中类固醇雌激素的赋存及转化研究[D]. 吉林：东北电力大学，2018.

[6] Thum T，Erpenbeck V J，Moeller J，et al. Expression of xenobiotic metabolizing enzymes in different lung compartments of smokers and nonsmokers[J]. Environmental Health Perspectives，2006，114（11）：1655-1661.

[7] Kavlock R J. Overview of endocrine disruptor research activity in the United States[J]. Chemosphere，1999，39（8）：1227-1236.

[8] 李凯丽. 环境激素对人类健康的影响[J]. 环境保护与循环经济，2014，34（3）：19-22.

[9] McNeill K，Canonica S. Triplet state dissolved organic matter in aquatic photochemistry：reaction mechanisms，substrate scope，and photophysical properties[J]. Environmental Science：Processes & Impacts，2016，18（11）：1381-1399.

[10] Boreen A L，Arnold W A，McNeill K. Triplet-sensitized photodegradation of sulfa drugs containing six-membered heterocyclic groups：identification of an $SO_2$ extrusion photoproduct[J]. Environmental Science & Technology，2005，39（10）：3630-3638.

[11] Laszakovits J R，Berg S M，Anderson B G，et al. P-Nitroanisole/Pyridine and p-Nitroacetophenone/pyridine actinometers revisited：quantum yield in comparison to ferrioxalate[J]. Environmental Science & Technology Letters，2017，4（1）：11-14.

[12] 于莉莉，钟晔，孙福红，等. pH 值对滇池水体溶解性有机质（DOM）光降解作用的影响[J]. 光谱学与光谱分析，2019，39（8）：2533-2539.

[13] 张广彩，于会彬，徐泽华，等. 基于三维荧光光谱结合平行因子法的蘑菇湖上覆水溶解性有机质特征分析[J]. 生态与农村环境学报，2019，35（7）：933-939.

[14] Wang R M，Ji M，Zhai H Y，et al. Electron donating capacities of DOM model compounds and their relationships with chlorine demand，byproduct formation，and other properties in chlorination[J]. Chemosphere，2020，261：127764.

[15] De Haan H. Solar UV-light penetration and photodegradation of humic substances in peaty lake water[J]. Limnology and Oceanography，1993，38（5）：1072-1076.

[16] 牛城，张运林，朱广伟，等. 天目湖流域 DOM 和 CDOM 光学特性的对比[J]. 环境科学研究，2014，27（9）：998-1007.

[17] Weishaar J L，Aiken G R，Bergamaschi B A，et al. Evaluation of specific ultraviolet absorbance as an indicator of the chemical composition and reactivity of dissolved organic carbon[J]. Environmental Science & Technology，2003，37（20）：4702-4708.

[18] Liu L，Song C Y，Yan Z G，et al. Characterizing the release of different composition of dissolved organic matter in soil under acid rain leaching using three-dimensional excitation-emission matrix spectroscopy[J]. Chemosphere，2009，77（1）：15-21.

[19] 刘妮. 类石墨烯磁性生物炭对水体中雌二醇的吸附性能及机理研究[D]. 长沙：湖南大学，2020.

[20] Pal A，Gin K Y H，Lin A Y C，et al. Impacts of emerging organic contaminants on freshwater resources：review of recent occurrences，sources，fate and effects[J]. Science of the Total Environment，2010，408（24）：6062-6069.

[21] Luo Z F，Tu Y，Li H P，et al. Endocrine-disrupting compounds in the Xiangjiang River of China：spatio-temporal distribution，source apportionment，and risk assessment[J]. Ecotoxicology and Environmental Safety，2019，167：476-484.

[22] Huang B，Wang B，Ren D，et al. Occurrence，removal and bioaccumulation of steroid estrogens in Dianchi Lake Catchment，China[J]. Environment International，2013，59：262-273.

[23] Buxton G V，Greenstock C L，Helman W P，et al. Critical-Review of rate constants for reactions of hydrated electrons，

hydrogen-atoms and hydroxyl radicals（•OH/•O⁻）in Aqueous-Solution[J]. Journal of Physical and Chemical Reference Data，1988，17（2）：513-886.

[24] Dalrymple R M，Carfagno A K，Sharpless C M. Correlations between dissolved organic matter optical properties and quantum yields of singlet oxygen and hydrogen peroxide[J]. Environmental Science & Technology，2010，44（15）：5824-5829.

[25] Wan D，Wang J，Dionysiou D D，et al. Photogeneration of reactive species from biochar-derived dissolved black carbon for the degradation of amine and phenolic pollutants[J]. Environmental Science & Technology，2021，55（13）：8866-8876.

# 第3章　DBC分子结构与光化学活性

## 3.1　不同热解温度下DBC的光学性质

DBC是由具有5～8个苯环的缩合环前体组成的共轭体系，很容易吸收太阳光并产生光化学活性[1, 2]。对DBC而言，随着热解温度的升高，其溶解有机碳组分和极性酸性官能团含量会不断减少，芳香性会不断增强[3]，DBC的结构差异会影响其光化学活性和光致产生ROS的能力。不同热解温度下五种DBC（分别为小麦秸秆、稻草秸秆、竹子、玉米秸秆和松针生物质在200～600℃下热解所得的DBC）的紫外可见吸收光谱如图3-1所示。DBC对光的吸收强度显著受其热解温度影响。通常，五种生物质来源的DBC与具有高热解温度的DBC相比，在相对较低的热解温度下获得的DBC具有更强的光吸收能力。这表明，不同热解温度下DBC的光化学活性可能不同。

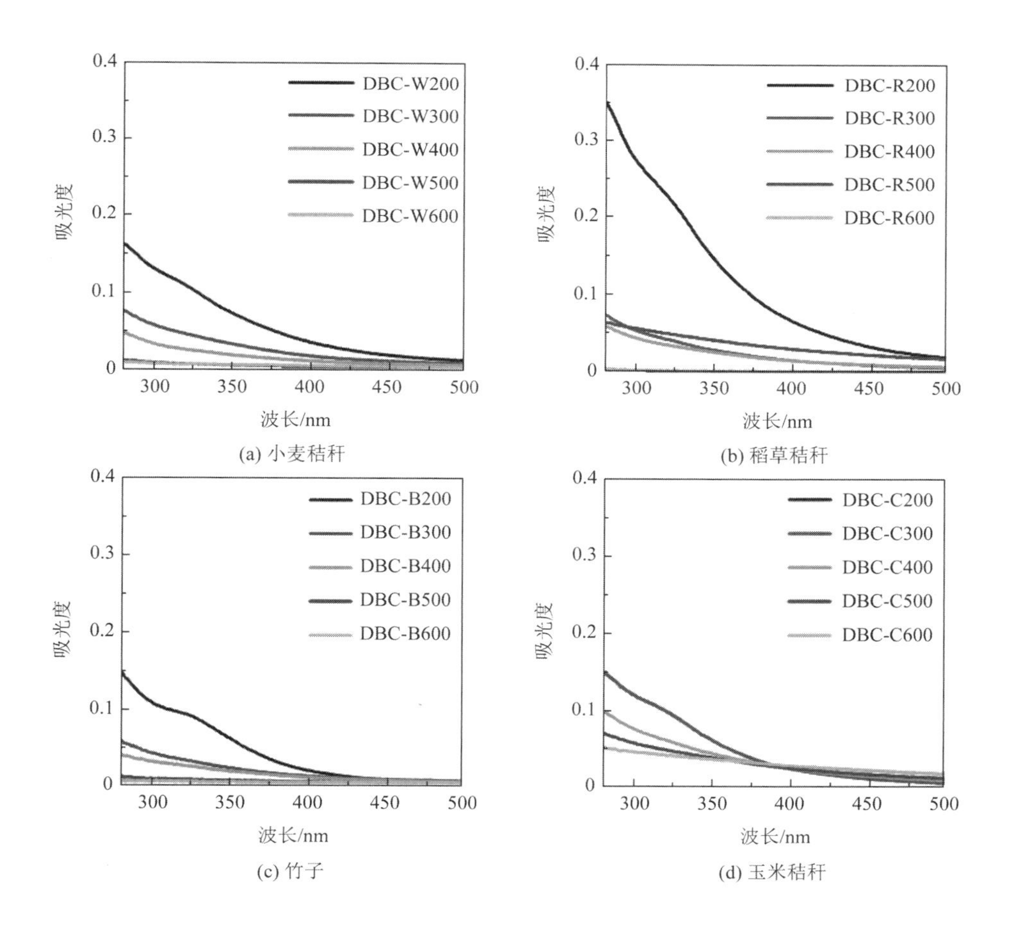

(a) 小麦秸秆　(b) 稻草秸秆　(c) 竹子　(d) 玉米秸秆

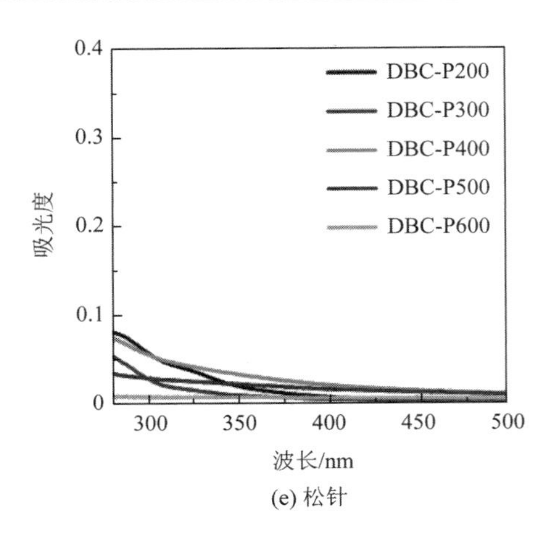


(e) 松针

图 3-1　不同 DBC 的紫外可见吸收光谱

光化学参数 $SUVA_{254}$、$E_2/E_3$、$S_{275\sim295}$、$S_{350\sim400}$ 和 $S_R$ 用于表征 DBC 的光活性，据此可研究不同生物质衍生的 DBC 在不同热解温度下的光化学活性[4-6]，参数 $SUVA_{254}$ 用于表征 DBC 分子量和芳香性[7]；$E_2/E_3$ 常用于表征 DBC 分子的电子转移能力[8]；$S_{275\sim295}$、$S_{350\sim400}$ 和 $S_R$ 的值可用作 DBC 光漂白度的指示值[9]。

表 3-1 中列出的数据表明，对于源自不同生物质的 DBC，$SUVA_{254}$ 值随着热解温度从 200℃增加到 600℃而降低，表明 DBC 的芳香性和分子量随着温度的升高而降低。相比 $SUVA_{254}$，随着温度的升高，$S_R$ 值呈现相反的现象。此外，不同热解温度下得到的 DBC 的 $SUVA_{254}$ 值和 $S_R$ 值之间存在良好的线性相关性［图 3-2（a）］。这意味着具有较大 $SUVA_{254}$ 值的 DBC 的低芳香性与具有较小 $S_R$ 值的 DBC 的高光漂白效应相关。光漂白可导致 DOM 分子量降低，将 DOM 结构转化为小分子量，进而降低 DOM 的芳香性[10]，因为 DBC 是 DOM 的重要组成部分，这也就解释了 $SUVA_{254}$ 和 $S_R$ 之间的线性相关性。

**表 3-1　不同热解温度下 DBC 的光化学参数**

| 样品 | pH | $\rho_{DBC}$/(mg·L$^{-1}$) | $SUVA_{254}$ /(L·mg$^{-1}$·m$^{-1}$) | $E_2/E_3$ | $S_{275\sim295}$ | $S_{350\sim400}$ | $S_R$ |
|---|---|---|---|---|---|---|---|
| DBC-W200 | 7.0 | 10 | 3.07 | 3.12 | 0.011 | 0.014 | 0.73 |
| DBC-W300 | 7.0 | 10 | 2.21 | 6.01 | 0.025 | 0.023 | 1.10 |
| DBC-W400 | 7.0 | 10 | 1.27 | 5.51 | 0.020 | 0.012 | 1.73 |
| DBC-W500 | 7.0 | 10 | 0.31 | 5.00 | 0.019 | 0.019 | 1.00 |
| DBC-W600 | 7.0 | 10 | 0.27 | 4.60 | 0.013 | 0.007 | 1.93 |
| DBC-R200 | 7.0 | 10 | 2.66 | 3.29 | 0.009 | 0.012 | 0.78 |
| DBC-R300 | 7.0 | 10 | 1.91 | 3.89 | 0.014 | 0.010 | 1.50 |
| DBC-R400 | 7.0 | 10 | 2.05 | 2.66 | 0.015 | 0.010 | 1.46 |
| DBC-R500 | 7.0 | 10 | 0.64 | 2.25 | 0.007 | 0.005 | 1.42 |
| DBC-R600 | 7.0 | 10 | 0.21 | 2.20 | 0.011 | 0.007 | 1.76 |
| DBC-B200 | 7.0 | 10 | 2.06 | 3.71 | 0.014 | 0.016 | 0.89 |

续表

| 样品 | pH | $\rho_{DBC}$/(mg·L$^{-1}$) | $SUVA_{254}$ /(L·mg$^{-1}$·m$^{-1}$) | $E_2/E_3$ | $S_{275\sim295}$ | $S_{350\sim400}$ | $S_R$ |
| --- | --- | --- | --- | --- | --- | --- | --- |
| DBC-B300 | 7.0 | 10 | 1.68 | 8.57 | 0.018 | 0.017 | 1.04 |
| DBC-B400 | 7.0 | 10 | 0.89 | 2.56 | 0.010 | 0.006 | 1.63 |
| DBC-B500 | 7.0 | 10 | 0.20 | 4.23 | 0.010 | 0.008 | 1.30 |
| DBC-B600 | 7.0 | 10 | 0.09 | 3.63 | 0.006 | 0.004 | 1.61 |
| DBC-C200 | 7.0 | 10 | 3.02 | 3.47 | 0.010 | 0.016 | 0.63 |
| DBC-C300 | 7.0 | 10 | 2.39 | 7.80 | 0.020 | 0.036 | 0.55 |
| DBC-C400 | 7.0 | 10 | 2.01 | 9.79 | 0.025 | 0.024 | 1.04 |
| DBC-C500 | 7.0 | 10 | 0.23 | 2.46 | 0.005 | 0.005 | 1.02 |
| DBC-C600 | 7.0 | 10 | 0.07 | 1.72 | 0.005 | 0.002 | 2.28 |
| DBC-P200 | 7.0 | 10 | 2.43 | 5.99 | 0.012 | 0.012 | 1.02 |
| DBC-P300 | 7.0 | 10 | 1.50 | 4.89 | 0.013 | 0.012 | 1.21 |
| DBC-P400 | 7.0 | 10 | 0.98 | 3.25 | 0.010 | 0.007 | 1.51 |
| DBC-P500 | 7.0 | 10 | 0.56 | 2.86 | 0.007 | 0.005 | 1.41 |
| DBC-P600 | 7.0 | 10 | 0.31 | 1.69 | 0.006 | 0.002 | 2.14 |

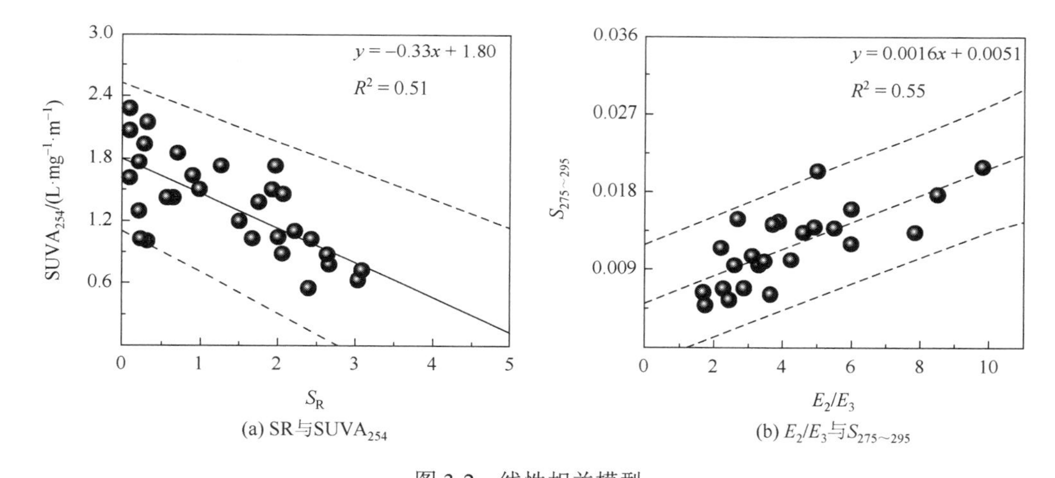


(a) SR与$SUVA_{254}$　　(b) $E_2/E_3$与$S_{275\sim295}$

图 3-2　线性相关模型

虚线表示回归的 95%置信区间；直线表示回归线；拟合模型方程和 $R^2$ 展示了每个预测-回归对

DBC 的 $E_2/E_3$ 值也受到热解温度的显著影响，见表 3-1。$E_2/E_3$ 可以作为 DBC 自身电荷转移过程的指示参数，不同 DBC 的 $E_2/E_3$ 值表明，不同热解温度下 DBC 可能会通过改变 DBC 中的给电子基团（如酚）和/或电子接收基团（如芳香酮和醌）的含量改变自身的电荷转移能力。而这些基团在 DBC 光化学过程中具有关键作用，可能会影响 DBC 的光敏活性。$E_2/E_3$ 值也用于表征 DBC 分子量的变化，相对较高的 $E_2/E_3$ 值反映出 DBC 的分子量较低。如前所述，光漂白可导致 DOM 转化为低分子量，其光吸收将会蓝移，且在较短波长下会导致更强的相对吸收[10]。$S_{275\sim295}$ 值是根据 DBC 在 275～295 nm 的吸收光谱计算出来的，可以反映 DBC 分子结构的破坏程度[11]。如图 3-2（b）所示，较高的 $E_2/E_3$ 值对应于较高的 $S_{275\sim295}$ 值，并且 $E_2/E_3$ 与 $S_{275\sim295}$ 呈线性正相关，表明这些参数可用于评估不同热解温度下 DBC 的光化学活性。

# 3.2 DBC 光致生成活性氧物种

## 3.2.1 不同 DBC 光致生成 $^1O_2$ 和 $^3DBC^*$

DBC 通过吸光可产生各种活性氧物种，如激发三重态 DBC（$^3DBC^*$）、单线态氧（$^1O_2$）和羟基自由基（•OH）。用 TMP 探针来研究 $^3DBC^*$的生成情况。图 3-3（a）展示了 TMP 光降解速率常数（$k_{TMP}$，$h^{-1}$）与热解温度的关系。结果显示，具有较低热解温度（即 200℃、300℃和 400℃）的 DBC，其 $k_{TMP}$ 值高于较高热解温度（如 500℃和 600℃）下 DBC 的 $k_{TMP}$ 值，表明来自较低热解温度的 DBC 有较高的 $^3DBC^*$稳态浓度。来自不同生物质和热解温度的 $^3DBC^*$的 $f_{TMP}$ 如图 3-4（a）所示，观察到 $f_{TMP}$ 值在 200～600℃与热解温度相关，并在 300～400℃时拥有最大值。表 3-1 显示，在 300℃和 400℃的热解温度下，DBC 的 $E_2/E_3$ 值和 $S_{275\sim295}$ 值均高于其他热解温度下的值。这表明在该温度范围内，DBC 具有较低的分子量和芳香性，且有利于激发三重态 DBC 的产生。

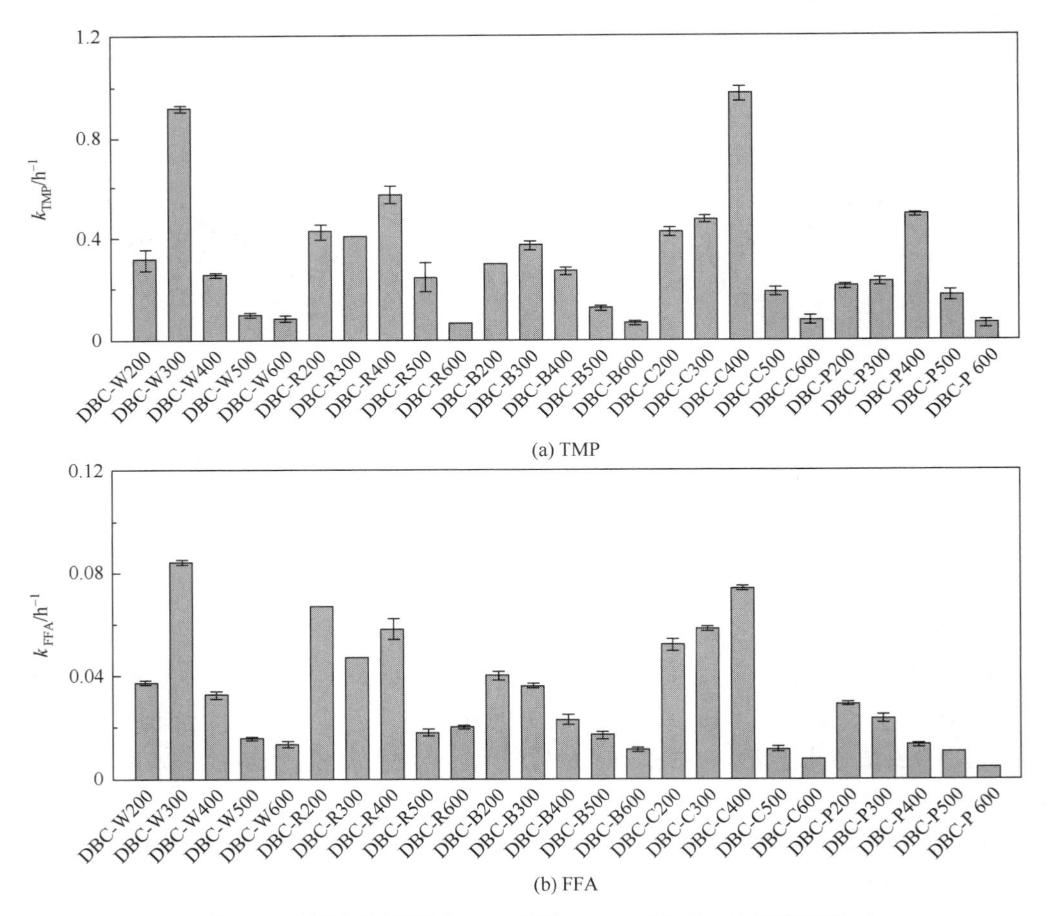


图 3-3 光照条件下不同 DBC 溶液中 TMP 和 FFA 的降解速率

误差线表示平均值的标准偏差，$n = 3$

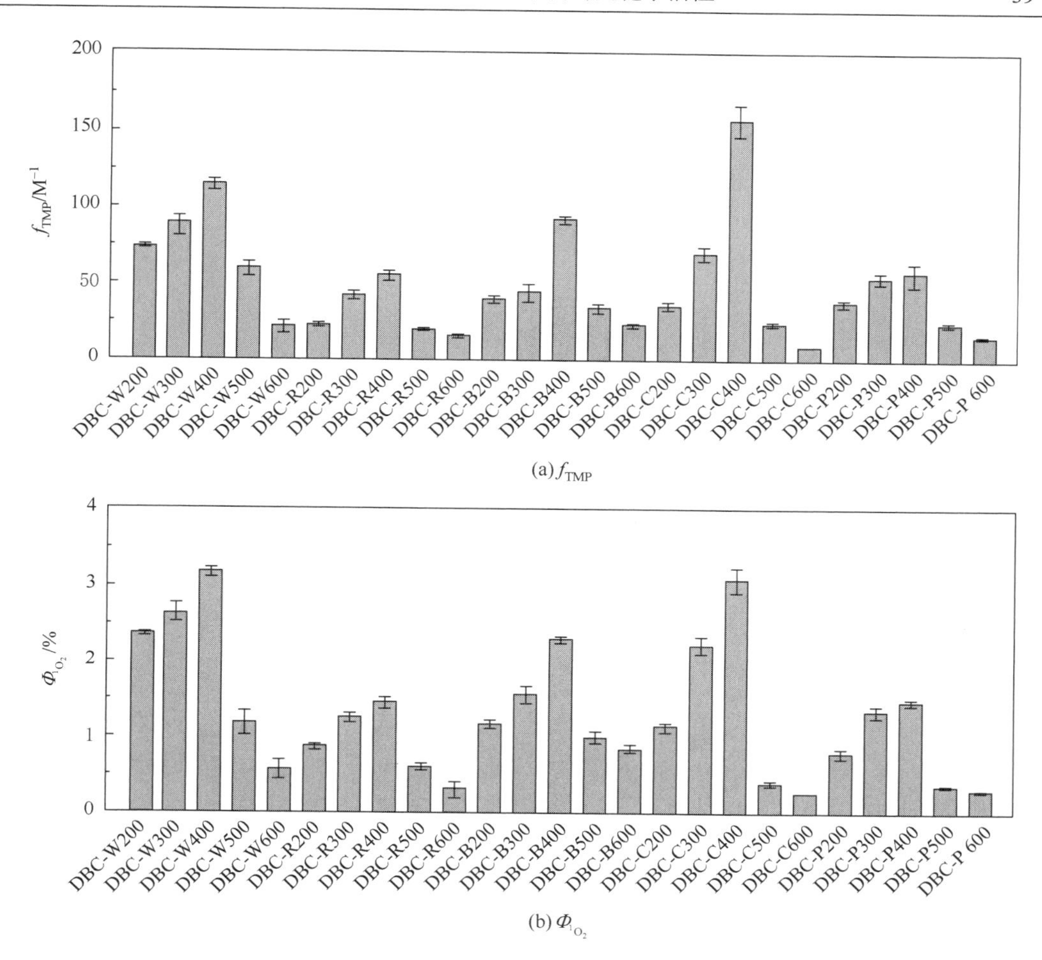


图 3-4　光照条件下不同 DBC 溶液的三重态量子产率系数（$f_{TMP}$）和表观单线态氧量子产率（$\Phi_{^1O_2}$）

误差线表示平均值的标准偏差，$n = 3$

$^3DBC^*$被认作 $^1O_2$ 的前体[5]，用 FFA 作为探针来研究在不同的 DBC 溶液中 $^1O_2$ 的生成情况。根据 FFA 在 DBC 溶液中的降解速率［图 3-3（b）］和 DBC 自身的紫外可见吸收光谱（图 3-1），计算不同 DBC 光辐照溶液的 $\Phi_{^1O_2}$，结果如图 3-4（b）所示。对于不同 DBC，$\Phi_{^1O_2}$ 的值表现出强烈的温度依赖性，其中最大值位于 300℃和 400℃处，这与该温度范围内 $E_2/E_3$ 和 $S_{275\sim295}$ 的较高值一致（表 3-1）。$^3DBC^*$通过能量转移产生 $^1O_2$ 的过程中 $f_{TMP}$ 与 $\Phi_{^1O_2}$ 之间的关系如图 3-5 所示，两个光化学参数之间存在良好的线性相关性。该结果表明，对于不同的生物质和热解温度，不同 DBC 溶液的 $^3DBC^*$是 DBC 溶液中 $^1O_2$ 的主要来源。

### 3.2.2　不同 DBC 光致生成•OH

•OH 可以通过电子转移过程由激发的 DOM 产生[12]，使用 TPA 作为•OH 探针，并

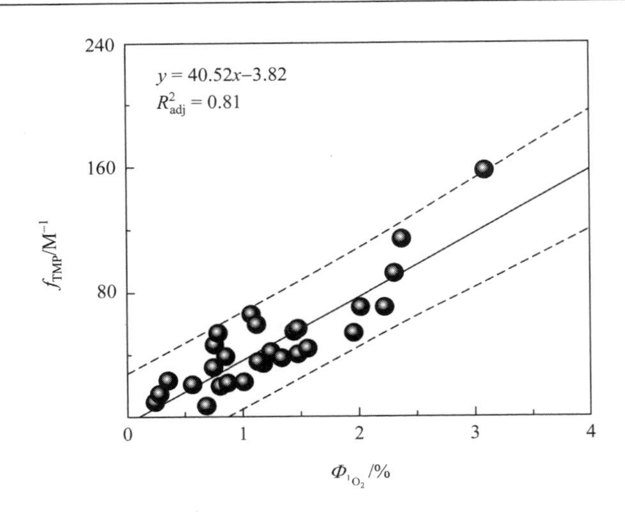


图 3-5　激发三重态 DBC 的量子产率（$f_{TMP}$）和表观单线态氧量子产率（$\Phi_{^1O_2}$）的回归模型

虚线表示回归的 95%置信区间；直线表示回归线

使用•OH 与 TPA 反应产生的 2-HTC 的浓度来量化 DBC 光解系统中•OH 的稳态浓度。从图 3-6 中可以看出，不同温度下不同生物质的 DBC 具有相似的•OH 光诱导生成趋势。如图 3-6 所示，2-HTC 的产量在 2～4 h 时达到最大，然后逐渐减少，并随着光辐照时间的增加而趋于稳定，这可能是 2-HTC 吸收太阳光后发生光解反应导致的[6, 12]。

通过对光诱导生成的 ROS 产量和 DBC 热解温度的比较可知，来自 DBC 溶液的•OH 光诱导生成浓度随着生物质热解温度的升高而变化。在每种生物质黑炭中，相对于较高的热解温度而言，来自较低热解温度（即 200℃、300℃和 400℃）的 DBC 的•OH 光诱导生成浓度较高，表明较高的 $f_{TMP}$ 有利于•OH 的生成。尽管在含有 DOM 的光化学反应中，$^3DOM^*$是否应被视为•OH 的前体仍存在争议[13-15]，但本书研究发现，$^3DBC^*$的存在确实有利于 DBC 光辐照溶液中•OH 的生成。

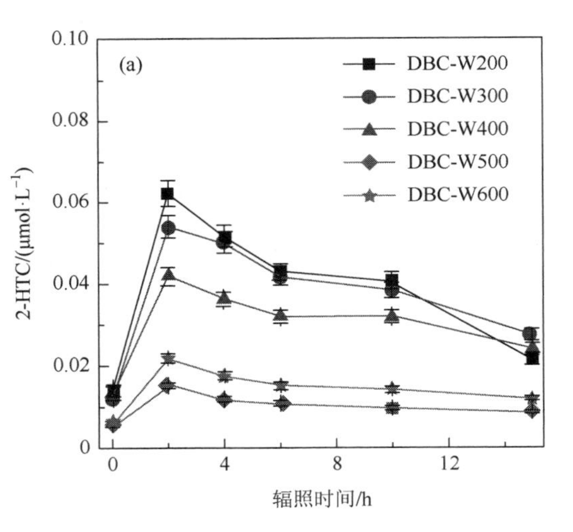


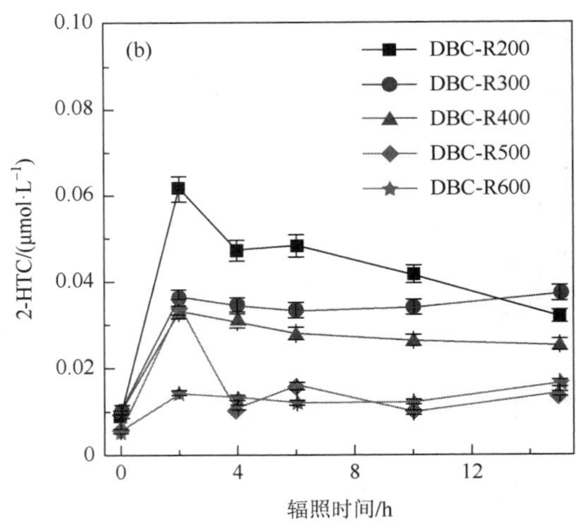

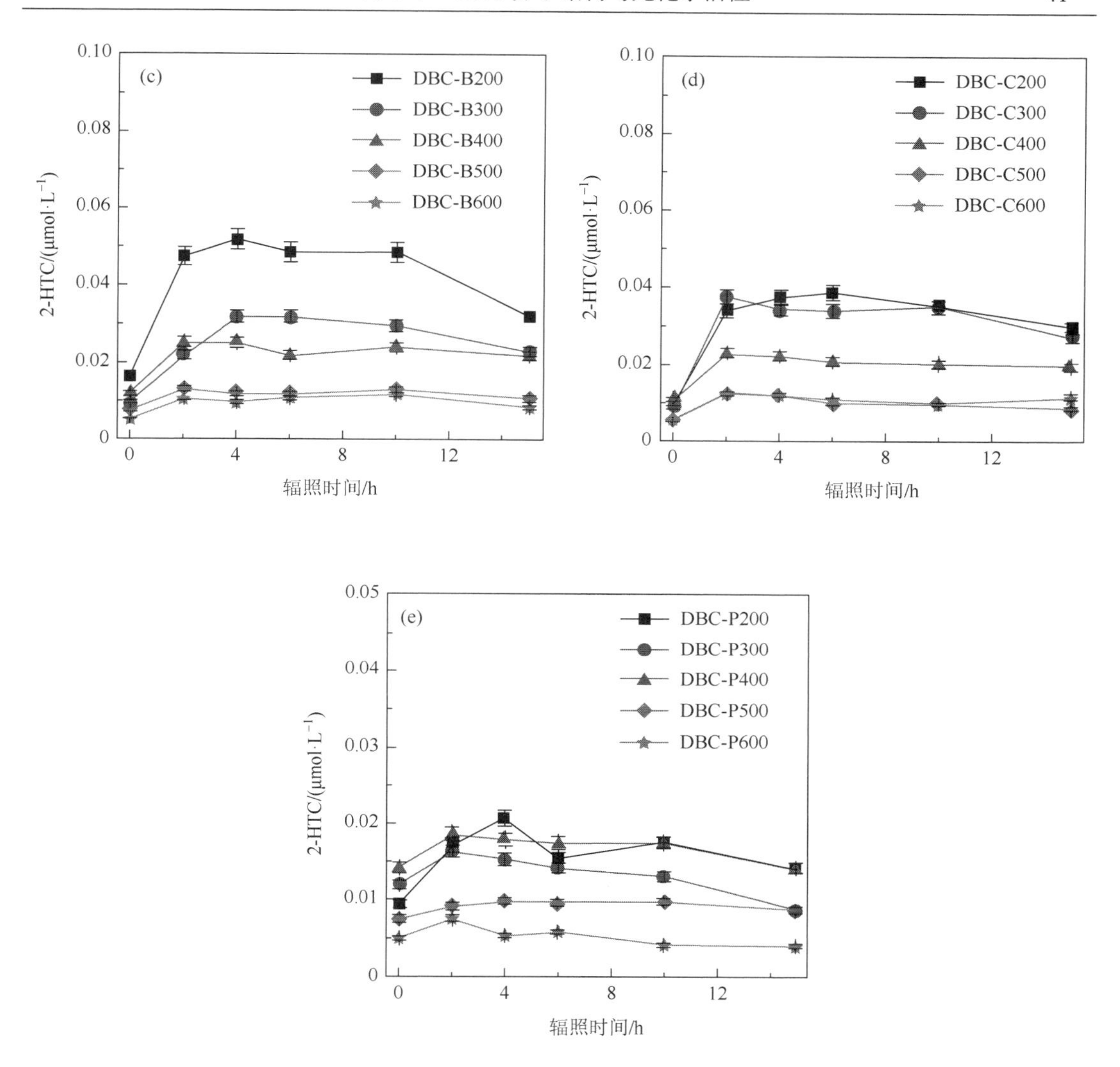


图 3-6　太阳光下不同 DBC 光反应溶液中 2-羟基对苯二甲酸（2-HTC）的浓度

误差线表示平均值的标准偏差，$n = 3$

## 3.3　DBC 光谱参数与光致活性氧物种产率之间的关系

DBC 溶液中光诱导生成的活性中间体（reactive intermediates，RI）量子产率与光学参数（$E_2/E_3$ 和 $S_{275\sim295}$）的关系如图 3-7 所示。不同 DBC 光辐照溶液中，RI 的量子产率与 $E_2/E_3$ 和 $S_{275\sim295}$ 呈正相关（$0.60<R^2<0.83$），表明具有较低芳香性、分子量和供体的 DBC 有较高的 RI 量子产率。与 DOM 相比，DBC 分子内部的电荷转移过程可以解释这些现象：热解显著影响了 DBC 光敏化过程中主导光氧化的供体（如酚类）和受体（如芳香酮和醌类）的含量[2, 16, 17]。这表明，DBC 的芳香性、分子量和供体/受体的含量影响着 DBC 溶液中 RI 的光化学生成。

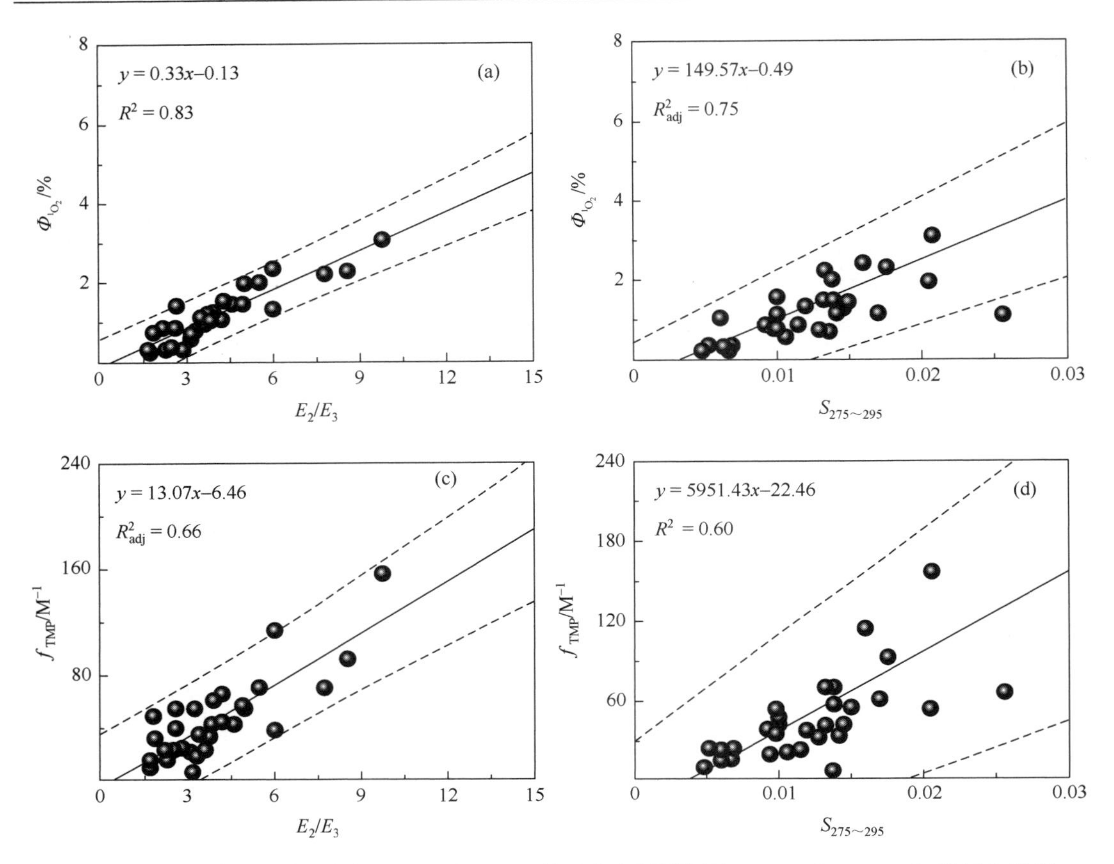


图 3-7　用于估算 RI 量子产率（$\Phi_{^1O_2}$ 和 $f_{TMP}$）的吸光度预测因子（$E_2/E_3$ 和 $S_{275\sim295}$）的回归模型

虚线表示回归的 95%置信区间；直线表示回归线

# 3.4　DBC 激发三重态介导的磺胺嘧啶光降解机理

## 3.4.1　DBC 介导磺胺嘧啶的表观光降解行为

在不同热解温度下，来自各种生物质的 DBC 的光化学活性表现出显著差异，这可能会影响有机污染物的光降解，本节选择磺胺嘧啶作为代表以研究不同 DBC 体系中的有机微污染物光降解动力学。

尽管磺胺嘧啶在进行波长大于 290 nm 的光吸收时可以直接进行光降解，但如图 3-8 所示，DBC 存在时，磺胺嘧啶的光降解速率显著增加，表明间接光降解在 DBC 光诱导磺胺嘧啶降解的过程中发挥了重要作用。如图 3-9 所示，在 300℃和 400℃的 DBC 溶液中，磺胺嘧啶的表观光降解速率高于其他热解温度下的 DBC（如 200℃、500℃和 600℃的 DBC），表明在 300℃和 400℃的热解温度下，DBC 具有更高的光吸收效率和更低的芳香性，有利于磺胺嘧啶光屏蔽效应的减少和间接光降解速率的增加。

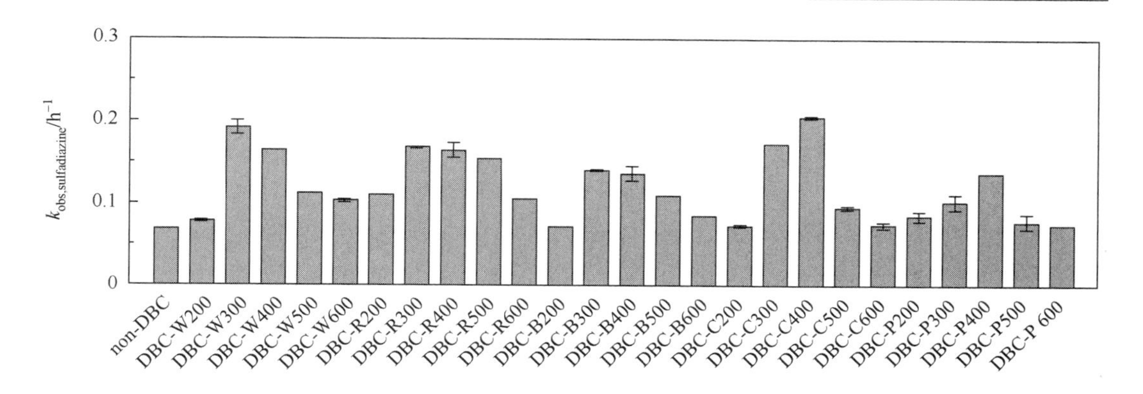


图 3-8　磺胺嘧啶的直接光降解速率和加入 DBC 后磺胺嘧啶的表观光降解速率（$k_{obs,\ sulfadiazine}$）

误差线表示平均值的标准偏差，$n = 3$

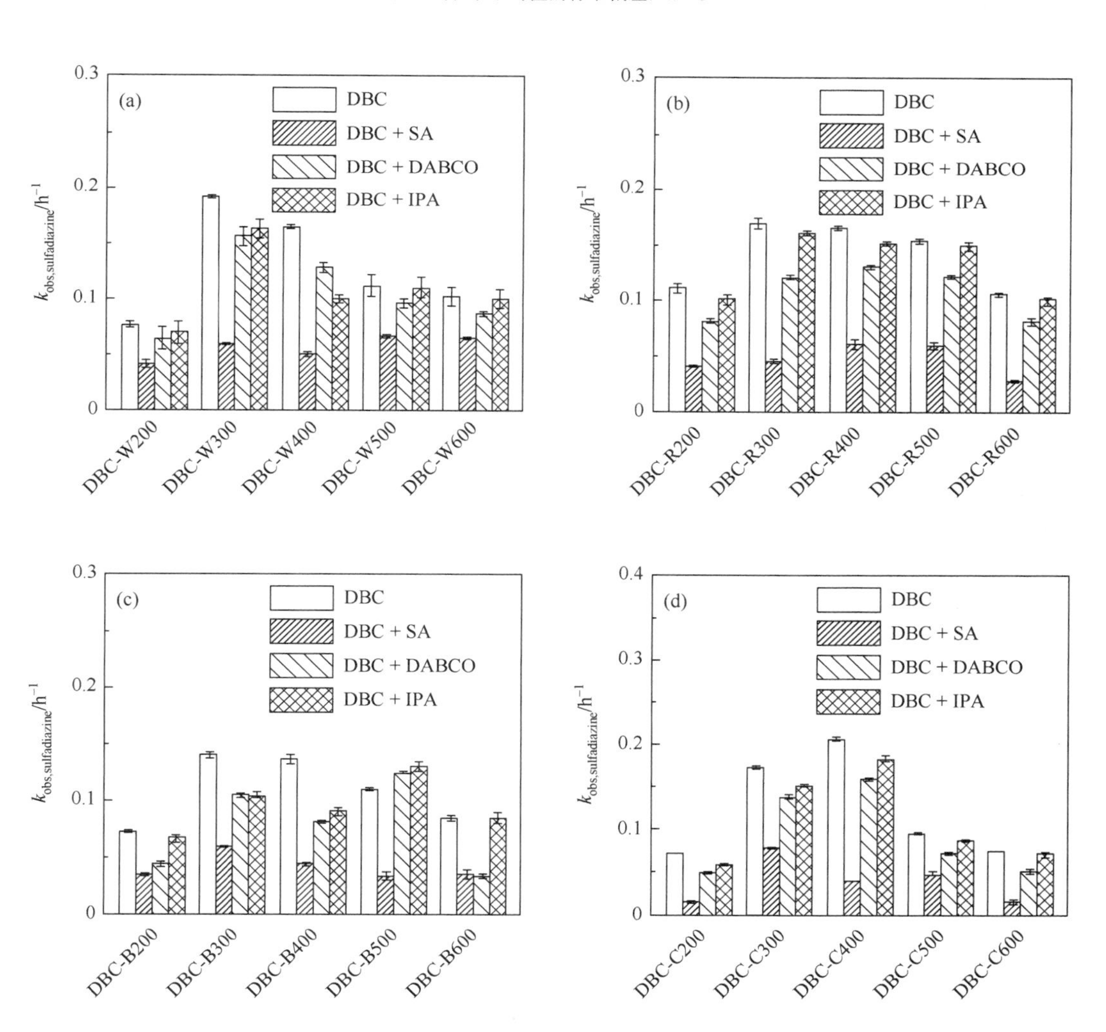

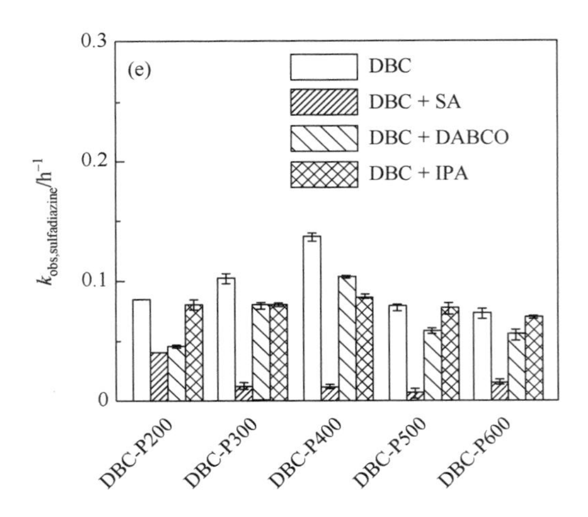


图 3-9　在磺胺嘧啶/DBC 体系中自由基淬灭对磺胺嘧啶光降解速率（$k_{obs,\ sulfadiazine}$）的影响

误差线表示平均值的标准偏差，$n = 3$

### 3.4.2　DBC 光致 ROS 对磺胺嘧啶光降解的影响

对含有 DBC 和磺胺嘧啶的光辐照溶液进行自由基淬灭实验，考察 RI 在磺胺嘧啶光降解中的作用。从图 3-9 中可以看出，添加山梨酸（$^3DBC^*$的淬灭剂）后，所有光辐照溶液的磺胺嘧啶表观光降解速率都显著降低，表明 $^3DBC^*$在磺胺嘧啶光降解过程中起主要作用。与 $^3DBC^*$相比，$^1O_2$［使用 1,4-二氮杂双环[2.2.2]辛烷 DABCO（简称 DABCDO）作为淬灭剂］对磺胺嘧啶光降解的影响要弱得多，与前人的研究结果一致，即 $^1O_2$ 与磺胺嘧啶的反应较弱，且在含有 DOM 的光解系统中其光降解作用较小，可忽略不计[18, 19]。另外，还发现异丙醇（•OH 的淬灭剂）对磺胺嘧啶的光降解有显著影响。因此，$^3DBC^*$是 DBC 光解系统中影响磺胺嘧啶光降解的主要活性氧。

### 3.4.3　DBC 光谱参数与磺胺嘧啶间接光降解的内在关系

计算磺胺嘧啶在不同 DBC 溶液中的间接光降解速率常数($k_{ind}$)，以进一步探究 $^3DBC^*$对磺胺嘧啶间接光降解的影响。光屏蔽系数（$S_\lambda$）和总光屏蔽系数（$\sum S_\lambda$）可通过以下公式计算：

$$S_\lambda = \frac{1-(10^{-(\alpha_\lambda+\varepsilon_\lambda[\text{SD}])l})}{2.303(\alpha_\lambda+\varepsilon_\lambda[\text{SD}])l} \tag{3.4.1}$$

$$\sum S_\lambda = \frac{\sum I_\lambda S_\lambda \varepsilon_\lambda}{\sum I_\lambda \varepsilon_\lambda} \tag{3.4.2}$$

式中，$\alpha_\lambda$ 为 DBC 的单位吸光度（$cm^{-1}$）；$\varepsilon_\lambda$ 为磺胺嘧啶的摩尔吸收系数（$cm^{-1}\cdot L\cdot mol^{-1}$）；$I_\lambda$ 为波长为 λ 的光强；[SD]为磺胺嘧啶浓度（$mol\cdot L^{-1}$）；$l$ 为光程长度（cm）。基于$\sum S_\lambda$，DBC 引起的磺胺嘧啶间接光降解速率常数（$k_{ind}$）可通过以下方程计算：

$$k_{ind} = k_{DBC} - k_{non\text{-}DBC} \sum S_{\lambda} \quad (3.4.3)$$

式中，$k_{DBC}$ 和 $k_{non\text{-}DBC}$（$h^{-1}$）分别为磺胺嘧啶在 DBC 存在和不存在条件下的表观光降解速率常数。若 $k_{ind}<0$，则表明 DBC 抑制磺胺嘧啶直接光降解的现象不能仅归因于光屏蔽。

基于 DBC 的光谱参数和 RI 量子产率之间的内在关系，研究磺胺嘧啶的间接光降解速率常数（$k_{ind}$）与 DBC 的 $f_{TMP}$ 和 $E_2/E_3$ 的相关性。结果表明，$k_{ind}$ 与 DBC 的 $f_{TMP}$ 和 $E_2/E_3$ 呈正线性相关（图 3-10）说明 DBC 具有较高的 $f_{TMP}$ 值，有利于其光敏化降解磺胺嘧啶。此外，这些发现也表明，具有低芳香性、分子量和给电子基团的 DBC 可以增强 $^3DBC^*$ 对磺胺嘧啶的光氧化能力。

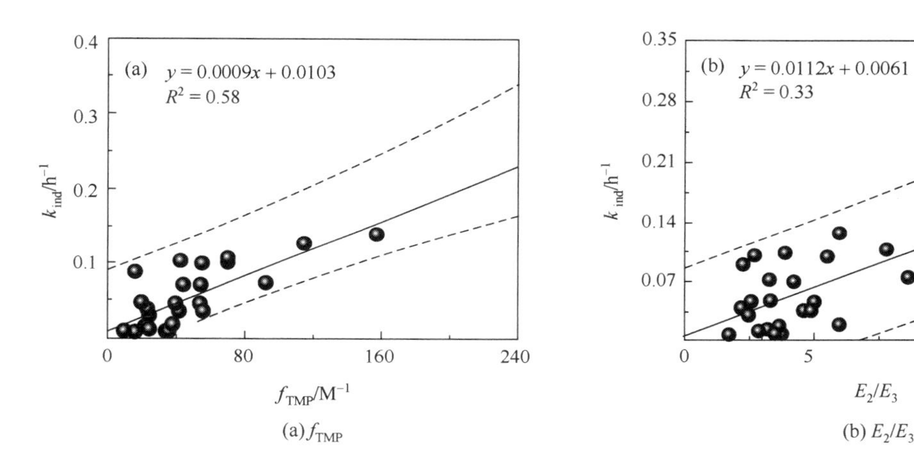


图 3-10　用于估算 DBC 对磺胺嘧啶的间接光降解速率（$k_{ind}$）和 $f_{TMP}$ 以及 $E_2/E_3$ 的回归模型

虚线表示回归的 95%置信区间；直线表示回归

## 参 考 文 献


[1] R̃ez á čovã V, Conte P, Komendová R Veronika R, et al. Factors influencing structural heat-induced structural relaxation of dissolved organic matter[J]. Ecotoxicology and Environmental Safety, 2019, 167: 422-428.

[2] Hutzinger O. Environmental science and pollution research[J]. Umweltwissenschaften Und Schadstoff-Forschung, 1993, 5 (2): 61.

[3] 朱礼鑫. 溶解有机物在长江口和南大西洋湾中部河口及其邻近海域的不保守行为及絮凝、光降解影响研究[D]. 上海：华东师范大学，2020.

[4] Carlson C A, del Giorgio P A, Herndl G J. Microbes and the dissipation of energy and respiration: from cells to ecosystems[J]. Oceanography, 2007, 20 (2): 89-100.

[5] 穆光熠. 河流水体 CDOM 光学特性及其对生态环境要素的响应[D]. 长春：东北师范大学，2019.

[6] 王鑫，张运林，张文宗. 太湖北部湖区 CDOM 光学特性及光降解研究[J]. 环境科学研究，2008，21（6）：130-136.

[7] Coble P G, Green S A, Blough N V, et al. Characterization of dissolved organic matter in the Black Sea by fluorescence spectroscopy[J]. Nature, 1990, 348: 432-435.

[8] Jaffé R, Ding Y, Niggemann J, et al. Global charcoal mobilization from soils via dissolution and riverine transport to the oceans[J]. Science, 2013, 340 (6130): 345-347.

[9] Jacobson M Z. Strong radiative heating due to the mixing state of black carbon in atmospheric aerosols[J]. Nature，2001，409：695-697.

[10] Highwood E J，Kinnersley R P. When smoke gets in our eyes：the multiple impacts of atmospheric black carbon on climate，air quality and health[J]. Environment International，2006，32（4）：560-566.

[11] Ding Y，Yamashita Y，Dodds W K，et al. Dissolved black carbon in grassland streams：is there an effect of recent fire history?[J]. Chemosphere，2013，90（10）：2557-2562.

[12] 陈伟. 环境中典型化学活性有机物及其相关环境行为的分子光谱研究[D]. 合肥：中国科学技术大学，2016.

[13] Villacorte L O，Ekowati Y，Neu T R，et al. Characterisation of algal organic matter produced by bloom-forming marine and freshwater algae[J]. Water Research，2015，73：216-230.

[14] Livanou E，Lagaria A，Psarra S，et al. A DEB-based approach of modeling dissolved organic matter release by phytoplankton[J]. Journal of Sea Research，2019，143：140-151.

[15] Senga Y，Yabe S，Nakamura T，et al. Influence of parasitic chytrids on the quantity and quality of algal dissolved organic matter（AOM）[J]. Water Research，2018，145：346-353.

[16] De Laurentiis E，Buoso S，Maurino V，et al. Optical and photochemical characterization of chromophoric dissolved organic matter from lakes in Terra nova bay，Antarctica. evidence of considerable photoreactivity in an extreme environment[J]. Environmental Science & Technology，2013，47（24）：14089-14098.

[17] Kieber R J，Whitehead R F，Reid S N，et al. Chromophoric dissolved organic matter（CDOM）in rainwater，southeastern north Carolina，USA[J]. Journal of Atmospheric Chemistry，2006，54（1）：21-41.

[18] Zhang Y L，van Dijk M A，Liu M L，et al. The contribution of phytoplankton degradation to chromophoric dissolved organic matter（CDOM）in eutrophic shallow lakes：field and experimental evidence[J]. Water Research，2009，43（18）：4685-4697.

[19] 陈同斌，陈志军. 土壤中溶解性有机质及其对污染物吸附和解吸行为的影响[J]. 植物营养与肥料学报，1998，4（3）：201-210.

# 第 4 章　塑料和生物质共热解对 DBC 光化学活性的影响

生物炭常用作土壤改良剂和污染修复材料，农业生产中的生物炭主要通过秸秆原位燃烧获得，其经降雨、地表径流等方式浸出 DBC 组分，流入河流和海洋，参与水体的有机碳循环[1-3]。鉴于土壤中的塑料污染愈发严重[4, 5]，土壤中的生物质将不可避免地在燃烧过程中与塑料共热解，影响生物炭的相关物理属性和化学属性。生物质和废塑料的共热解可产生较多的生物油和较少的生物炭，同时释放出较多的热能，增加生物炭中的酰胺和芳香族基团[6, 7]，提升生物炭的疏水性[8]、阳离子结合能力[9]和重金属吸附能力[8]。DBC 光诱导生成 RI 的能力，因其生物炭来源和所含芳香官能团的含量不同而显著不同[10-12]，因此有必要了解各种塑料和生物质共热解下 DBC 的结构和光化学活性。下面揭示聚苯乙烯（polystyrene，PS）、聚乳酸（polylactic acid，PLA）和地膜（plastic mulching film，PMF）与松木粉生物质共热解下 DBC 的光物理属性和光化学变化。

## 4.1　塑料和生物质共热解对 DBC 光学性质的影响

### 4.1.1　塑料和生物质共热解对 DBC 光谱参数和 EDC 能力的影响

通过紫外可见光谱分析仪分析不同 DBC 的紫外可见吸收光谱（图 3-1）。不同塑料与生物质共热解生成的 DBC 的紫外可见吸收光谱之间有明显差异，表明塑料与生物质的共热解将大大改变 DBC 的光吸收属性。

表 4-1 为四类 DBC 的光谱参数（$SUVA_{254}$、$E_2/E_3$、$E_4/E_6$、$S_{275\sim295}$、$S_{350\sim400}$ 和 $S_R$）。与原始 DBC 的光谱特征相比，塑料和生物质共热解下 DBC 表现出较低的 $SUVA_{254}$ 值和较高的 $E_2/E_3$ 值。这意味着塑料和生物质共热解下 DBC 具有比原始 DBC 更小分子量的组分和更强的电子转移能力[2, 13-16]。同时，塑料和生物质共热解下 DBC 具有更高的 $E_4/E_6$ 值、$S_{275\sim295}$ 值、$S_{350\sim400}$ 值和 $S_R$ 值，表明塑料和生物质共热解得到的 DBC 结构的共轭芳香烃缩合程度比原始的 DBC 低，并且具有更高的脂肪含量。这可能是由于塑料的脂肪类基团含量高于松木粉[17-19]，因此塑料与生物质共热解必然会导致 DBC 含有更多的脂类官能团。

**表 4-1　不同 DBC 的光谱参数和供电子能力（EDC）**

| DOM | $SUVA_{254}$ | $E_2/E_3$ | $E_4/E_6$ | $S_{275\sim295}$ | $S_{350\sim400}$ | $S_R$ | EDC/(mmol·g$^{-1}$) |
|---|---|---|---|---|---|---|---|
| DBC | 2.81 | 1.37 | 2.23 | 0.0054 | 0.0040 | 1.36 | 4.14 |
| PS-DBC | 2.41 | 1.39 | 2.67 | 0.0066 | 0.0042 | 1.56 | 3.76 |
| PLA-DBC | 2.27 | 1.67 | 2.34 | 0.0073 | 0.0050 | 1.47 | 3.15 |
| PMF-DBC | 1.82 | 3.03 | 2.25 | 0.0197 | 0.0084 | 2.35 | 2.35 |

根据电化学工作站电流信号的变化可计算得到不同 DBC 的供电子能力。从表 4-1 中可以看出，与原始 DBC 的供电子能力 (4.14 mmol·g$^{-1}$) 相比，其他三类源自塑料和生物质共热解的 DBC 的供电子能力显著降低，特别是 PMF-DBC 的供电子能力 (2.35 mmol·g$^{-1}$)。大量研究发现高分子量 DOM 表现出比低分子量 DOM 更高的供电子能力，并且 DOM 的供电子能力与其酚类含量呈正相关[20-22]，即与原始 DBC 相比，来自塑料和生物质共热解的 DBC 具有更低的 $SUVA_{254}$ 值和更高的 $E_2/E_3$ 值。

### 4.1.2　塑料和生物质共热解对 DBC 主要荧光成分的影响

本节通过三维荧光光谱研究塑料和生物质共热解对 DBC 主要荧光成分的影响。从图 4-1 中可以看出，塑料和生物质共热解下 DBC 的不同荧光峰显示区域与原始 DBC 相比，没有明显差异。荧光区域 II 和荧光区域 IV 包含三维荧光光谱中所有的最大峰值，表明芳香蛋白和可溶性微生物副产物是 DBC 的主要成分[15, 23]。然而，可观察到不同 DBC 的荧光区域 II 和荧光区域 IV 的荧光峰强度不同，表明塑料和生物质共热解不会改变这四种 DBC 中荧光物质的核心成分，但会改变成分的丰度。电感耦合等离子体质谱

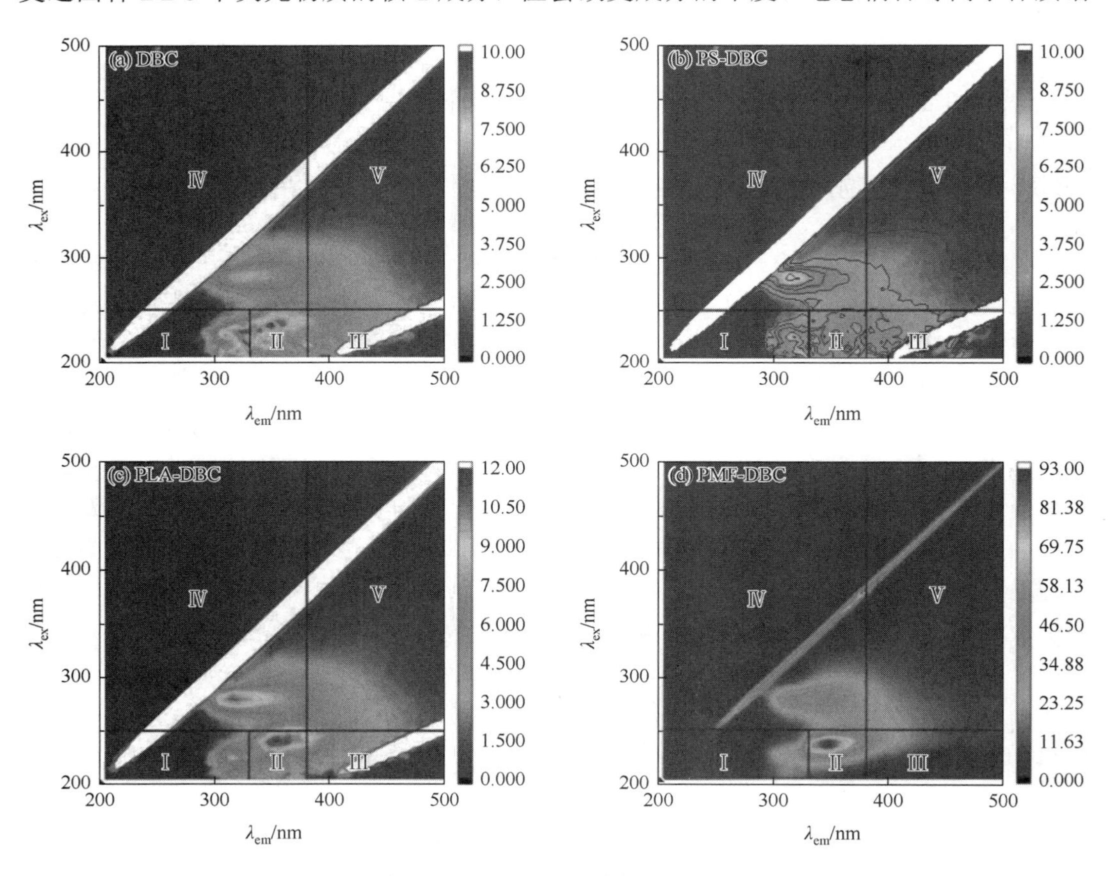


图 4-1　不同 DBC 溶液的三维荧光

$\lambda_{ex}$ 指激发波长；$\lambda_{em}$ 指发射波长

仪的数据也证实，塑料和生物质共热解并不会明显改变 DBC 的主要元素浓度(表 4-2～表 4-5)。值得注意的是，尽管 PMF-DBC 表现出强度相当高的荧光峰，但其紫外可见吸收光谱范围最小。

**表 4-2　10 mg·L$^{-1}$DBC 溶液的元素浓度**　　（单位：μmol·L$^{-1}$）

| 元素 | 浓度 | 元素 | 浓度 | 元素 | 浓度 |
|---|---|---|---|---|---|
| Ca | 28.231 | Pt | 0.016 | Os | 0.003 |
| K | 12.766 | Tl | 0.015 | Cr | 0.003 |
| Mg | 5.234 | Mo | 0.015 | Nd | 0.003 |
| Si | 2.019 | Sr | 0.014 | Zr | 0.002 |
| B | 1.995 | Ru | 0.012 | Pr | 0.002 |
| Na | 1.064 | Ta | 0.012 | Ho | 0.003 |
| S | 0.229 | Ag | 0.011 | Au | 0.003 |
| Rb | 0.229 | Hg | 0.011 | Er | 0.003 |
| Mn | 0.120 | Sn | 0.010 | Rh | 0.003 |
| P | 0.092 | W | 0.008 | Pd | 0.003 |
| Fe | 0.080 | Ce | 0.008 | Zn | 0.001 |
| Ge | 0.059 | Bi | 0.007 | Ni | 0.001 |
| Se | 0.045 | La | 0.007 | Sm | 0.001 |
| Te | 0.037 | Pb | 0.006 | Sc | 0.001 |
| Al | 0.029 | Th | 0.006 | Hf | 0.001 |
| In | 0.027 | Ti | 0.006 | Gd | 0.001 |
| Sb | 0.025 | Ba | 0.005 | Ga | 0.001 |
| As | 0.024 | Tb | 0.004 | Cd | 0.001 |
| Li | 0.020 | Ir | 0.004 | Cu | 0.001 |
| Nb | 0.018 | Co | 0.004 | Dy | 0.001 |
| Be | 0.017 | Re | 0.004 | Y | 0.001 |
| U | 0.016 | V | 0.004 | | |

**表 4-3　10 mg·L$^{-1}$ PS-DBC 溶液的元素浓度**　　（单位：μmol·L$^{-1}$）

| 元素 | 浓度 | 元素 | 浓度 | 元素 | 浓度 |
|---|---|---|---|---|---|
| Ca | 25.965 | Mo | 0.014 | Pb | 0.004 |
| K | 11.989 | Pt | 0.014 | La | 0.004 |
| Mg | 2.620 | Tl | 0.013 | Tb | 0.003 |
| B | 1.717 | Ru | 0.013 | Co | 0.003 |
| Si | 1.698 | Ta | 0.010 | Ni | 0.003 |
| Na | 1.169 | Ag | 0.010 | Pr | 0.003 |
| S | 0.341 | Hg | 0.010 | V | 0.003 |
| Rb | 0.213 | Sr | 0.009 | Rh | 0.003 |

续表

| 元素 | 浓度 | 元素 | 浓度 | 元素 | 浓度 |
| --- | --- | --- | --- | --- | --- |
| Mn | 0.150 | Sn | 0.009 | Er | 0.002 |
| Fe | 0.082 | Zn | 0.009 | Ho | 0.002 |
| P | 0.054 | Re | 0.008 | Zr | 0.002 |
| Te | 0.042 | Bi | 0.007 | Ce | 0.002 |
| Ge | 0.037 | W | 0.007 | Os | 0.001 |
| Sb | 0.034 | Th | 0.006 | Hf | 0.001 |
| Al | 0.032 | Ti | 0.005 | Au | 0.001 |
| Se | 0.026 | Cr | 0.005 | Sc | 0.001 |
| In | 0.025 | Ir | 0.005 | Pd | 0.001 |
| Li | 0.023 | Ba | 0.005 | Sm | 0.001 |
| As | 0.021 | Be | 0.004 | Cu | 0.001 |
| U | 0.020 | Nd | 0.004 | Cd | 0.001 |
| Nb | 0.015 | Ga | 0.004 | | |

**表 4-4　10 mg·L$^{-1}$ PLA-DBC 溶液的元素浓度**　（单位：μmol·L$^{-1}$）

| 元素 | 浓度 | 元素 | 浓度 | 元素 | 浓度 |
| --- | --- | --- | --- | --- | --- |
| Ca | 26.511 | Mo | 0.013 | Tb | 0.003 |
| K | 10.239 | Sr | 0.013 | Ir | 0.003 |
| Mg | 1.653 | Pt | 0.012 | Nd | 0.003 |
| B | 1.233 | In | 0.012 | Ce | 0.002 |
| Si | 0.916 | Sn | 0.011 | Ga | 0.002 |
| Na | 0.390 | Ru | 0.010 | Co | 0.002 |
| S | 0.219 | Tl | 0.009 | Ho | 0.002 |
| Rb | 0.174 | Ag | 0.008 | Pb | 0.002 |
| P | 0.169 | Bi | 0.008 | Er | 0.002 |
| Mn | 0.125 | Hg | 0.008 | Zr | 0.002 |
| Fe | 0.084 | Ba | 0.007 | Ni | 0.001 |
| Al | 0.046 | Ta | 0.006 | Zn | 0.001 |
| Te | 0.033 | W | 0.006 | Pr | 0.001 |
| Se | 0.033 | Cr | 0.005 | Os | 0.001 |
| Sb | 0.029 | Th | 0.005 | Sc | 0.001 |
| Ge | 0.025 | Rh | 0.004 | Ti | 0.001 |
| As | 0.021 | Re | 0.004 | Cd | 0.001 |
| Li | 0.020 | Be | 0.004 | Cu | 0.001 |
| U | 0.017 | V | 0.003 | Gd | 0.001 |
| Nb | 0.015 | La | 0.003 | | |

表 4-5　10 mg·L$^{-1}$ PMF-DBC 溶液的元素浓度　（单位：μmol·L$^{-1}$）

| 元素 | 浓度 | 元素 | 浓度 | 元素 | 浓度 |
|---|---|---|---|---|---|
| Ca | 28.082 | Nb | 0.016 | Co | 0.003 |
| K | 6.564 | Pt | 0.014 | Nd | 0.003 |
| Si | 1.433 | Mo | 0.014 | Pb | 0.003 |
| B | 1.424 | Ta | 0.010 | V | 0.003 |
| Mg | 1.222 | Ru | 0.010 | Ir | 0.003 |
| Na | 0.528 | P | 0.009 | Ba | 0.002 |
| S | 0.254 | Hg | 0.009 | Zn | 0.002 |
| Rb | 0.198 | Sn | 0.009 | Er | 0.002 |
| Fe | 0.109 | W | 0.008 | Ho | 0.002 |
| Al | 0.044 | Ce | 0.008 | Zr | 0.002 |
| Te | 0.039 | Ag | 0.007 | Rh | 0.002 |
| Mn | 0.030 | Bi | 0.006 | Ni | 0.001 |
| Ge | 0.025 | Re | 0.006 | Ga | 0.001 |
| U | 0.025 | Cr | 0.006 | Pr | 0.001 |
| Sb | 0.024 | Ti | 0.005 | Sm | 0.001 |
| Tl | 0.023 | Sr | 0.005 | Sc | 0.001 |
| As | 0.021 | Th | 0.005 | Cd | 0.001 |
| In | 0.020 | Tb | 0.004 | Hf | 0.001 |
| Se | 0.019 | Be | 0.004 | Cu | 0.001 |
| Li | 0.017 | La | 0.004 | | |

### 4.1.3　塑料和生物质共热解对 DBC 主要基团结构的影响

不同 DBC 的傅里叶红外光谱如图 4-2 所示。傅里叶红外光谱中 3369 cm$^{-1}$ 处的峰揭示了这四种 DBC 中酚基和醇的 O—H 键出现拉伸[24, 25]。1112 cm$^{-1}$ 和 1038 cm$^{-1}$ 处小峰的变化可归因于多糖、醇、羧酸和脂质的 C—O—O 键和 C—O 键的拉伸吸收[24, 26, 27]，表明 PMF-DBC 的 O—H 键的拉伸吸收最强。2935 cm$^{-1}$ 和 2886 cm$^{-1}$ 处的频带变化可归因于脂肪族—$CH_2$ 烷烃和—$CH_3$ 基团的 C—H 键反对称拉伸振动[24, 27]，而 1650 cm$^{-1}$ 处的频带变化是 C═C 键和 C═O 键拉伸的原因[23, 25, 26]。来自塑料和生物质共热解的 DBC 的频带强度低于原始 DBC，表明塑料和生物质的共热解降低了 DBC 中共轭芳香烃的缩合程度，这与该类 DBC 的 $E_4/E_6$ 值较高一致。1414 cm$^{-1}$ 处的峰变化与酚羟基或羧基的 O—H 键变形有关[26]，而 920cm$^{-1}$ 和 868 cm$^{-1}$ 处的频带与芳香族 C—H 键和苯环 C═C 键的拉伸变形有关[24, 27]，表明塑料和生物质的共热解导致 DBC 的大分子含量降低，这与来自塑料和生物质共热解的三种 DBC 的 $SUVA_{254}$ 值降低一致。

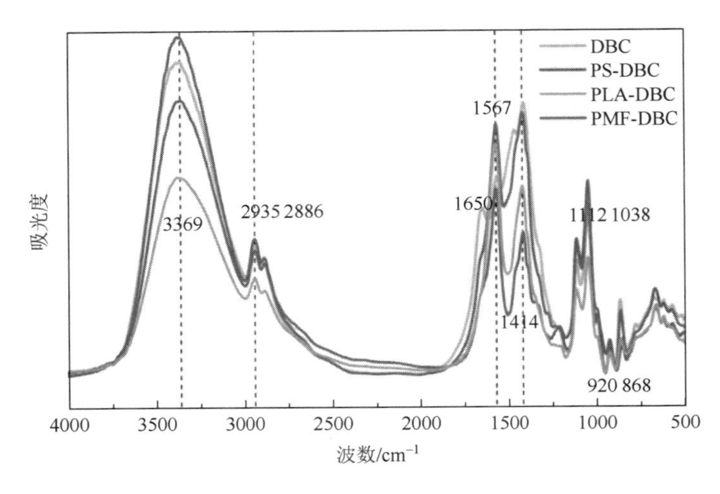


图 4-2 不同 DBC 的傅里叶红外光谱

## 4.2 塑料和生物质共热解来源的 DBC 的光致 ROS 能力

### 4.2.1 塑料和生物质共热解对 DBC 光致 $^1O_2$ 和 $^3DBC^*$ 的影响

DBC 光诱导生成 RI 的主要方式是能量转移和电子转移[22, 23, 28]。考虑到有些 RI（如 $^1O_2$、•OH 和 $•O_2^-$）是由 $^3DBC^*$ 通过光反应产生的[29, 30]，选择山梨酸探针分子，研究塑料和生物质共热解对高能 $^3DBC^*$（$E_T \geqslant 250\ kJ \cdot mol^{-1}$）和低能 $^3DBC^*$（$E_T < 250\ kJ \cdot mol^{-1}$）的影响。由于 $^1O_2$ 是 $^3DBC^*$ 和 $O_2$ 反应的产物，并且主要通过能量转移途径产生，采用适宜浓度的 FFA 作为 $^1O_2$ 的探针来研究不同 $^3DBC^*$ 的能量转移效率[3, 28, 31]。此外，选择适宜浓度的 TMP 作为化学探针和电子供体，以评估不同 $^3DBC^*$ 在电子转移中的效率。图 3-5 展示了不同 DBC 的 $^1O_2$ 量子产率（$\Phi_{^1O_2}$）和 $^3DBC^*$ 量子产率（$f_{TMP}$），以及低能 $^3DBC^*$ 在能量转移和电子转移中的贡献。与原始 DBC 相比，塑料和生物质共热解下 DBC 的 $\Phi_{^1O_2}$ 值有所提高，其中 PS-DBC 增加 24%，PMF-DBC 增加 479%，PLA-DBC 增加 73%。另外，塑料和生物质共热解下 DBC 的 $f_{TMP}$ 值也远高于原始 DBC，PS-DBC 增加 115%，PMF-DBC 增加 148%，PLA-DBC 增加 89%。与原始 DBC 相比，低能 $^3DBC^*$ 在塑料和生物质共热解 DBC 能量转移和电子转移途径中的贡献比例均显著降低。其中，PMF-DBC 在塑料和生物质共热解 DBC 中变化最为明显，这表明塑料和生物质共热解明显改变了 DBC 的光化学属性，无论是能量转移途径还是电子传递途径，特别是添加 PMF。这与 PMF-DBC 具有最高的 $E_2/E_3$ 值有关，许多研究表明 $E_2/E_3$ 盾与 $\Phi_{^1O_2}$ 和 $f_{TMP}$ 呈正相关[32, 33]。

### 4.2.2 塑料和生物质共热解对 DBC 光致 $•O_2^-$ 的影响

在模拟太阳光的条件下，比较不同 DBC 溶液中 $•O_2^-$ 的光诱导生成效率。加入 XTT

［2, 3-双-(2-甲氧基-4-硝基-5-磺酸苯基)-2-H-四唑-5-甲酰苯胺］探针后，模拟太阳光照射期间 DBC 在 475 nm 处的吸光度增加，表明这些 DBC 溶液光诱导生成的 $\bullet O_2^-$ 浓度随着照射时间的增加而增加（图 4-3）。值得注意的是，对于塑料和生物质共热解下的 DBC，其 XTT-$\bullet O_2^-$ 的吸光度与原始 DBC 相比没有明显差异，仅呈现微弱或可忽略的增加趋势，表明塑料和生物质共热解不会显著改变 DBC 溶液中 $\bullet O_2^-$ 的光诱导生成效率。

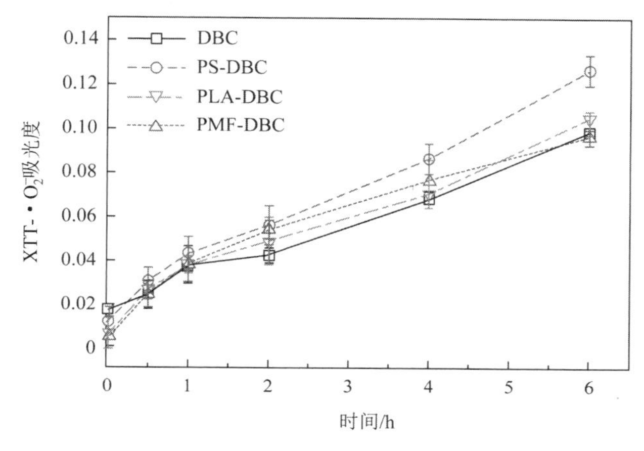


图 4-3　不同 DBC 溶液中 XTT-$\bullet O_2^-$ 吸光度与照射时间的关系

误差线表示平均值的标准偏差，$n = 3$

# 4.3　塑料和生物质共热解来源的 $^3DBC^*$ 的电子转移和能量转移机制

## 4.3.1　塑料和生物质共热解对 $^3DBC^*$ 的影响机制

为了更好地理解塑料和生物质共热解对 $^3DBC^*$ 的影响，使用不同浓度的 TMP 来考察 $^3DBC^*$ 的生成速率、$^3DBC^*$ 与 TMP 的二级反应速率常数以及 $^3DBC^*$ 的稳态浓度。不同浓度 TMP 和 $1/k_{TMP}$ 的线性拟合数据如图 4-4 所示。图 4-5（a）展示了来自不同 DBC 的 $^3DBC^*$ 生成速率的差异。来自塑料和生物质共热解产生的 DBC 的 $^3DBC^*$ 生成速率之间没有显著差异，但与原始 DBC 产生的 $^3DBC^*$ 的生成速率相比显著降低。前人的研究表明，有色组分激发三重态的生成速率的变化可能与有色组分本身所含的含氧基团（如芳香酮和醌）的变化有关[31, 34]。傅里叶红外光谱数据也支持这一论点，即塑料和生物质共热解提高了 DBC 中含氧基团的峰值[6, 7]。图 4-5（b）显示，塑料和生物质共热解产生的 DBC 的 $^3DBC^*$ 与 TMP 的二级反应速率常数远高于原始 DBC，表明塑料和生物质共热解显著提高了 $^3DBC^*$ 的氧化还原能力，且与 DBC 供电子能力的变化趋势一致。此外，PMF 和生物质共热解衍生的 PMF-DBC，与 PS、PLA 分别和生物质共热解衍生的 PS-DBC 和 PLA-DBC 相比，PMF-DBC 具有更高的 $^3DBC^*$ 与 TMP 的二级反应速率常数，这也和 PMF-DBC 具有较高的 $\Phi_{^1O_2}$ 和 $f_{TMP}$ 一致。考虑到来自不同 DBC 的 $^3DBC^*$ 的生成速率降低，而 $^3DBC^*$ 的淬灭速率常数保持恒定，在图 4-5（c）中可观察到来自不同 DBC

的 $^3DBC^*$ 的稳态浓度的变化趋势与 $^3DBC^*$ 生成速率的变化趋势相同。另外，与原始 DBC 产生的 $^3DBC^*$ 的稳态浓度相比，来自三种塑料和生物质共热解产生的 DBC 的 $^3DBC^*$ 的稳态浓度显著降低。

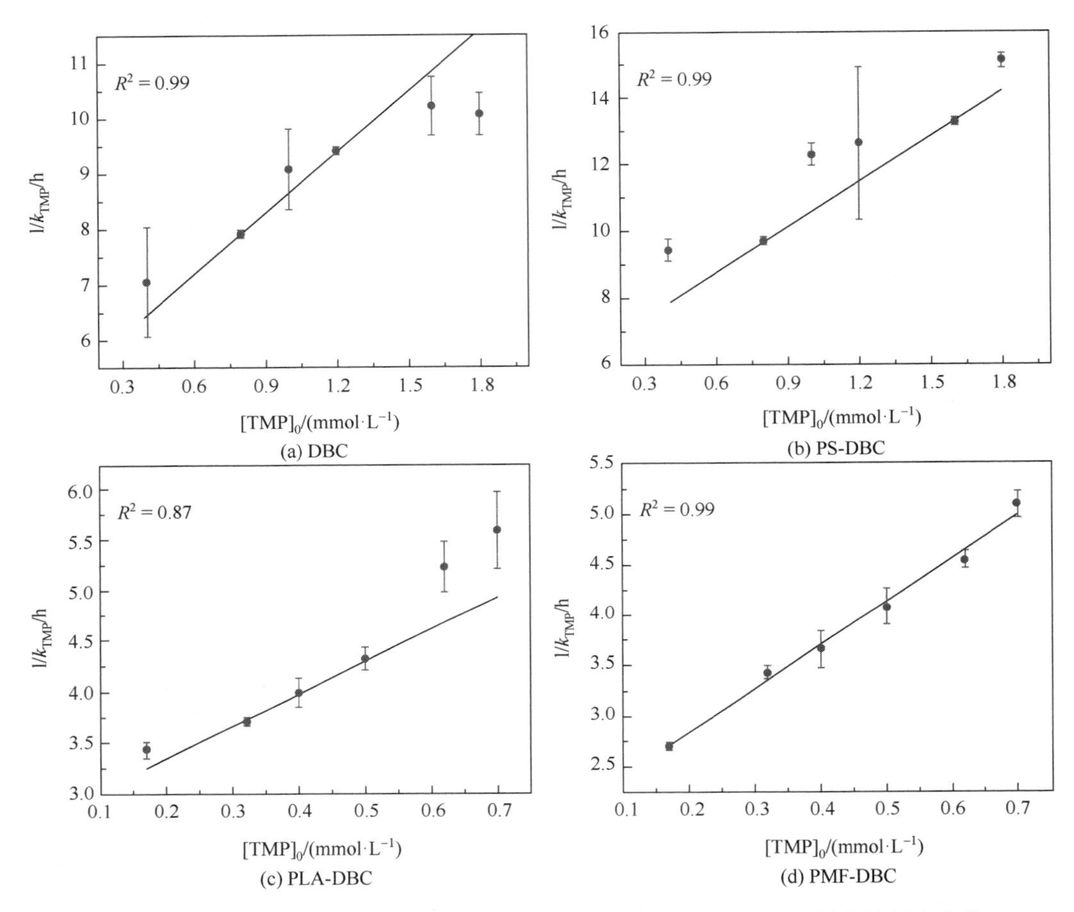


图 4-4　DBC、PS-DBC、PLA-DBC 和 PMF-DBC 的 $[TMP]_0$ 对 $1/k_{TMP}$ 的线性拟合曲线

误差线表示平均值的标准偏差，$n = 3$

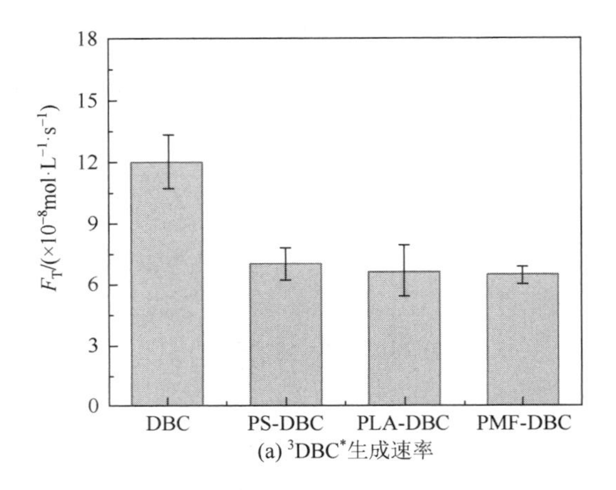

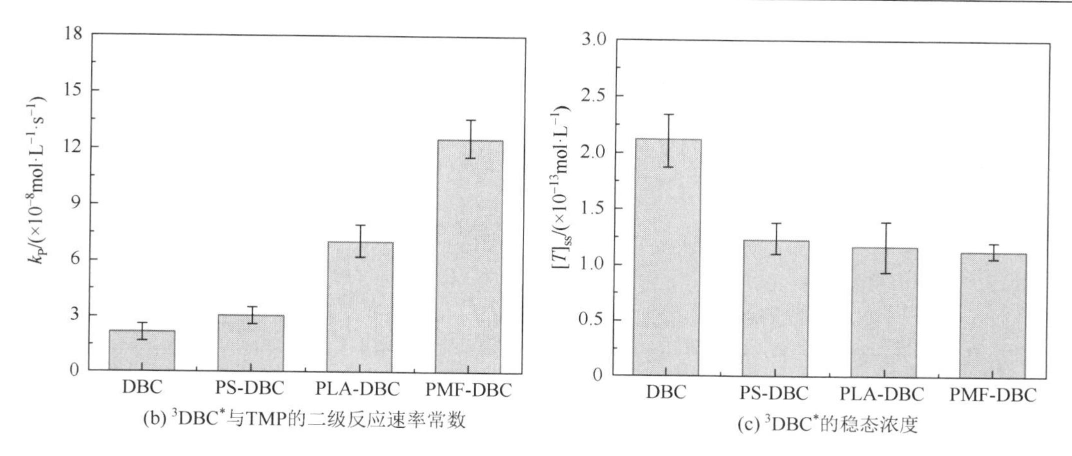

(b) $^3DBC^*$与TMP的二级反应速率常数

(c) $^3DBC^*$的稳态浓度

图 4-5　来自不同 DBC 的 $^3DBC^*$的生成速率、$^3DBC^*$与 TMP 的二级反应速率常数以及 $^3DBC^*$的稳态浓度

误差线表示平均值的标准偏差，$n = 3$

### 4.3.2　塑料和生物质共热解对 DBC 光转化的影响

通过紫外可见光谱分析仪考察模拟太阳光下不同来源DBC的光转化动力学(图4-6)。在 290～500 nm 范围内，由于模拟太阳光的照射，四种不同来源的 DBC 的光吸收率随着照射时间的增加而显著降低。为了更好地评估不同来源的 DBC 在模拟太阳光下的光转化能力，选择不同来源的 DBC 在 254 nm 处的吸光度（$A_{254}$）和照射时间的变化函数进行比较。随着持续辐照时间的增加，不同来源 DBC 的 $A_{254}/A_{254,0}$ 值显著下降(图 4-7)。在 60 h 的照射时间内，原始 DBC 下降约 32%，PS-DBC 下降约 33%，PMF-DBC 下降约 48%，PLA-DBC 下降约 37%。上述结果表明，不同来源的 DBC 在光照条件下的光漂白强度因塑料和生物质共热解而变化，而且等量的 PMF 与 PS 和 PLA 相比，更能影响 DBC 的光转化。

### 4.3.3　塑料和生物质共热解对 $^3DBC^*$电子转移和能量转移的影响

考虑到使用松木粉作为生物质源可能会产生单一的数据结果，选择芦苇秸秆、稻草秸秆、竹子和小麦秸秆作为生物质源，以研究塑料和生物质共热解对高能/低能 $^3DBC^*$ 的 $\Phi_{^1O_2}$ 和 $f_{TMP}$ 的影响。图 4-8 展示了不同 DBC 溶液中高能和低能 $^3DBC^*$的 $\Phi_{^1O_2}$ 值和 $f_{TMP}$ 值，以及不同 $^3DBC^*$在电子转移和能量转移中的贡献，其中 DBC、$DBC_1$、$DBC_2$、$DBC_3$ 和 $DBC_4$ 分别代表热解松木粉、芦苇秸秆、稻草秸秆、竹子和小麦秸秆产生的 DBC。结果表明，塑料和生物质共热解确实提高了 $^3DBC^*$的电子转移效率和能量转移效率，塑料和生物质共热解产生的 DBC 的低能 $^3DBC^*$对电子转移和能量转移的贡献与原始 DBC 相比明显降低。从图 4-8（a）和图 4-8（b）中还可以发现，塑料和生物质共热解对高能 $^3DBC^*$和低能 $^3DBC^*$的光化学属性有显著影响，尤其是对 $^3DBC^*$的电子转移有显著影响。

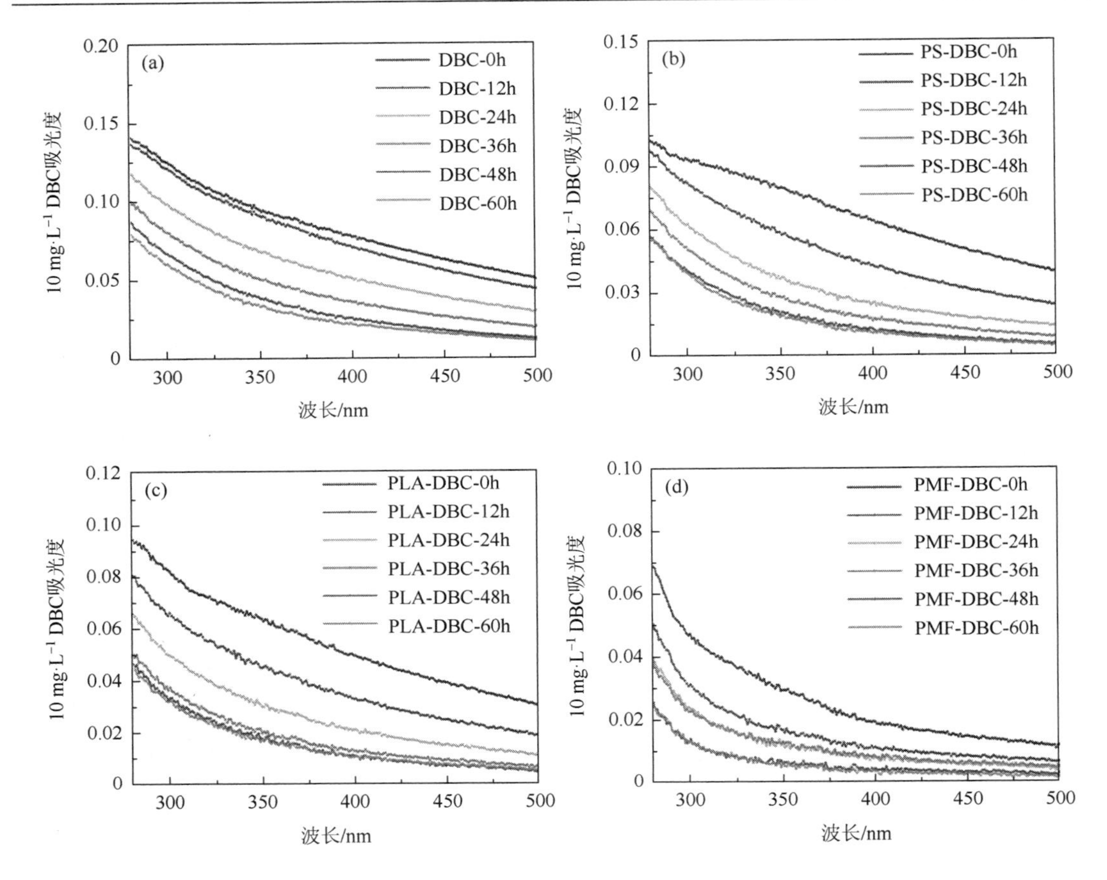


图 4-6　不同照射时间下四种 DBC 的吸光度变化

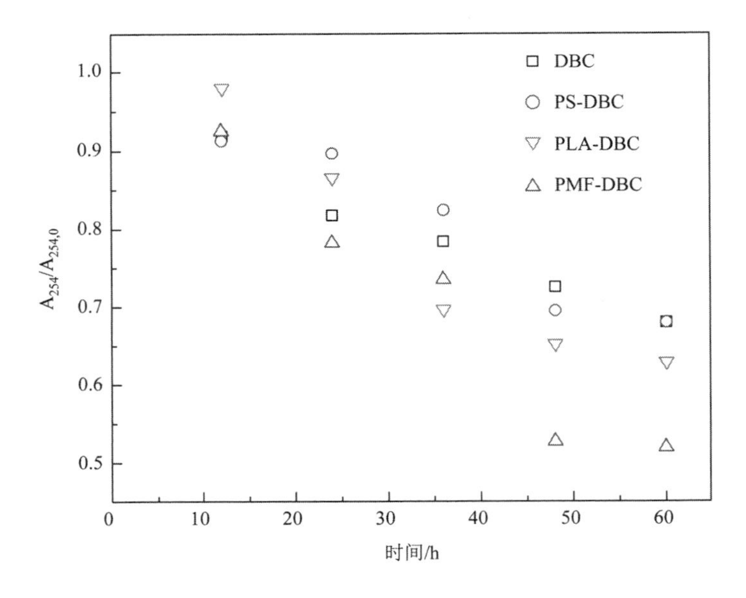


图 4-7　在光照条件下各种 DBC 溶液位于 254 nm 处的吸光度比的光解动力学

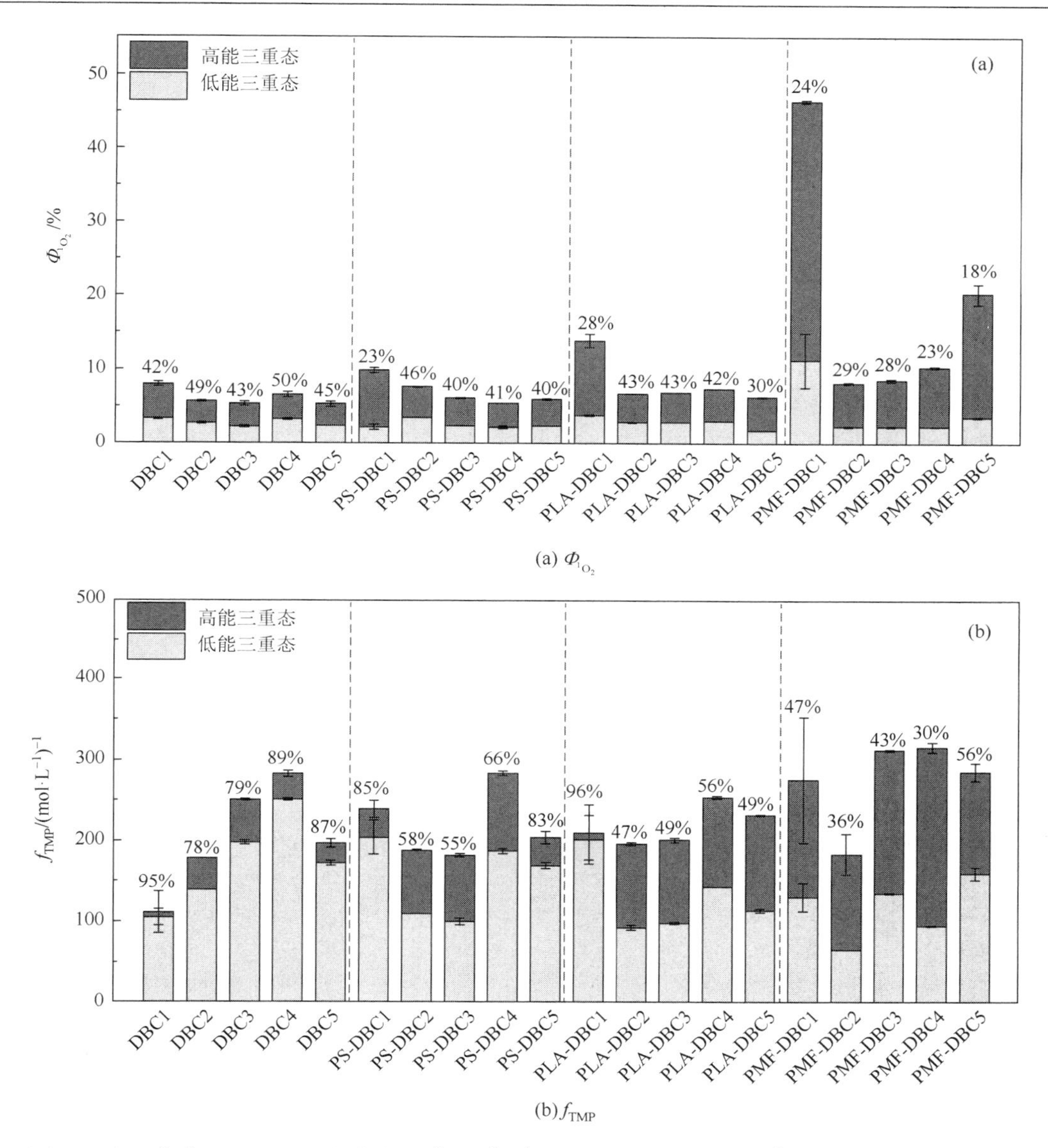


图 4-8　辐照条件下不同 DBC 的高/低能 $^3DBC^*$的 $^1O_2$ 量子产率（$\Phi_{^1O_2}$）和 $^3$DBC 量子产率（$f_{TMP}$）

误差线表示平均值的标准偏差，$n = 3$

## 参 考 文 献


[1] 朱礼鑫. 溶解有机物在长江口和南大西洋湾中部河口及其邻近海域的不保守行为及絮凝、光降解影响研究[D]. 上海：华东师范大学，2020.

[2] Senesi N，Xing B，Huang P. Dissolved organic matter（DOM）in natural environments[M]. Hoboken：John Wiley & Sons，Inc.，2009.

[3] Marschner B，Bredow A. Temperature effects on release and ecologically relevant properties of dissolved organic carbon in sterilised and biologically active soil samples[J]. Soil Biology and Biochemistry，2002，34（4）：459-466.

[4] Mostofa K M G，Wu F C，Liu C Q，et al. Photochemical，microbial and metal complexation behavior of fluorescent dissolved organic matter in the aquatic environments[J]. Geochemical Journal，2011，45（3）：235-254.

[5] Lenheer J A，Huffman E W D. Classification of organic solutes in water by using macroreticular resin[J]. Journal of Research of the U.S. Geological Survey，1976，4（6）：737-751.

[6] 何伟，白泽琳，李一龙，等. 溶解性有机质特性分析与来源解析的研究进展[J]. 环境科学学报，2016，36（2）：359-372.

[7] Johnson K S，Coletti L J. In situ ultraviolet spectrophotometry for high resolution and long-term monitoring of nitrate，bromide and bisulfide in the ocean[J]. Deep Sea Research Part I：Oceanographic Research Papers，2002，49（7）：1291-1305.

[8] Alberts J J，Takács M. Total luminescence spectra of IHSS standard and reference fulvic acids，humic acids and natural organic matter：comparison of aquatic and terrestrial source terms[J]. Organic Geochemistry，2004，35（3）：243-256.

[9] Shang Y X，Song K S，Jacinthe P A，et al. Characterization of CDOM in reservoirs and its linkage to trophic status assessment across China using spectroscopic analysis[J]. Journal of Hydrology，2019，576：1-11.

[10] Song K S，Li S J，Wen Z D，et al. Characterization of chromophoric dissolved organic matter in lakes across the Tibet-Qinghai Plateau using spectroscopic analysis[J]. Journal of Hydrology，2019，579：124190.

[11] Yang L Y，Chen W，Zhuang W E，et al. Characterization and bioavailability of rainwater dissolved organic matter at the southeast coast of China using absorption spectroscopy and fluorescence EEM-PARAFAC[J]. Estuarine，Coastal and Shelf Science，2019，217：45-55.

[12] Clark C D，De Bruyn W J，Brahm B，et al. Optical properties of chromophoric dissolved organic matter（CDOM）and dissolved organic carbon（DOC）levels in constructed water treatment wetland systems in southern California，USA[J]. Chemosphere，2020，247：125906.

[13] Lyu L L，Wen Z D，Jacinthe P A，et al. Absorption characteristics of CDOM in treated and non-treated urban lakes in Changchun，China[J]. Environmental Research，2020，182：109084.

[14] Fichot C G，Benner R. A novel method to estimate DOC concentrations from CDOM absorption coefficients in coastal waters[J]. Geophysical Research Letters，2011，38（3）：L03610（1-5）.

[15] Al-Juboori R A，Yusaf T，Pittaway P A. Exploring the correlations between common UV measurements and chemical fractionation for natural waters[J]. Desalination and Water Treatment：Science and Engineering，2016，57（35）：16324-16335.

[16] Zhang Y L，Jeppesen E，Liu X H，et al. Global loss of aquatic vegetation in lakes[J]. Earth-Science Reviews，2017，173：259-265.

[17] Santos P S M，Otero M，Duarte R M B O，et al. Spectroscopic characterization of dissolved organic matter isolated from rainwater[J]. Chemosphere，2015，74（8）：1053-1061.

[18] Spencer R G M，Pellerin B A，Bergamaschi B A，et al. Diurnal variability in riverine dissolved organic matter composition determined by in situ optical measurement in the San Joaquin River（California，USA）[J]. Hydrological Processes，2007，21（23）：3181-3189.

[19] Timko S A，Romera-Castillo C，Jaffé R，et al. Photo-reactivity of natural dissolved organic matter from fresh to marine waters in the Florida Everglades，USA[J]. Environmental Science：Processes & Impacts，2014，16（4）：866-878.

[20] Weishaar J L，Aiken G R，Bergamaschi B A，et al. Evaluation of specific ultraviolet absorbance as an indicator of the chemical composition and reactivity of dissolved organic carbon[J]. Environmental Science & Technology，2003，37（20）：4702-4708.

[21] De Haan H. Solar UV-light penetration and photodegradation of humic substances in peaty lake water[J]. Limnology and Oceanography，1993，38（5）：1072-1076.

[22] 牛城，张运林，朱广伟，等. 天目湖流域DOM和CDOM光学特性的对比[J]. 环境科学研究，2014，27（9）：998-1007.

[23] Dalrymple R M，Carfagno A K，Sharpless C M. Correlations between dissolved organic matter optical properties and quantum yields of singlet oxygen and hydrogen peroxide[J]. Environmental Science & Technology，2010，44（15）：5824-5829.

[24] 贺润升，徐荣华，韦朝海. 焦化废水生物出水溶解性有机物特性光谱表征[J]. 环境化学，2015，34（1）：129-136.

[25] McCabe A J，Arnold W A. Seasonal and spatial variabilities in the water chemistry of prairie pothole wetlands influence the photoproduction of reactive intermediates[J]. Chemosphere，2016，155：640-647.

[26] McKay G，Huang W X，Romera-Castillo C，et al. Predicting reactive intermediate quantum yields from dissolved organic matter photolysis using optical properties and antioxidant capacity[J]. Environmental Science & Technology，2017，51（10）：5404-5413.

[27] Helms J R，Stubbins A，Ritchie J D，et al. Absorption spectral slopes and slope ratios as indicators of molecular weight，source，and photobleaching of chromophoric dissolved organic matter[J]. Limnology and Oceanography，2008，53（3）：955-969.

[28] McKay G，Couch K D，Mezyk S P，et al. Investigation of the coupled effects of molecular weight and charge-transfer interactions on the optical and photochemical properties of dissolved organic matter[J]. Environmental Science & Technology，2016，50（15）：8093-8102.

[29] Huguet A，Vacher L，Relexans S，et al. Properties of fluorescent dissolved organic matter in the Gironde Estuary[J]. Organic Geochemistry，2009，40（6）：706-719.

[30] 赵夏婷. 水体中溶解性有机质的特征及其与典型抗生素的相互作用机制研究[D]. 兰州：兰州大学，2019.

[31] 穆光熠. 河流水体CDOM光学特性及其对生态环境要素的响应[D]. 长春：东北师范大学，2019.

[32] Cory R M，McKnight D M. Fluorescence spectroscopy reveals ubiquitous presence of oxidized and reduced quinones in dissolved organic matter[J]. Environmental Science & Technology，2005，39（21）：8142-8149.

[33] 蒋愉林，黄清辉，李建华. 水体有色溶解有机质的研究进展[J]. 江苏环境科技，2008，21（2）：57-59，63.

[34] 何伟，白泽琳，李一龙，等. 水生生态系统中溶解性有机质表生行为与环境效应研究[J]. 中国科学：地球科学，2016，46（3）：341-355.

# 第 5 章　$Cu^{2+}$与 DOM 配位对有机微污染物光降解动力学的影响

## 5.1　$Cu^{2+}$与 DOM 的配位作用

### 5.1.1　$Cu^{2+}$与 DOM 共存体系中游离铜离子的浓度

DOM 结构复杂，含有羧基、羰基、酚羟基等官能团，为 Cu(Ⅱ)提供了结合位点[1, 2]。DOM 与 Cu(Ⅱ)充分络合后，体系含有游离态的 $Cu^{2+}$。为了探究 Cu(Ⅱ)和 DOM 的络合情况，测定络合体系中游离 $Cu^{2+}$的浓度，在 Cu(Ⅱ)与 DOM 的络合体系中加入初始浓度为 5 mg·L$^{-1}$ 的 DOM 溶液和 20 μmol·L$^{-1}$ 的 $Cu^{2+}$溶液，用 NaOH 和 $H_2SO_4$将混合溶液的 pH 调节为 7，然后将溶液放入摇床振荡 30 min 后取出，并用铜离子复合电极测定不同浓度（浓度范围为 0～20 μmol·L$^{-1}$）的标准 $Cu^{2+}$溶液的电极电位。以标准铜离子溶液浓度的对数值为横坐标（$x$），不同浓度的标准 $Cu^{2+}$溶液对应的电极电位为纵坐标（$y$），绘制 $Cu^{2+}$浓度标准曲线（$y = 27.595x–44.644$，$R^2 = 0.9955$）。DOM 和 $Cu^{2+}$的混合溶液在光照 0 h、0.5 h、1 h、2 h、4 h、8 h 时取样，用铜离子复合电极测定 Cu(Ⅱ)与 DOM 的络合体系中游离 $Cu^{2+}$的浓度，观察体系中游离 $Cu^{2+}$的浓度随光照时间的变化情况。

测定结果见表 5-1，随着光照时间的增加，溶液中游离 $Cu^{2+}$的浓度增加，2 h 后体系中 $Cu^{2+}$浓度逐渐趋于稳定。用铜离子复合电极测得溶液中游离 $Cu^{2+}$的浓度为 4～7 μmol·L$^{-1}$，体系中初始加入的 20 μmol·L$^{-1}$ $Cu^{2+}$减少了 70%～80%，说明仅有 4～6 μmol·L$^{-1}$ 和 $Cu^{2+}$以游离 $Cu^{2+}$形式存在，其余的 13～16 μmol·L$^{-1}$ $Cu^{2+}$与 DOM 发生络合反应形成络合物。

**表 5-1　不同光照时间下 Cu(Ⅱ)与 DOM 的络合体系中游离 $Cu^{2+}$的浓度**

| 光照时间/h | 电极电位/mV | 游离 $Cu^{2+}$/(μmol·L$^{-1}$) |
|---|---|---|
| 0 | −28 | 4.01 |
| 0.5 | −25 | 5.15 |
| 1 | −24 | 5.61 |
| 2 | −23 | 6.11 |
| 4 | −24 | 5.61 |
| 8 | −23 | 6.09 |

### 5.1.2　$Cu^{2+}$与 DOM 的条件稳定常数

在 6 个 50 mL 的棕色容量瓶中分别加入 5 mg·L$^{-1}$ 的 DOM 溶液，然后分别加入

0 μmol·L$^{-1}$、2 μmol·L$^{-1}$、5 μmol·L$^{-1}$、10 μmol·L$^{-1}$、20 μmol·L$^{-1}$、50 μmol·L$^{-1}$ 的 $Cu^{2+}$溶液，并超纯水定容。用 0.5 mmol·L$^{-1}$NaOH 和 1 mmol·L$^{-1}$ $H_2SO_4$将混合溶液的 pH 调节为 7，然后将溶液放入摇床振荡 30 min 后取出，并用荧光分光光度计检测 DOM 的荧光强度。设置荧光分光光度计激发波长和发射波长的扫描范围为 200～700 nm，狭缝宽度为 5 nm，波长扫描速度为 12000 nm·min$^{-1}$，扫描间隔为 5 nm。

加入不同浓度的 $Cu^{2+}$后 DOM 的三维荧光光谱图如图 5-1 所示，不同浓度 $Cu^{2+}$的加入均使 DOM 的荧光强度降低，对 DOM 产生了荧光淬灭作用。随着加入的 $Cu^{2+}$浓度增大，荧光峰 $\lambda_{ex}/\lambda_{em}$ = 345 nm/450 nm 和荧光峰 $\lambda_{ex}/\lambda_{em}$ = 270 nm/450 nm 的荧光强度逐渐减弱。当 $Cu^{2+}$的浓度从 0 μmol·L$^{-1}$ 增加到 50 μmol·L$^{-1}$ 时，荧光峰 $\lambda_{ex}/\lambda_{em}$ = 345 nm/450 nm 的荧光强度从 319.0 减小到 119.8，荧光峰 $\lambda_{ex}/\lambda_{em}$ = 270 nm/450 nm 的荧光强度从 253.7 减小到 80.57，荧光强度的减弱进一步证明 Cu(Ⅱ)和 DOM 的混合溶液中有 Cu(Ⅱ)-DOM 络合物形成。

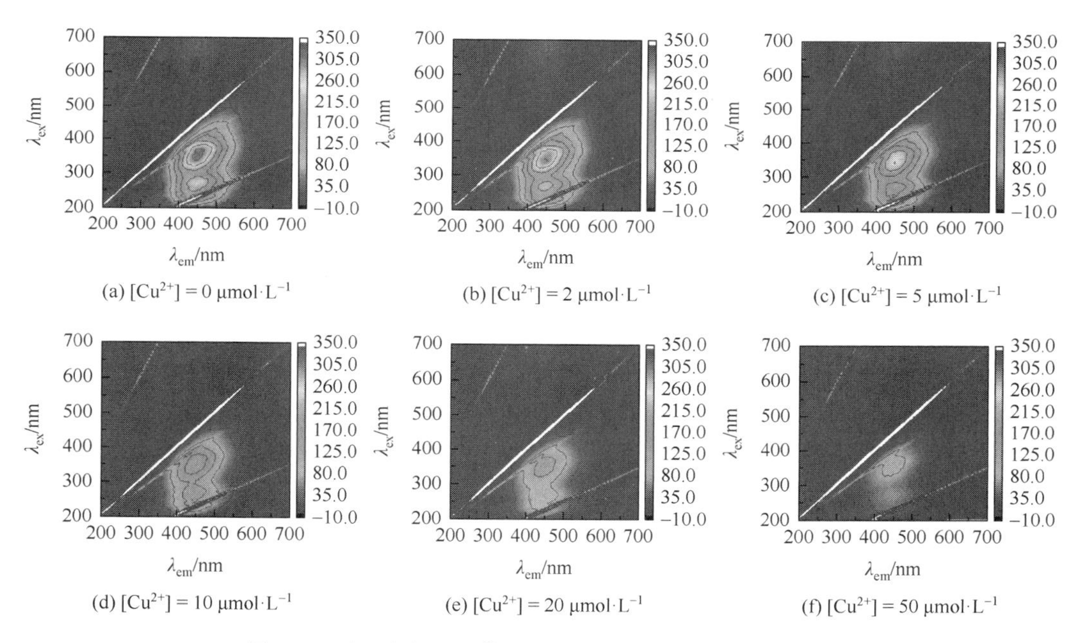


(a) $[Cu^{2+}]$ = 0 μmol·L$^{-1}$　(b) $[Cu^{2+}]$ = 2 μmol·L$^{-1}$　(c) $[Cu^{2+}]$ = 5 μmol·L$^{-1}$

(d) $[Cu^{2+}]$ = 10 μmol·L$^{-1}$　(e) $[Cu^{2+}]$ = 20 μmol·L$^{-1}$　(f) $[Cu^{2+}]$ = 50 μmol·L$^{-1}$

图 5-1　不同浓度的 $Cu^{2+}$存在时 DOM 的三维荧光光谱图

DOM 的大多数生色团和官能团都具有络合性质，这些生色团和官能团由多个含 O 和 N 的基团组成，可为金属离子提供具有高亲和力的结合位点，因此 DOM 可以在水环境中结合金属离子，包括 $Cu^{2+}$[3, 4]。$Cu^{2+}$与 DOM 的络合过程可以用式（5.1.1）、式（5.1.2）来进行定量表征。

$$Cu^{2+} + DOM \rightleftharpoons Cu(\text{II}) - DOM \tag{5.1.1}$$

$$k_{\text{Cu-DOM}} = \frac{[Cu(\text{II}) - DOM]}{[Cu^{2+}][DOM]} \tag{5.1.2}$$

式中，$[Cu^{2+}]$为DOM和$Cu^{2+}$混合溶液中$Cu^{2+}$的物质的量浓度；[DOM]为DOM和$Cu^{2+}$混合溶液中DOM的物质的量浓度；$k_{Cu\text{-}DOM}$为Cu(Ⅱ)-DOM络合物的条件稳定常数。

不同初始浓度下$Cu^{2+}$的存在减弱了DOM的荧光强度，但显著增强了对DOM的荧光淬灭作用，表明形成了Cu(Ⅱ)-DOM络合物。通过$Cu^{2+}$对DOM产生的荧光淬灭作用，可计算出$Cu^{2+}$与DOM络合的条件稳定常数。$k_{Cu\text{-}DOM}$值由修正的斯特恩-沃尔默（Stern-Volmer）方程确定，如式（5.1.3）[3, 5]所示：

$$\frac{F_0}{F_0-F}=\frac{1}{fk_{Cu\text{-}DOM}[Cu^{2+}]}+\frac{1}{f} \tag{5.1.3}$$

式中，$F_0$为不含$Cu^{2+}$时DOM的荧光强度；$F$为含$Cu^{2+}$时DOM的荧光强度；$f$为被金属离子结合的荧光团数目占初始荧光团数目的比例。

如图5-2所示，根据不同的$Cu^{2+}$物质的量浓度下荧光峰$\lambda_{ex}/\lambda_{em}$=345nm/450nm的荧光强度，以$1/[Cu^{2+}]$为横坐标、$F_0/(F_0-F)$为纵坐标，拟合得到线性回归方程$y=22.378x+0.768$（$R^2=0.9886$），通过斜率（$1/fk_{Cu\text{-}DOM}$）和截距（$1/f$）计算得到$\lg k_{Cu\text{-}DOM}$的值为4.54，该结果与相关文献的研究结果（$Cu^{2+}$与各种类型DOM配位的$\lg k_{Cu\text{-}DOM}$范围为4.33~5.28）研究一致[3, 6]，表明$Cu^{2+}$与DOM之间的络合能力很强。Wan等[3]研究了包括$Cu^{2+}$在内的金属离子的络合效应对激发三重态富里酸和腐殖酸光活性的影响，并观察到金属离子对$^3DOM^*$的淬灭与其条件稳定常数呈正相关。在本书的实验条件下，由于$Cu^{2+}$具有较强的络合能力（$\lg k_{Cu\text{-}DOM}=4.54$），$Cu^{2+}$与DOM的络合会影响$^3DOM^*$诱导的反应。

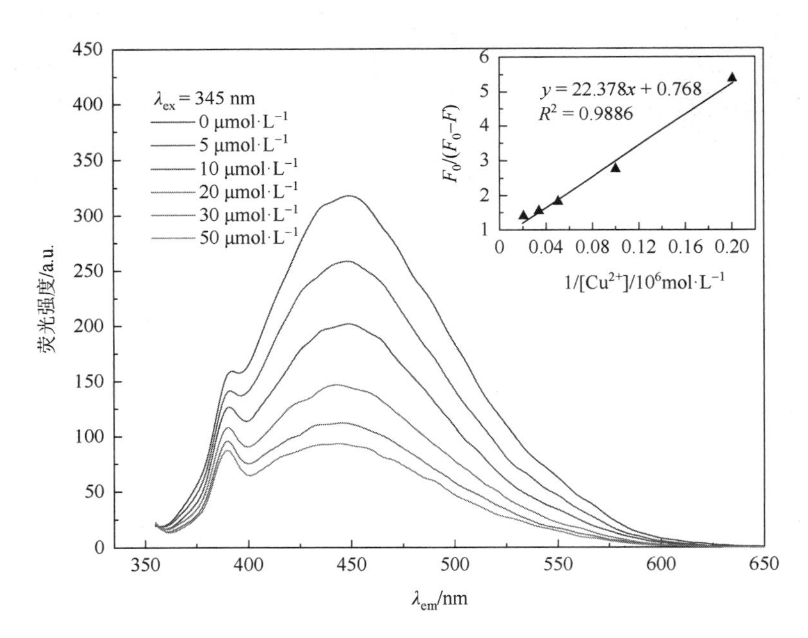


图5-2　DOM在$Cu^{2+}$物质的量浓度为0～50 μmol·L$^{-1}$时的荧光强度

# 5.2　$Cu^{2+}$与 DOM 络合对有机微污染物光降解速率的影响

## 5.2.1　目标污染物的紫外可见吸收光谱分析

选择从水体中广泛检测出的 16 种有机微污染物作为目标污染物，包括磺胺嘧啶、磺胺吡啶、磺胺甲基嘧啶、磺胺二甲基嘧啶、17β-雌二醇、沙丁胺醇、2, 4, 6-三甲基苯酚、双氯芬酸、萘普生、奥硝唑、替硝唑、罗硝唑、甲氧苄啶、硝基苯、甲硝唑、二甲硝咪唑。这 16 种目标污染物的紫外可见吸收光谱以及研究目标污染物光降解动力学时所使用的 380nm 滤光片的透射比如图 5-3 所示。通过观察有机微污染物的紫外可见吸收光谱可以发现，所有目标污染物的紫外吸收峰整体位于 $\lambda<380$ nm 的范围内。当目标污染物的吸收光谱与光源的发射光谱重叠时，污染物会发生直接光降解。因此在存在 $Cu^{2+}$和 DOM 的复杂体系中，使用 380 nm 的截止滤光片阻止目标污染物可能会发生的直接光降解，以避免干扰光降解动力学。

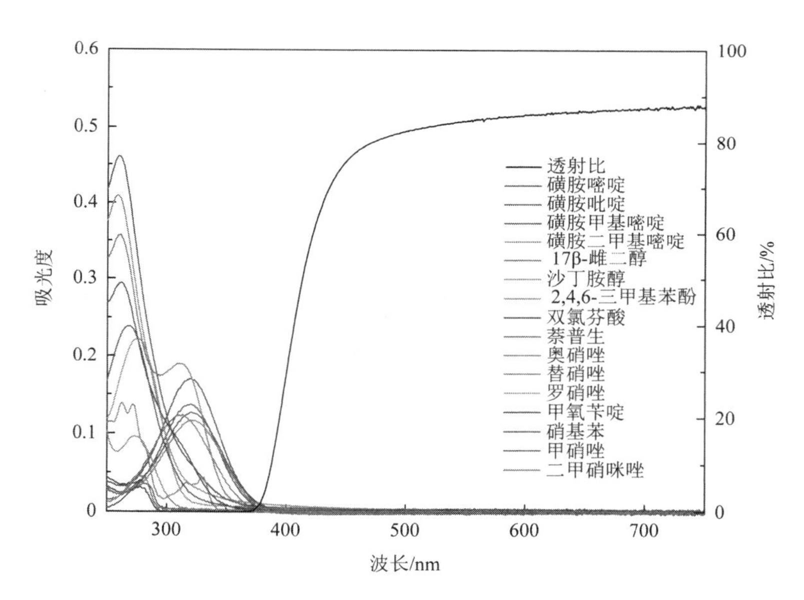


图 5-3　16 种目标污染物的紫外可见吸收光谱及 380 nm 滤光片的透射比

## 5.2.2　有机微污染物与 $^3DOM^*$的反应活性

有机微污染物与 $^3DOM^*$的二级反应速率常数可以反映有机微污染物与激发三重态反应活性的高低。使用 4-苯甲酰苯甲酸（CBBP）作为 DOM 的小分子类似物，以磺胺嘧啶作为参比化合物，通过竞争动力学测定有机微污染物与 $^3CBBP^*$的二级反应速率常数，确定有机微污染物与 $^3DOM^*$的反应活性。$^3CBBP^*$与除磺胺嘧啶外的 15 种目标污染物反应的竞争动力学如图 5-4 所示。根据文献研究，磺胺嘧啶与 $^3CBBP^*$的二级反应速率常数为

$2.9\times10^9\ (mol\cdot L^{-1})^{-1}\cdot s^{-1}$ [7]，基于图 5-4 的数据计算 16 种有机微污染物与 $^3CBBP^*$ 的二级反应速率常数，见表 5-2。

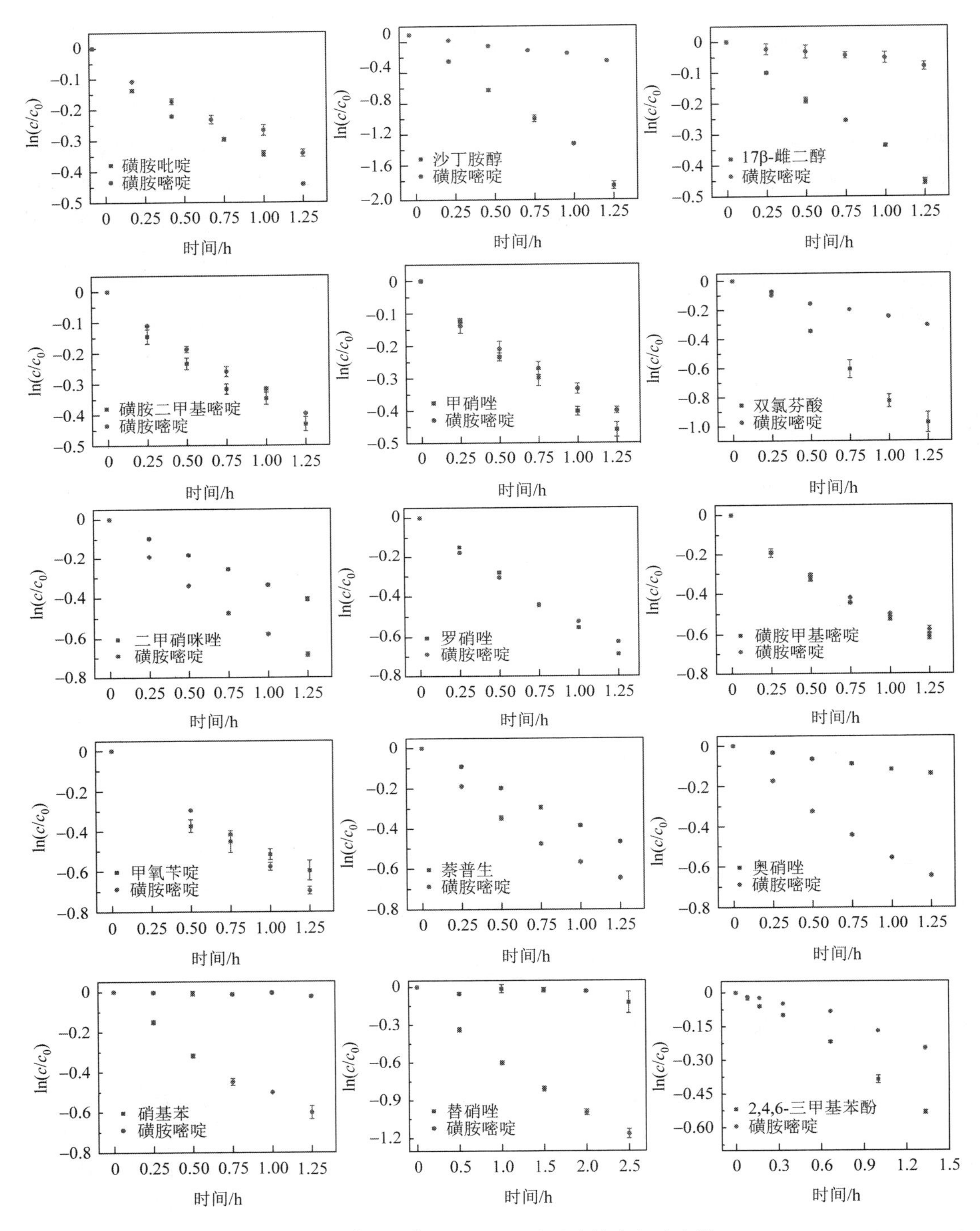


图 5-4　$^3CBBP^*$与目标污染物反应的竞争动力学

**表 5-2　16 种有机微污染物与 $^3CBBP^*$的二级反应速率常数***

| 序号 | 有机微污染物 | $k_{OMPs,\ 3CBBP^*}$ $[10^9\ (mol·L^{-1})^{-1}·s^{-1}]$ |
|---|---|---|
| 1 | 磺胺吡啶 | 3.75±0.11 |
| 2 | 沙丁胺醇 | 16.85±0.12 |
| 3 | 17β-雌二醇 | 17.89±0.72 |
| 4 | 磺胺二甲基嘧啶 | 3.09±0.48 |
| 5 | 甲硝唑 | 3.50±0.20 |
| 6 | 双氯芬酸 | 2.84±0.01 |
| 7 | 二甲硝咪唑 | 1.74±0.01 |
| 8 | 罗硝唑 | 3.26±0.05 |
| 9 | 磺胺甲基嘧啶 | 3.09±0.06 |
| 10 | 甲氧苄啶 | 2.27±0.39 |
| 11 | 萘普生 | 2.13±0.03 |
| 12 | 奥硝唑 | 0.63±0.04 |
| 13 | 硝基苯 | 0.09±0.01 |
| 14 | 替硝唑 | 0.20±0.17 |
| 15 | 2, 4, 6-三甲基苯酚 | 6.45±0.89 |
| 16 | 磺胺嘧啶 | 2.90 [a] |

注：*表示通过图 5-4 的数据计算得出；a 表示根据文献报道计算得出。

相关文献指出，磺胺类[8]、取代酚类[9]、芳香胺类[10]化合物易与 $^3DOM^*$直接发生反应。因此，根据测定的有机微污染物与 $^3DOM^*$的二级反应速率常数并结合文献报道[11]，将从水体中广泛检测出的 16 种目标污染物按 $^3DOM^*$与目标污染物反应活性的高低分为两大类：与激发三重态反应活性高的化合物和与激发三重态反应活性低的化合物，见表 5-3。

**表 5-3　目标污染物按 $^3DOM^*$与目标污染物反应活性高低的分类**

| 与激发三重态反应活性高的化合物 | 与激发三重态反应活性低的化合物 |
|---|---|
| 磺胺嘧啶、磺胺吡啶、磺胺甲基嘧啶、磺胺二甲基嘧啶、17β-雌二醇、沙丁胺醇、2, 4, 6-三甲基苯酚 | 双氯芬酸、萘普生、奥硝唑、替硝唑、罗硝唑、甲氧苄啶、硝基苯、甲硝唑、二甲硝咪唑 |

## 5.2.3　$Cu^{2+}$与 DOM 络合对目标污染物光降解速率的影响

在光化学实验中，选用 16 种从水环境中广泛检测出的目标污染物，并将其分为两大类，即与激发三重态反应活性高的化合物和与激发三重态反应活性低的化合物，研究这 16 种目标污染物在 Cu(Ⅱ)-DOM 体系和 DOM 体系中的光降解速率常数。通过比较有/无 Cu(Ⅱ)存在时污染物光降解速率常数的比值（$k_{Cu\text{-}DOM}/k_{DOM}$），认识 Cu(Ⅱ)-DOM 配合物光化学过程对污染物降解的影响。污染物在 DOM 体系和 Cu(Ⅱ)-DOM 体系中的光降解符合准一级反应动力学，16 种目标污染物的光降解动力学如图 5-5 所示，通过光降解动力学可计算出光降解速率常数。

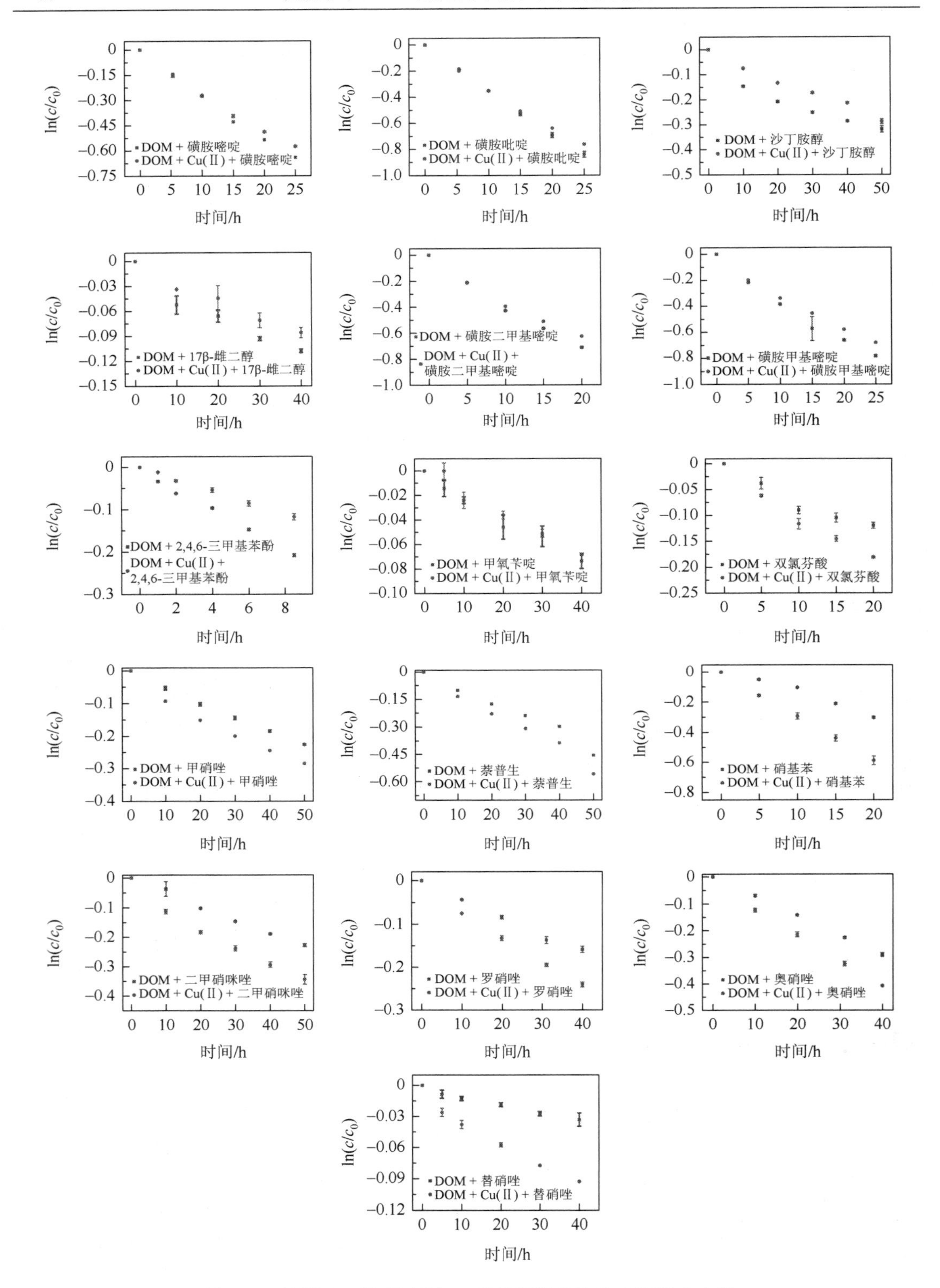


图 5-5　有/无 Cu(Ⅱ)存在时 16 种目标污染物的光降解动力学

通过分析图 5-5 中 16 种目标污染物在 Cu(Ⅱ)-DOM 体系和 DOM 体系中的光降解动力学可知，Cu(Ⅱ)的存在对不同种类污染物的光降解动力学产生了不同的影响。对于磺胺嘧啶、17β-雌二醇等与激发三重态反应活性高的化合物，Cu(Ⅱ)的存在整体上减缓了这类污染物在 DOM 溶液中的光降解速率；对于双氯芬酸、萘普生、甲硝唑等与激发三重态反应活性低的化合物，Cu(Ⅱ)的存在加快了这类污染物在 DOM 溶液中的光降解速率。下面通过比较有/无 Cu(Ⅱ)存在时污染物在 DOM 溶液中的光降解速率常数的差异，了解 Cu(Ⅱ)-DOM 配合物影响污染物光降解的程度。

从图 5-6 中可观察到，Cu(Ⅱ)-DOM 的络合作用会对目标污染物的光降解产生双重影响：对于与激发三重态反应活性高的化合物，$k_{Cu\text{-}DOM}/k_{DOM}<1$；对于与激发三重态反应活性低的化合物，$k_{Cu\text{-}DOM}/k_{DOM}\geqslant1$。$k_{Cu\text{-}DOM}/k_{DOM}$ 可以理解为加入 Cu(Ⅱ)[3] 后 DOM*诱导有机微污染物发生光降解的抑制因子（IF），IF＜1 说明加入 Cu(Ⅱ)[3] 对 DOM*诱导有机微污染物发生光降解有抑制作用，IF 越小，则抑制作用越强；反之，IF≥1 说明有促进作用，IF 越大，则促进作用越强。对于与激发三重态反应活性高的化合物，与单独的 DOM 体系相比，污染物在 Cu(Ⅱ)-DOM 体系中的光降解速率常数降低，如 2, 4, 6-三甲基苯酚（可作为 $^3DOM^*$的探针化合物）的光降解速率常数降低约 45%。然而，对于其他与激发三重态反应活性低的化合物，与 DOM 体系相比，Cu(Ⅱ)-DOM 体系的光降解速率常数显著增加了 0.1～2.5 倍，说明在含有 Cu(Ⅱ)和 DOM 的混合溶液中，Cu(Ⅱ)的存在抑制了与激发三重态反应活性高的化合物的光降解，而促进了与激发三重态反应活性低的化合物的光降解。上述研究结果表明，有机微污染物与 $^3DOM^*$的反应活性不同，Cu(Ⅱ)与 DOM 络合会对其光降解产生不同的影响。因此，接下来将详细探讨 Cu(Ⅱ)-DOM 络合对这些污染物光降解产生不同影响的内在机制。

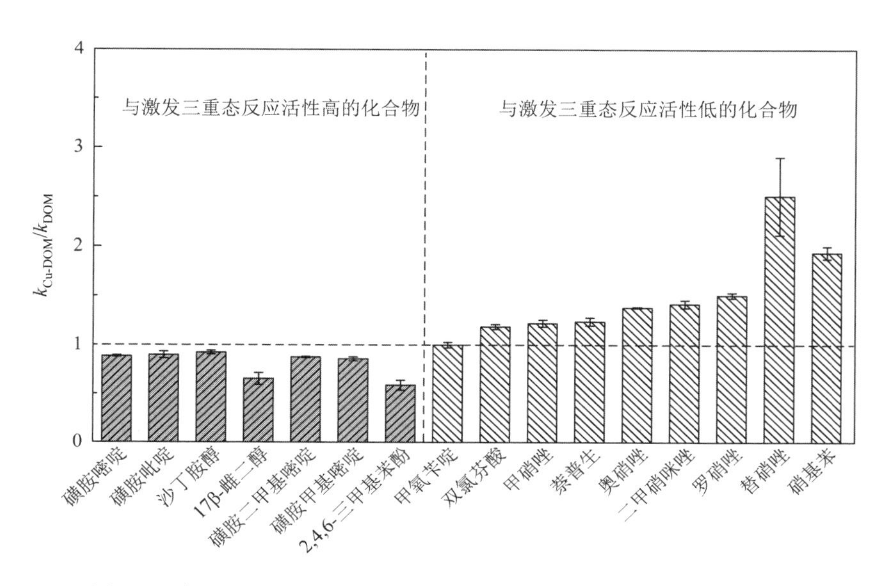


图 5-6　有/无 Cu(Ⅱ)存在时 16 种目标污染物的光降解速率常数比值

# 5.3　$Cu^{2+}$与 DOM 络合对有机微污染物光降解的内在影响机制

水环境中 Cu(Ⅱ)与 DOM 络合对不同类型有机微污染物的光降解有不同的影响，表现为 Cu(Ⅱ)-DOM 络合对有机微污染物光降解有抑制作用或促进作用。污染物与激发三重态反应活性的高低影响着 Cu(Ⅱ)-DOM 体系中污染物光降解的速率，系统研究 Cu(Ⅱ)配位对 DOM 溶液中有机微污染物光降解的内在影响机制非常必要。

## 5.3.1　$Cu^{2+}$配位对有机微污染物光降解的抑制机制

$^3DOM^*$是 DOM 溶液中污染物间接光降解的主要活性中间体（Reactive Intermediate，RI）[11, 12]。通过山梨酸淬灭实验和通氮脱氧实验来验证 $^3DOM^*$是诱导 7 个目标污染物（磺胺嘧啶、磺胺甲基嘧啶、17β-雌二醇、2, 4, 6-三甲基苯酚、磺胺吡啶、磺胺二甲基嘧啶、沙丁胺醇）在 DOM 溶液中发生光降解的主要活性物种。

如图 5-7 所示，山梨酸（SA）能淬灭溶液中的 $^3DOM^*$，添加 4 mmol·$L^{-1}$ 山梨酸后，目标污染物的光降解速率显著减小了 21.6%～61.4%。向溶液中通入氮气鼓吹后，去除了体系中的溶解氧，目标污染物的光降解速率显著增加了 0.5～3.2 倍。这是由于溶解氧会淬灭溶液中产生的激发三重态，$^3DOM^*$在缺氧条件下的寿命比在有氧条件下的寿命长，通入氮气后消除了溶解氧对激发三重态的淬灭作用，增加了溶液中激发三重态的稳态浓度，进而显著增强了污染物的光降解。这一结果证实，在本书的实验条件下，$^3DOM^*$是诱导磺胺嘧啶、磺胺甲基嘧啶、17β-雌二醇、2, 4, 6-三甲基苯酚、磺胺吡啶、磺胺二甲基嘧啶、沙丁胺醇这 7 个目标污染物发生光降解的主要活性物种。

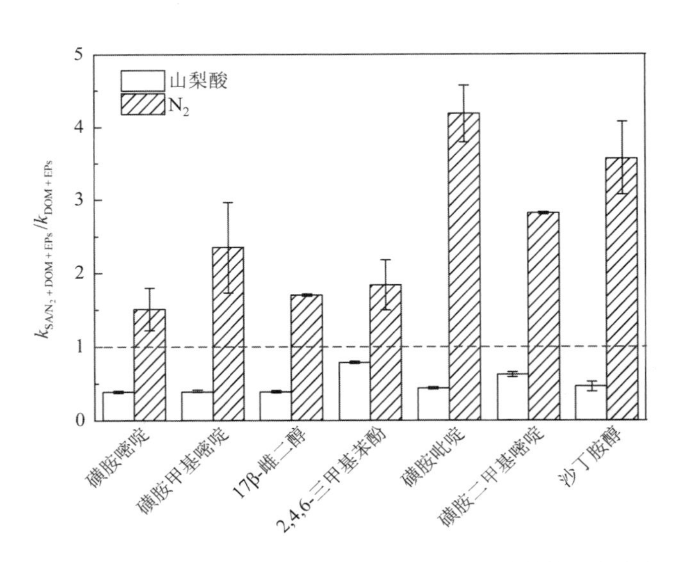


图 5-7　目标污染物在加山梨酸或通 $N_2$ 的 DOM 溶液中的光降解速率常数与在空气饱和的 DOM 溶液中的光降解速率常数（$k$）之比

2, 4, 6-三甲基苯酚（TMP）是激发三重态的探针化合物，与 $^3DOM^*$通过电子转移发生反应，因此 TMP 的光降解速率可间接反映体系中 $^3DOM^*$的含量。

在此，以 TMP 作为探针分子，通过对比 TMP 在单独的 DOM 溶液体系中和在 Cu(Ⅱ)-DOM 络合体系中的降解情况，研究 Cu(Ⅱ)与 DOM 络合对光致生成 $^3DOM^*$的影响。结果如图 5-8 所示，添加 Cu(Ⅱ)后，TMP 在 DOM 溶液中的光降解速率显著降低，Cu(Ⅱ)-DOM 络合体系中 TMP 的光降解速率常数($k_{TMP}$)比 DOM 体系中的降低了约 41%，表明添加 Cu(Ⅱ)时 DOM 光致生成的 $^3DOM^*$含量降低。

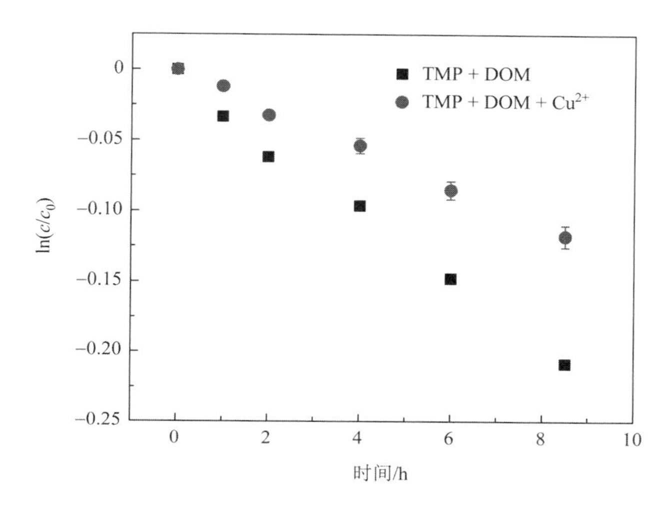


图 5-8　不同时间条件下 2, 4, 6-三甲基苯酚（TMP）的光降解动力学结果

前人的研究表明，$^3DOM^*$的稳态浓度与其在水溶液中的生成速率和淬灭速率常数有关[13, 14]。$^3DOM^*$和山梨酸能进行能量转移，使山梨酸发生异构化反应[15]。通过测量山梨酸的异构化程度，可以评估 $^3DOM^*$的能量转移能力。因此，本书使用山梨酸作为探针化合物，通过 $^3DOM^*$的能量转移反应来量化 $^3DOM^*$的生成速率（$F_T$）、淬灭速率常数（$k_s$）和稳态浓度（$T_{ss}$），进而观察 Cu(Ⅱ)-DOM 络合对 $^3DOM^*$能量转移的影响。同时研究在不同浓度的 $Cu^{2+}$存在条件下，$^3DOM^*$的生成速率、淬灭速率常数和稳态浓度的变化情况。如图 5-9 所示，随着体系中 $Cu^{2+}$物质的量浓度从 0 μmol·L$^{-1}$ 增加到 30 μmol·L$^{-1}$，$^3DOM^*$的生成速率整体呈现逐渐下降的趋势，表明添加 $Cu^{2+}$可抑制 $^3DOM^*$的形成。Cu(Ⅱ)对 DOM 的荧光淬灭作用表明，激发态单重态 DOM 的淬灭会使其向三重态的转变量减少，导致 Cu(Ⅱ)存在时 $F_T$ 值降低。

由图 5-10 可知，$Cu^{2+}$的存在加快了 $^3DOM^*$的淬灭速率，$k_s$ 值总体上随着 $Cu^{2+}$浓度的增加而增大。这意味着 $Cu^{2+}$可以淬灭高能 $^3DOM^*$（$E_T>250$ kJ·mol$^{-1}$）。$Cu^{2+}$的荧光淬灭结果表明 Cu(Ⅱ)-DOM 络合物形成，结合不同浓度的 $Cu^{2+}$存在时淬灭速率常数（$k_s$）的变化情况可知，$Cu^{2+}$对激发态 DOM 具有静态淬灭效应。该结果与 Wan 等的研究结果一致，金属离子的静态淬灭是激发态黄腐酸和腐殖酸损失的重要途径[3]。

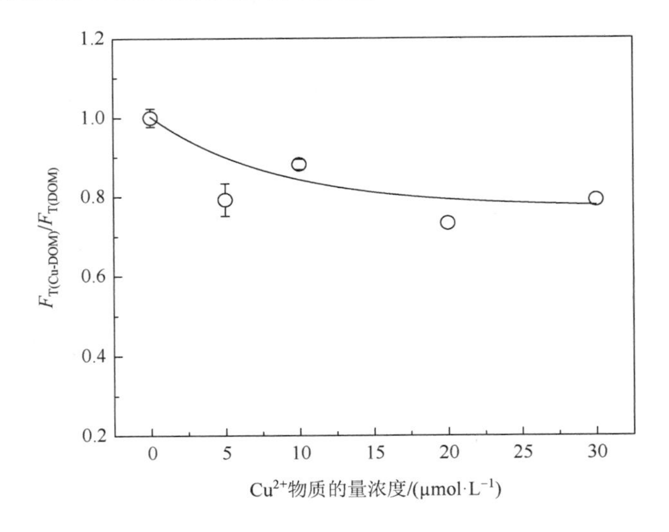


图 5-9　不同浓度的 $Cu^{2+}$存在情况下 $^3DOM^*$的生成速率（$F_T$）

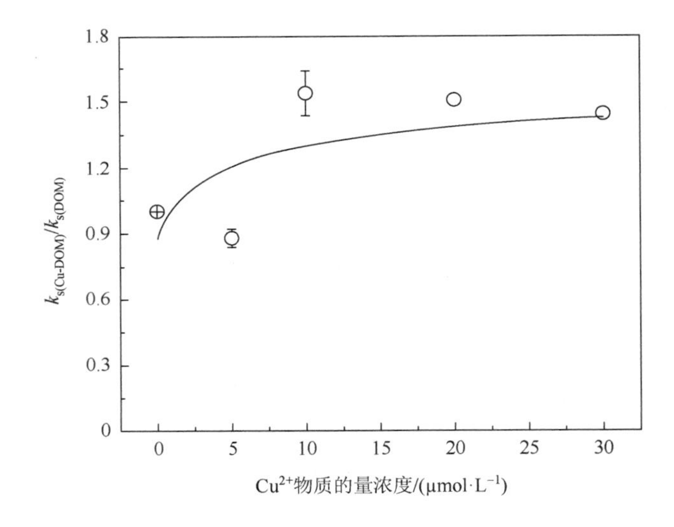


图 5-10　不同浓度的 $Cu^{2+}$存在情况下 $^3DOM^*$的淬灭速率常数（$k_s$）

如图 5-11 所示，$Cu^{2+}$的存在降低了体系中 $^3DOM^*$的稳态浓度，并且体系中 $Cu^{2+}$浓度越高，$^3DOM^*$的稳态浓度越低。当 $Cu^{2+}$物质的量浓度为 20 μmol·L$^{-1}$ 时，$^3DOM^*$的稳态浓度降低 50%。综上，Cu(Ⅱ)与 DOM 络合会降低 $^3DOM^*$的生成速率并加快其淬灭速率，导致 $^3DOM^*$的稳态浓度随着 $Cu^{2+}$浓度的升高而降低，从而降低 $^3DOM^*$的能量传递效率，进而抑制污染物的光降解。Cu(Ⅱ)与 DOM 络合直接影响了 DOM 的能量转移途径，使得体系中 $^3DOM^*$的稳态浓度降低，进而抑制了 $^3DOM^*$与污染物在能量转移方面的相互作用。Cu(Ⅱ)-DOM 络合物的形成对 $^3DOM^*$的能量转移产生了影响，结合三维荧光光谱图（图 5-1）分析可知：①Cu(Ⅱ)荧光淬灭 DOM，形成低能态的 Cu(Ⅱ)-$^1DOM^*$，可能会导致过渡到高能三重态的 DOM 减少；②金属离子的顺磁扰动会淬灭 $^3DOM^*$，使其回到基态。

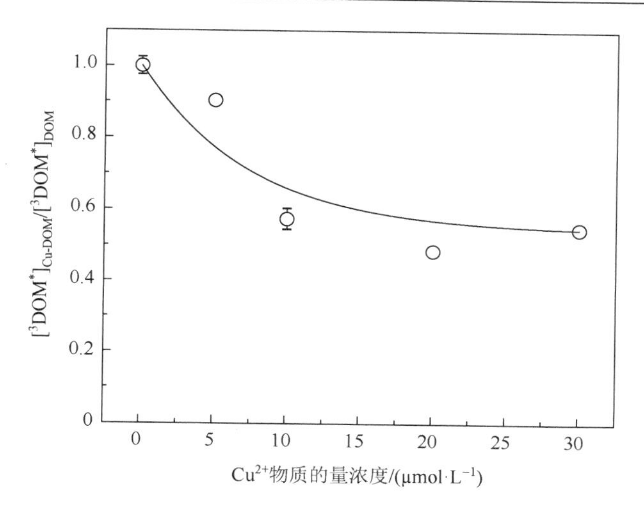


图 5-11　不同浓度的 $Cu^{2+}$存在情况下 $^3DOM^*$的稳态浓度（$[^3DOM^*]$）

DOM 中的酮基和醌基等含氧基团是 $^3DOM^*$的主要前体成分，然而 $^3DOM^*$中酮基、醌基等含氧基团与 Cu(Ⅱ)具有较强的结合作用，这种强结合作用可能与 $^3DOM^*$生成速率的降低有关。为了验证这一点，进行硼氢化钠（$NaBH_4$）还原实验（图 5-12），$NaBH_4$可还原酮基和醌基等具有氧化性的基团。在添加 25 mmol·$L^{-1}$ 的 $NaBH_4$ 后，山梨酸的异构化率显著降低，$^3DOM^*$的生成速率下降了近 60%。Grebel 等[13]在使用 $NaBH_4$ 进行 $^3DOM^*$分析时也观察到山梨酸异构化率出现了类似的下降，说明 Cu(Ⅱ)与 DOM 中的酮基和醌基等含氧官能团结合后可能会与这些基团发生氧化还原反应，影响 $^3DOM^*$的生成。

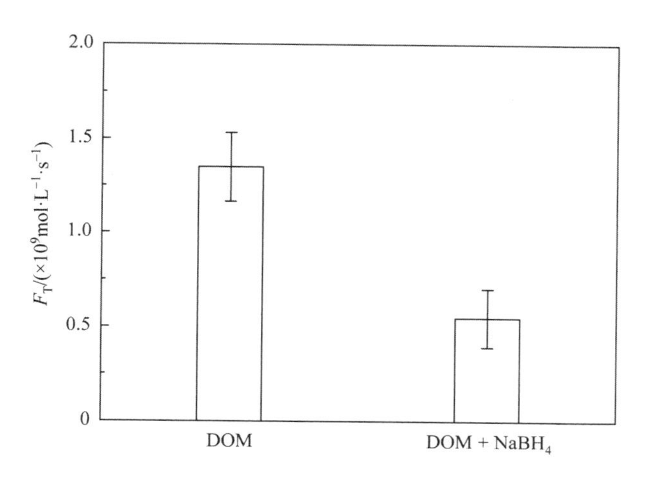


图 5-12　有/无 $NaBH_4$ 存在情况下 $^3DOM^*$的生成速率（$F_T$）

Cu(Ⅱ)-DOM 络合对有机微污染物光降解的抑制作用还受体系中氧化还原循环产生

$Cu^+$的影响。DOM 和 Cu(Ⅱ)之间存在光诱导电子转移，可以在光化学过程中产生$Cu^+$[16, 17]。本书的研究结果表明，在含有 DOM 和 Cu(Ⅱ)的混合溶液中确实生成了 $Cu^+$，其稳态浓度高达 10 μmol·$L^{-1}$。$Cu^+$具有较高的还原电位（0.153 V）[18]，$Cu^+$可能很容易与 $^3DOM^*$反应，从而导致 $^3DOM^*$淬灭，这也是 Cu(Ⅱ)-DOM 络合对与激发三重态反应活性高的污染物的光降解产生抑制作用的其中一个原因。

需要注意的是，通过观察图 5-6 可以发现，$Cu^{2+}$对 $^3DOM^*$诱导的酚类污染物（17β-雌二醇和 2, 4, 6-三甲基苯酚）的光降解的抑制作用要远强于胺类污染物（如磺胺嘧啶、磺胺甲基嘧啶、磺胺吡啶、沙丁胺醇和磺胺二甲基嘧啶）。这是由于 DOM 同时含有大量的氧化性基团和还原性基团，如醌类基团有接收电子的能力，具有氧化性，而酚类基团作为典型的抗氧化基团有较强的供电子能力，具有还原性。$^3DOM^*$具有高还原电位（1.36～1.90 V），可以作为一种有效的氧化剂。$^3DOM^*$可以通过单电子转移与具有供电子基团的污染物发生反应，从而生成污染物自由基中间体。由于 DOM 中还原性基团的存在，这些中间体可能会进一步还原为母体化合物[19, 20]。酚氧基的还原电位（0.6～0.8 V）比胺基阳离子（约 1 V）低[21, 22]，因此胺基阳离子更容易被 DOM 的抗氧化基团还原。污染物自由基中间体还原为母体化合物会阻碍污染物的光降解，也会降低与激发三重态反应活性高的化合物的光降解速率。

综上所述，Cu(Ⅱ)-DOM 络合体系中 Cu(Ⅱ)的加入会淬灭 $^3DOM^*$，使 $^3DOM^*$稳态浓度降低，Cu(Ⅱ)-DOM 体系中光致生成的 $Cu^+$会淬灭 $^3DOM^*$，使污染物自由基中间体被还原为母体化合物，这些都影响着 Cu(Ⅱ)对 $^3DOM^*$诱导污染物光降解的抑制作用。

### 5.3.2　$Cu^{2+}$配位对有机微污染物光降解的促进机制

对于与激发三重态反应活性低的污染物，与单独的 DOM 体系相比，Cu(Ⅱ)-DOM 络合体系显著促进了这类污染物的光降解。之前有研究报道，在具有光活性的 Cu(Ⅱ)-有机物配合物中，配体与 Cu(Ⅱ)之间的电子转移可能会导致产生超氧自由基或氢过氧化物自由基进一步转化成•OH[23]。因此，本书通过使用•OH 的淬灭剂即异丙醇（IP）进行淬灭实验来验证光照下 Cu(Ⅱ)-DOM 配位体系中是否产生•OH，判断•OH 对增强与激发三重态反应活性低的污染物的光降解是否起到关键作用。

通过异丙醇淬灭实验可以发现，添加 20 mmol·$L^{-1}$ 异丙醇淬灭 •OH 后显著降低了污染物的光降解速率（图 5-13），这类与激发三重态反应活性低的污染物的光降解速率常数降低了 28%～61%，由此验证了•OH 是 Cu(Ⅱ)-DOM 体系中引起与激发三重态反应活性低的污染物发生光降解的主要活性物种。•OH 具有极强的氧化能力，其氧化还原电位为 2.80 eV，可以高效氧化难降解的有机污染物。Cu(Ⅱ)和 DOM 的混合溶液中 Cu(Ⅱ)-DOM 配合物会发生光致电子转移，光致生成•OH，促进溶液中难降解有机微污染物的光化学转化。

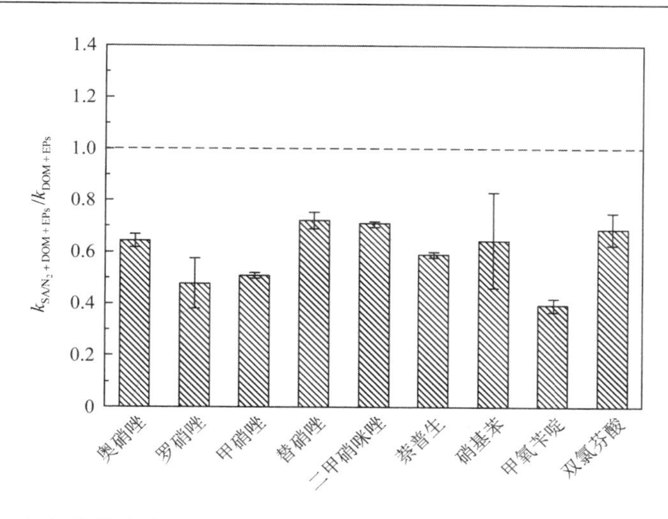


图 5-13　目标污染物在有/无异丙醇的 Cu-DOM 体系中的光降解速率常数（$k$）比值

1. Cu(Ⅱ)-DOM 络合对光生•OH 的影响

本书选用 TPA（对苯二甲酸）作为•OH 的探针化合物，通过测定 2-HTC 的浓度即可判断出体系中•OH 的含量，同时观察 DOM 光照体系、Cu(Ⅱ)-DOM 光照体系、Cu(Ⅱ)-DOM 暗对照体系中•OH 的生成情况。

从图 5-14 中可以看出，DOM 光照体系、Cu(Ⅱ)-DOM 光照体系、Cu(Ⅱ)-DOM 暗对照体系中对苯二甲酸与•OH 反应生成的 2-HTC 的浓度随着时间的延长均有不同程度的上升。在含有 $Cu^{2+}$和 DOM 的混合溶液中，2-羟基对苯二甲酸的浓度随着光照时间延长显著增加且呈现出持续升高的趋势，而在 DOM 光照体系和 Cu(Ⅱ)-DOM 暗对照体系中 2-HTC 浓度缓慢增加，且 DOM 光照体系中 2-HTC 的浓度略高于 Cu(Ⅱ)-DOM 暗对照体系，说明在黑暗条件下，由于缺少光子的激发，Cu(Ⅱ)与 DOM 络合产生的•OH 微乎其微。而在 DOM 光照体系中，DOM 光敏化产生的•OH 很少，且在反应时间为 9 h 时，光照下 $Cu^{2+}$和 DOM 混合溶液中的 2-HTC 浓度几乎是光照下 DOM 溶液的 4 倍。这一观察结果进一步表明，在 Cu(Ⅱ)-DOM 配合物中，•OH 在 $Cu^{2+}$增强与激发三重态反应活性低的污染物的光降解中起主要作用。在光子的激发下，Cu(Ⅱ)-DOM 配合物发生配体-金属电荷转移反应，产生•OH。水环境中共存的 $Cu^{2+}$对•OH 的光生具有重要作用，在 Cu(Ⅱ)-DOM 络合体系中，Cu(Ⅱ)与 DOM 可通过光致电子转移发生类芬顿反应生成•OH，进而促进污染物的降解。

2. Cu(Ⅱ)-DOM 络合对光生 $Cu^{+}$的影响

在 Cu(Ⅱ)-DOM 配合物从配体到铜离子的电子转移过程中，$Cu^{2+}$可能会被还原成 $Cu^{+}$，$Cu^{2+}$与 $Cu^{+}$会在体系中发生氧化还原循环。可通过新亚铜试剂与 $Cu^{+}$络合的显色反应，探究在光照下 Cu(Ⅱ)-DOM 配合物体系中是否产生了 $Cu^{+}$。在光照条件和黑暗条件下 Cu(Ⅱ)-DOM 体系中 $Cu^{+}$的生成浓度随时间的变化情况如图 5-15 所示，黑暗条件下 Cu(Ⅱ)-DOM 体系中的 $Cu^{+}$浓度始终明显低于光照条件下的 $Cu^{+}$浓度，表明光照条件更有

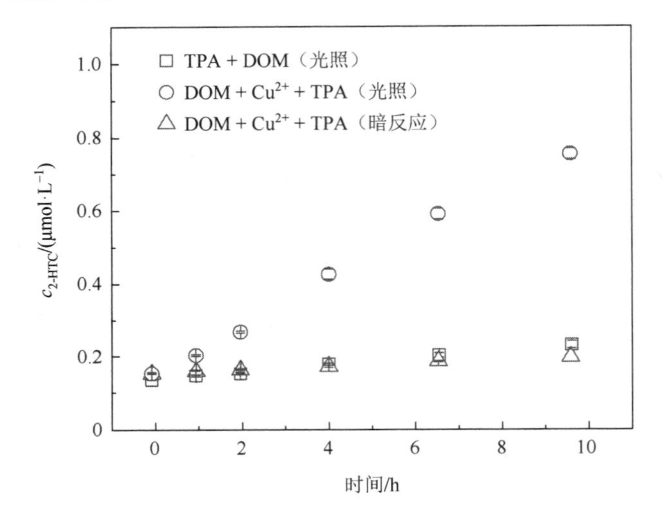


图 5-14 不同体系中 2-羟基对苯二甲酸的生成情况

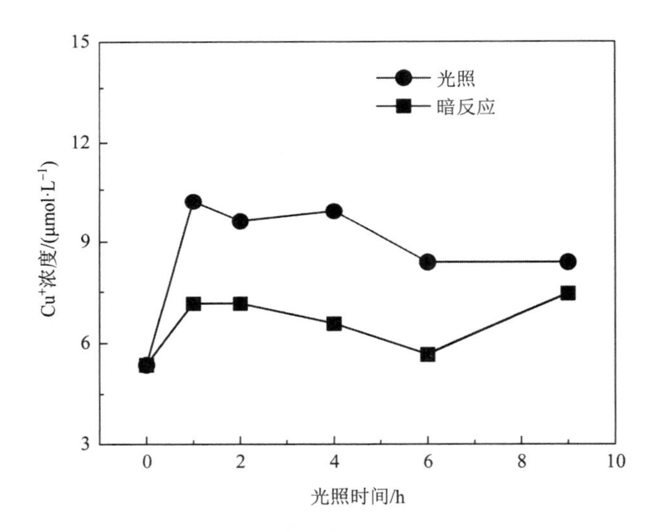


图 5-15 不同体系中 $Cu^+$浓度随时间的生成情况

利于 $Cu^+$的生成。在光照条件下，Cu(Ⅱ)-DOM 溶液中还原生成的 $Cu^+$浓度先升后降，在光照 1 h 后 $Cu^+$浓度达到最高（10.5 μmol·L$^{-1}$），随后 $Cu^+$浓度有所下降，光照 6 h 后，体系中 $Cu^+$浓度基本保持稳定（约为 8.4 μmol·L$^{-1}$）。而在黑暗条件下，Cu(Ⅱ)-DOM 溶液中还原生成的 $Cu^+$浓度呈现出先升后降再升的波动趋势，最高达到了 7.5 μmol·L$^{-1}$。$Cu^+$在具有光活性 Cu(Ⅱ)-DOM 络合物体系中生成，其稳态浓度远高于黑暗条件下的 Cu(Ⅱ)-DOM 溶液，表明光照条件使得 Cu(Ⅱ)与配体之间的电子转移能力变得更强。在光照条件下，Cu(Ⅱ)-DOM 吸收光子后跃迁成 Cu(Ⅱ)-$^3$DOM$^*$，或者 DOM 吸收光子后跃迁成寿命较长的 $^3$DOM$^*$，然后再与 Cu(Ⅱ)络合形成 Cu(Ⅱ)-$^3$DOM$^*$配合物，Cu(Ⅱ)-$^3$DOM$^*$配合物中金属离子与配体之间的电子转移能将 Cu(Ⅱ)还原成 Cu(Ⅰ)并产生•OH，说明 Cu(Ⅱ)的加入促进了光照下 DOM 溶液中的 Cu(Ⅱ)与 $^3$DOM$^*$之间的电子转移。Cu(Ⅱ)-DOM 配合物的形成促进了 Cu(Ⅱ)与 Cu(Ⅰ)之间的氧化还原循环，进而生成更多的•OH，促进了与激发三重态反应活性低的难降解污染物的光降解。

### 3. Cu(Ⅱ)-DOM 络合对光生$•O_2^-$的影响

$•O_2^-$被认为是通过歧化反应产生•OH 的前体物质[4]。XTT 钠盐能捕获体系中的$•O_2^-$形成 XTT-$•O_2^-$黄色络合物，体系中产生的$•O_2^-$越多，形成的 XTT-$•O_2^-$黄色络合物越多，溶液的吸光度也就越大。因此，本书使用 XTT 钠盐作为$•O_2^-$的探针来对比 DOM 光照体系、Cu(Ⅱ)-DOM 光照体系、Cu(Ⅱ)-DOM 暗对照体系中$•O_2^-$的生成情况。如图 5-16 所示，XTT 钠盐与$•O_2^-$反应生成的产物 XTT-$•O_2^-$在 DOM 光照体系和 Cu(Ⅱ)-DOM 光照体系中随光照时间的增加而逐渐增加，XTT-$•O_2^-$在 DOM 光照体系中的吸光度最大，表明光照下$•O_2^-$在单独的 DOM 溶液中稳态浓度最高；在 Cu(Ⅱ)-DOM 暗对照体系中 XTT-$•O_2^-$的吸光度几乎没有增加，生成的$•O_2^-$很少，缺乏光照时 Cu(Ⅱ)-DOM 络合体系中几乎没有生成$•O_2^-$，表明光照是 Cu(Ⅱ)-DOM 络合体系生成$•O_2^-$的必要条件。

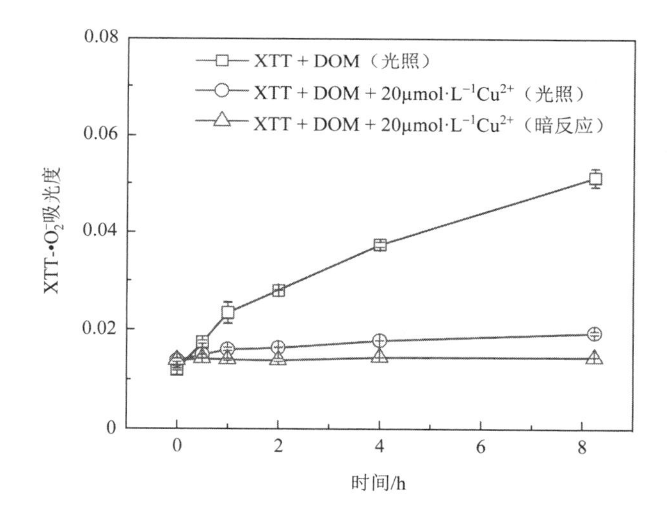


图 5-16　不同体系中$•O_2^-$随时间的生成情况

光照下在含有 Cu(Ⅱ)和 DOM 的混合溶液中，生成的$•O_2^-$来自 Cu(Ⅱ)-DOM 络合物电子转移过程中 $O_2$ 的还原，而与光照下单独的 DOM 溶液相比，DOM 和 Cu(Ⅱ)的混合溶液中$•O_2^-$的稳态浓度要低得多。据报道，有机络合铜体系中铜的氧化还原循环[式（5.3.1）和式（5.3.2）] 尤其是 $Cu^+$的形成，可以促进$•O_2^-$的催化歧化，这被认为是天然水体中$•O_2^-$消减的主要途径[4, 24]。

$$Cu(I) + •O_2^- + 2H^+ \longrightarrow Cu(II) + H_2O_2 \quad (5.3.1)$$

$$Cu(II) + •O_2^- \longrightarrow Cu(I) + O_2 \quad (5.3.2)$$

因此，Cu(Ⅱ)-DOM 络合体系中生成的$•O_2^-$一直被 Cu(Ⅰ)和 Cu(Ⅱ)的歧化反应消耗，导致光照条件下 Cu(Ⅱ)-DOM 络合体系中•$O_2^-$ 的含量低于 DOM 体系。Cu(Ⅰ)与•$O_2^-$ 反应生成 $H_2O_2$，$H_2O_2$ 与 Cu(Ⅱ)在光照条件下发生类芬顿反应，产生 Cu(Ⅱ)和 Cu(Ⅰ)的氧化还原循环，光致生成•OH。这是 Cu(Ⅱ)-DOM 络合体系中•OH 的主要生成途径，Cu(Ⅱ)-DOM 络合物的这种催化歧化反应可以加速•OH 的形成。

综上，Cu(Ⅱ)配位对有机微污染物的光降解有促进机制是由于光照促进了金属离子与配体之间的电子转移，$^3DOM^*$与 Cu(Ⅱ)发生光致电子转移，将 Cu(Ⅱ)还原成 Cu(Ⅰ)并产生•OH，促进了与激发三重态反应活性低的污染物的光化学转化。

## 5.4 有机微污染物和 $^3DOM^*$的反应活性对有机污染物光降解的影响

前面的研究结果显示，Cu(Ⅱ)与 DOM 络合对有机微污染物的光降解产生了双重影响，主要表现在 Cu(Ⅱ)与 DOM 络合可以降低体系中 $^3DOM^*$的稳态浓度，但能增强 Cu(Ⅱ)与 DOM 之间的光致电子转移，产生•OH。一方面，Cu(Ⅱ)与 DOM 络合导致光照下溶液中 $^3DOM^*$的稳态浓度降低，抑制了与激发三重态反应活性高的化合物的光降解；另一方面，Cu(Ⅱ)和 DOM 的混合溶液中 Cu(Ⅱ)-DOM 的光活性增强，Cu(Ⅱ)与 DOM 之间进行光致电子转移有利于生成•OH 并与激发三重态反应活性低的难降解污染物发生反应。通过分析 Cu(Ⅱ)-DOM 络合对有机微污染物光降解的内在影响机制，可以推断出光生•OH 诱导的反应可能在一定程度上补偿了 Cu(Ⅱ)络合淬灭 $^3DOM^*$造成的损失，促进了难降解有机微污染物的光化学转化。可以推测，Cu(Ⅱ)与 DOM 络合时溶液中不同污染物光降解的受影响程度依赖于污染物与 $^3DOM^*$之间的反应活性。

考虑不同污染物与 $^3DOM^*$之间的反应活性存在差异，而这可能会影响 Cu(Ⅱ)存在情况下 $^3DOM^*$诱导的污染物光降解，选用 CBBP 作为 DOM 的小分子模型化合物（CBBP 常用于探测 $^3DOM^*$与污染物的反应活性[13, 25]），通过计算 16 种有机微污染物与 $^3CBBP^*$ 的二级反应速率常数来衡量污染物与激发三重态之间的反应活性，并进一步探讨有/无 Cu(Ⅱ)存在时污染物光降解速率常数的比值（$k_{Cu\text{-}DOM}/k_{DOM}$）和不同有机微污染物与 $^3DOM^*$反应活性（$k_{OMPs,\ ^3CBBP^*}$）之间的关系，其中 $k_{Cu\text{-}DOM}/k_{DOM}$ 代表有/无 Cu(Ⅱ)存在时 $^3DOM^*$诱导的污染物光降解情况，$k_{Cu\text{-}DOM}/k_{DOM} \geqslant 1$ 代表 DOM 溶液中有 Cu(Ⅱ)存在时会促进污染物的光降解，$k_{Cu\text{-}DOM}/k_{DOM} < 1$ 代表 DOM 溶液中有 Cu(Ⅱ)存在时会抑制污染物的光降解。

由图 5-17 可以看出，对于本书选用的 16 种有机微污染物，有/无 Cu(Ⅱ)存在时污染物光降解速率常数的比值（$k_{Cu\text{-}DOM}/k_{DOM}$）和污染物与激发三重态之间反应活性（有机微污染物与 $^3CBBP^*$的二级反应速率常数 $k_{OMPs,\ ^3CBBP^*}$）的对数值呈负相关（$R^2 = 0.71$，$p <$ 0.05）。$k_{Cu\text{-}DOM}/k_{DOM}$ 与 $\lg k_{OMPs,\ ^3CBBP^*}$ 呈负相关表明，污染物与 $^3DOM^*$的反应活性对 Cu(Ⅱ)存在时 $^3DOM^*$诱导的有机微污染物光降解速率有显著影响，反映了有机微污染物与激发三重态的反应活性越高，则 Cu(Ⅱ)与 DOM 络合对有机微污染物光降解的抑制作用越强；污染物与激发三重态的反应活性越低，则 Cu(Ⅱ)与 DOM 络合对有机微污染物光降解的促进作用越强。Cu(Ⅱ)与 DOM 络合对与激发三重态反应活性高的有机微污染物［如

2, 4, 6-三甲基苯酚（一种与 $^3DOM^*$反应活性较高的探针化合物）］的光降解产生抑制作用时，由于 $k_{OMPs,\ ^3CBBP^*}$ 值较高，其在 Cu(Ⅱ)-DOM 络合体系中的光降解被抑制的程度也较高；Cu(Ⅱ)的存在对 Cu(Ⅱ)-DOM 络合体系中与激发三重态反应活性低的难降解有机微污染物［如硝基苯（•OH 的一种探针，与 $^3DOM^*$的反应活性较差）］的光降解产生促进作用的，$k_{OMPs,\ ^3CBBP^*}$ 值极低，Cu(Ⅱ)与 DOM 络合后光致生成的•OH 对其光降解呈现出显著的促进作用。上述研究结果表明，$^3DOM^*$和•OH 对 Cu(Ⅱ)-DOM 配合物中有机微污染物的光降解起着重要作用。

综上，Cu(Ⅱ)存在时，由于有机微污染物与 $^3DOM^*$之间反应活性的不同会引起 $^3DOM^*$诱导的污染物光降解产生差异，因此有机微污染物与 $^3DOM^*$的反应活性参数可作为 Cu(Ⅱ)与 DOM 络合对有机微污染物光降解影响程度以及•OH 对有机微污染物光降解贡献程度的预测因子，即有机微污染物与 $^3DOM^*$之间的反应活性越好，Cu(Ⅱ)与 DOM 络合对污染物光降解的抑制程度越高；有机微污染物与 $^3DOM^*$之间的反应活性越差，Cu(Ⅱ)与 DOM 络合对污染物光降解的促进作用越大，•OH 在有机微污染物光降解过程中的贡献越大。

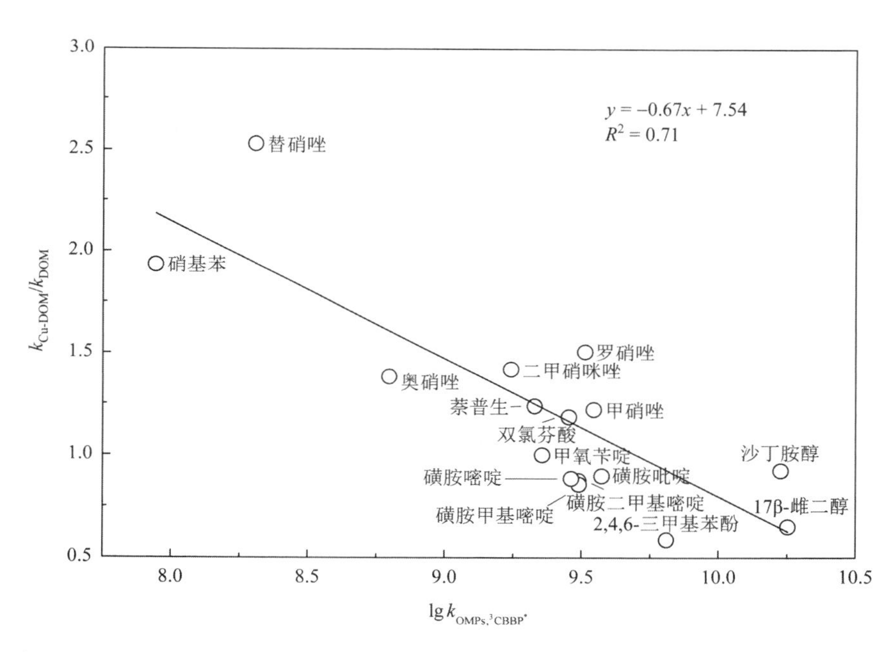


图 5-17　有/无 Cu(Ⅱ)存在时 16 种有机微污染物的光降解速率常数之比（$k_{Cu\text{-}DOM}/k_{DOM}$）与有机微污染物-$^3DOM^*$反应活性（$k_{OMPs,\ ^3CBBP^*}$）对数值的线性拟合曲线

## 5.5　环境共存金属离子对络合体系光化学活性的影响

目前，由于 $^3DOM^*$的还原电位（1.36～1.90 V）相对较高并且是许多重要活性氧物种（如•OH、$^1O_2$、•$O_2^-$）的前体物质[26, 27]，因此 $^3DOM^*$被公认为是在太阳光照射地表水时有机微污染物间接光降解过程中的主要活性中间体。铜是一种重要的矿物元素，在水环

境中普遍存在，铜离子与含有大量 O 和 N 结合位点的 DOM 具有很强的结合作用[4]。前面的研究结果表明，Cu(Ⅱ)配位会显著降低 $^3DOM^*$的稳态浓度，进而降低含供电子基团（如酚类和芳香胺类）且与激发三重态反应活性高的污染物的光降解速率；而对于另外一些难降解的有机微污染物，由于在 Cu(Ⅱ)-DOM 配合物中配体与金属离子的电子转移过程会光致生成•OH，难降解污染物的光化学转化增强。

自然水体是一个复杂体系，除了铜离子，其他环境痕量金属离子（如 $Fe^{3+}$和 $Mn^{2+}$）也可以与水体中的 DOM 或者其他的有机分子进行配位结合，并经历光化学氧化还原循环[3, 28]。这些环境共存离子在有机微污染物的光降解过程中可能会表现出双重作用。在金属离子共存体系中，其他金属离子可能会通过竞争配位作用影响三重态 Cu(Ⅱ)-DOM 诱导的有机微污染物的氧化降解[16, 24]。因此，本书考虑了自然水体中经常能检测到的环境金属离子对 Cu(Ⅱ)-DOM 络合体系中三重态诱导的有机微污染物光降解的影响。一般来说，顺磁金属离子与 DOM 结合时具有更高的条件稳定常数，会对 $^3DOM^*$产生更强的静态淬灭作用和动态淬灭作用[3]。$Fe^{3+}$和 $Mn^{2+}$是典型的顺磁金属离子，与 DOM 的结合能力较强，因而选用 $Fe^{3+}$和 $Mn^{2+}$这两种常见的环境金属离子进行实验研究。从 16 种有机微污染物中选取 2 种具有代表性的有机微污染物进行研究，分别为 TMP（一种典型的与激发三重态反应活性高的化合物）和硝基苯（一种典型的与激发三重态反应活性低的化合物）。

### 5.5.1　环境共存金属离子对络合体系中 TMP 光降解的影响

2, 4, 6-三甲基苯酚（TMP）是一种富电子的取代酚类化合物，与 $^3DOM^*$的反应活性较好，选用 TMP 作为与激发三重态反应活性高的化合物的代表，研究物质的量浓度为 0～10 $\mu mol \cdot L^{-1}$ 的 $Fe^{3+}$、$Mn^{2+}$共存时，初始物质的量浓度为 20 $\mu mol \cdot L^{-1}$ 的 Cu(Ⅱ)与 5 $mg \cdot L^{-1}$ 的 DOM 络合对与激发三重态反应活性高的化合物的光降解产生的影响。

如图 5-18 所示，TMP 在 $Fe^{3+}$、$Mn^{2+}$、$Cu^{2+}$、DOM 共存体系下的光降解速率显著低于不加 $Fe^{3+}$、$Mn^{2+}$的 Cu(Ⅱ)-DOM 络合体系，$Fe^{3+}$、$Mn^{2+}$的加入进一步抑制了 TMP 在 Cu(Ⅱ)-DOM 络合体系中的光降解。随着 $Fe^{3+}$、$Mn^{2+}$物质的量浓度的增加，TMP 的光降解速率常数呈现先下降后略上升的趋势。溶液中 $Fe^{3+}$、$Mn^{2+}$物质的量浓度各为 1 $\mu mol \cdot L^{-1}$ 时，TMP 的光降解速率常数最低，相比其在 Cu(Ⅱ)-DOM 络合体系中的光降解速率常数减小了约 37%。同时与 Cu(Ⅱ)-DOM 络合体系相比，TMP 的光降解速率常数在 $Fe^{3+}$、$Mn^{2+}$物质的量浓度各为 10 $\mu mol \cdot L^{-1}$ 时降低了 25%。推测 TMP 的光降解速率常数呈现出先降后升的趋势可能是由于随着 $Fe^{3+}$、$Mn^{2+}$浓度的增加，$Fe^{3+}$、$Mn^{2+}$、$Cu^{2+}$等金属离子与 DOM 络合，且均对激发三重态产生了淬灭作用，对三重态诱导的 TMP 光降解产生了抑制作用；当 $Fe^{3+}$、$Mn^{2+}$浓度增加至 2 $\mu mol \cdot L^{-1}$ 及以上时，溶液中物质的量浓度为 5 $mg \cdot L^{-1}$ 的 DOM 与金属离子的络合可能达到了平衡，游离的金属离子增多，从而增强了溶液中的类芬顿反应，进而氧化降解 TMP。

上述研究结果表明，共存的金属离子会显著影响 Cu(Ⅱ)-DOM 络合物对三重态诱导的有机微污染物的光降解。总体来说，$Fe^{3+}$、$Mn^{2+}$共存会进一步抑制 Cu(Ⅱ)-DOM 络合体系中 TMP 的光降解。本书选用 TMP 作为与激发三重态反应活性高的化合物的代表，可以推断 $Fe^{3+}$、$Mn^{2+}$共存会进一步抑制与激发三重态反应活性高的化合物在 Cu(Ⅱ)-DOM 络合体系中的光降解。

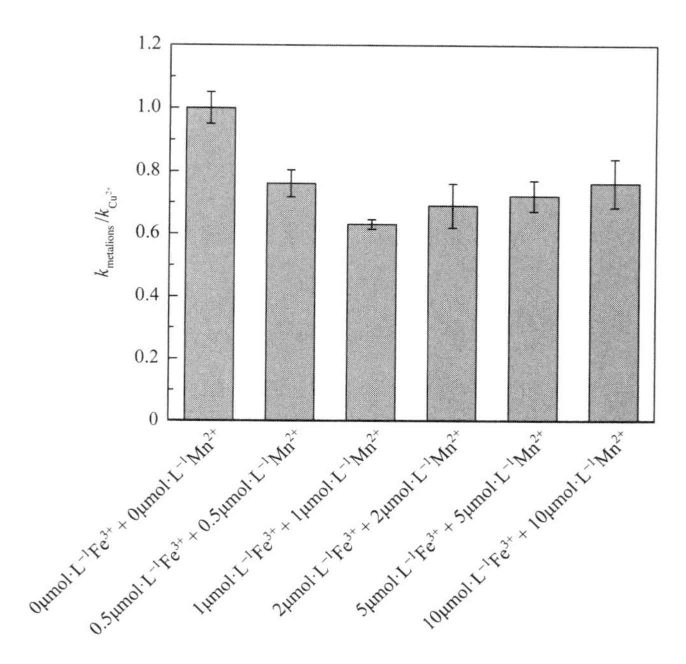


图 5-18　有/无不同浓度的 $Fe^{3+}$、$Mn^{2+}$共存时 Cu(Ⅱ)-DOM 体系中 TMP 光降解速率常数的比值

### 5.5.2　环境共存金属离子对络合体系中硝基苯光降解的影响

硝基苯与 $^3DOM^*$的反应活性较差，选用硝基苯作为与激发三重态反应活性低的化合物的代表，研究物质的量浓度为 0～10 $\mu mol \cdot L^{-1}$ 的 $Fe^{3+}$、$Mn^{2+}$共存时，初始物质的量浓度为 20 $\mu mol \cdot L^{-1}$ 的 Cu(Ⅱ)与 5 $mg \cdot L^{-1}$ 的 DOM 络合对与激发三重态反应活性低的化合物的光降解产生的影响。

如图 5-19 所示，硝基苯在 $Fe^{3+}$、$Mn^{2+}$、$Cu^{2+}$、DOM 共存体系下的光降解速率显著高于 Cu(Ⅱ)-DOM 络合体系，$Fe^{3+}$、$Mn^{2+}$的加入进一步促进了硝基苯在 Cu(Ⅱ)-DOM 络合体系中的光降解。随着溶液中 $Fe^{3+}$、$Mn^{2+}$这两种环境共存金属离子浓度的增加，硝基苯的光降解逐渐增强，表明体系中的 $Fe^{3+}$、$Mn^{2+}$等金属离子可与 DOM 络合并发生光致电子转移，产生•OH，进一步促进难降解有机微污染物的光降解。$Fe^{3+}$、$Mn^{2+}$等金属离子能与 Cu(Ⅱ)协同促进 DOM 溶液中硝基苯的光降解。

总体来说，$Fe^{3+}$、$Mn^{2+}$共存进一步促进了 Cu(Ⅱ)-DOM 络合体系中硝基苯的光降解。本书选用硝基苯作为与激发三重态反应活性低的化合物的代表，可以推断 $Fe^{3+}$、$Mn^{2+}$共存会进一步促进 Cu(Ⅱ)-DOM 络合体系中与激发三重态反应活性低的化合物的光降解。

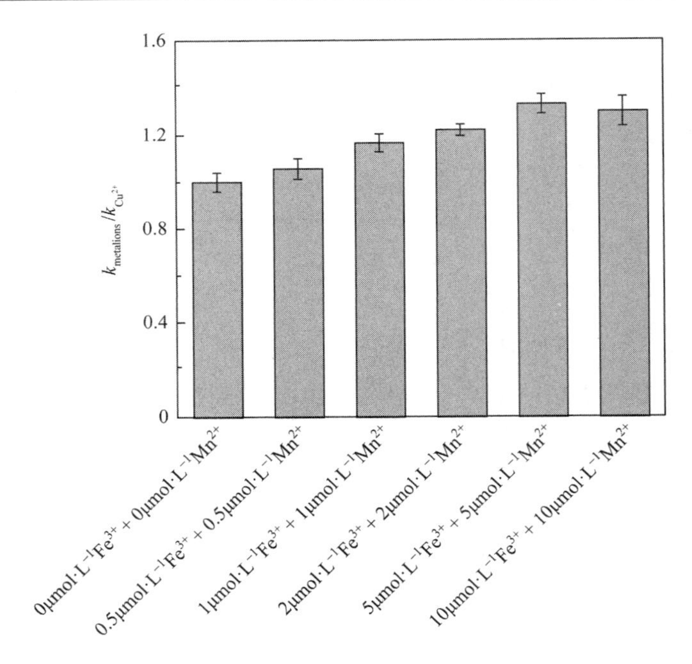


图 5-19 有/无不同浓度的 $Fe^{3+}$、$Mn^{2+}$共存时 Cu(Ⅱ)-DOM 体系中硝基苯光降解速率常数的比值

## 参 考 文 献


[1] Croué J P，Benedetti M F，Violleau D，et al. Characterization and copper binding of humic and nonhumic organic matter isolated from the South Platte River：evidence for the presence of nitrogenous binding site[J]. Environmental Science & Technology，2003，37（2）：328-336.

[2] Hur J，Lee B M. Characterization of binding site heterogeneity for copper within dissolved organic matter fractions using two-dimensional correlation fluorescence spectroscopy[J]. Chemosphere，2011，83（11）：1603-1611.

[3] Wan D，Sharma V K，Liu L，et al. Mechanistic insight into the effect of metal ions on photogeneration of reactive species from dissolved organic matter[J]. Environmental Science & Technology，2019，53（10）：5778-5786.

[4] Zark M，Dittmar T. Universal molecular structures in natural dissolved organic matter[J]. Nature Communications，2018，9（1）：3178-3185.

[5] Lu X Q，Jaffé R. Interaction between Hg(Ⅱ)and natural dissolved organic matter：a fluorescence spectroscopy based study[J]. Water Research，2001，35（7）：1793-1803.

[6] Yamashita Y，Jaffé R. Characterizing the interactions between trace metals and dissolved organic matter using excitation-emission matrix and parallel factor analysis[J]. Environmental Science & Technology，2008，42（19）：7374-7379.

[7] Li Y J，Wei X X，Chen J W，et al. Photodegradation mechanism of sulfonamides with excited triplet state dissolved organic matter：a case of sulfadiazine with 4-carboxybenzophenone as a proxy[J]. Journal of Hazardous Materials，2015，290：9-15.

[8] Wang J Q，Chen J W，Qiao X L，et al. DOM from mariculture ponds exhibits higher reactivity on photodegradation of sulfonamide antibiotics than from offshore seawaters[J]. Water Research，2018，144：365-372.

[9] Halladja S，ter Halle A，Aguer J P，et al. Inhibition of humic substances mediated photooxygenation of furfuryl alcohol by 2, 4, 6-trimethylphenol：an evidence for reactivity of the phenol with humic triplet excited states[J]. Environmental Science & Technology，2007，41（17）：6066-6073.

[10] Leresche F，von Gunten U，Canonica S. Probing the photosensitizing and inhibitory effects of dissolved organic

matter by using N，N-dimethyl-4-cyanoaniline（dmabn）[J]. Environmental Science & Technology，2016，50（20）：10997-11007.

[11] Wang H，Zhou H X，Ma J Z，et al. Triplet photochemistry of dissolved black carbon and its effects on the photochemical formation of reactive oxygen species[J]. Environmental Science & Technology，2020，54（8）：4903-4911.

[12] Boreen A L，Arnold W A，McNeill K. Triplet-sensitized photodegradation of sulfa drugs containing six-membered heterocyclic groups：identification of an $SO_2$ extrusion photoproduct[J]. Environmental Science & Technology，2005，39（10）：3630-3638.

[13] Grebel J E，Pignatello J J，Mitch W A. Sorbic acid as a quantitative probe for the formation，scavenging and steady-state concentrations of the triplet-excited state of organic compounds[J]. Water Research，2011，45（19）：6535-6544.

[14] Zhou H X，Yan S W，Ma J Z，et al. Development of novel chemical probes for examining triplet natural organic matter under solar illumination[J]. Environmental Science & Technology，2017，51（19）：11066-11074.

[15] Parker K M，Pignatello J J，Mitch W A. Influence of ionic strength on triplet-state natural organic matter loss by energy transfer and electron transfer pathways[J]. Environmental Science & Technology，2013，47（19）：10987-10994.

[16] Pan Y H，Garg S，Waite T D，et al. Copper inhibition of triplet-induced reactions involving natural organic matter[J]. Environmental Science & Technology，2018，52（5）：2742-2750.

[17] Voelker B M，Sedlak D L，Zafiriou O C. Chemistry of superoxide radical in seawater：reactions with organic Cu complexes[J]. Environmental Science & Technology，2000，34（6）：1036-1042.

[18] Moffett J W，Zika R G. Measurement of copper（I）in surface waters of the subtropical Atlantic and Gulf of Mexico[J]. Geochimica et Cosmochimica Acta，1988，52（7）：1849-1857.

[19] Leresche F，Ludviková L，Heger D，et al. Quenching of an aniline radical cation by dissolved organic matter and phenols：a laser flash photolysis study[J]. Environmental Science & Technology，2020，54（23）：15057-15065.

[20] Wenk J，von Gunten U，Canonica S. Effect of dissolved organic matter on the transformation of contaminants induced by excited triplet states and the hydroxyl radical[J]. Environmental Science & Technology，2011，45（4）：1334-1340.

[21] Canonica S，Hellrung B，Wirz J. Oxidation of phenols by triplet aromatic ketones in aqueous solution[J]. The Journal of Physical Chemistry A，2000，104（6）：1226-1232.

[22] Jonsson M，Lind J，Eriksen T E，et al. Redox and acidity properties of 4-substituted aniline radical cations in water[J]. Journal of the American Chemical Society，1994，116（4）：1423-1427.

[23] 朱礼鑫. 溶解有机物在长江口和南大西洋湾中部河口及其邻近海域的不保守行为及絮凝、光降解影响研究[D]. 上海：华东师范大学，2020.

[24] Chen Y，Li H，Wang Z P，et al. Photodegradation of selected β-blockers in aqueous fulvic acid solutions：kinetics，mechanism，and product analysis[J]. Water Research，2012，46（9）：2965-2972.

[25] Tu Y N，Li C，Shi F L，et al. Enhancive and inhibitory effects of copper complexation on triplet dissolved black carbon-sensitized photodegradation of organic micropollutants[J]. Chemosphere，2022，307：135968.

[26] Vione D，Minella M，Maurino V，et al. Indirect photochemistry in sunlit surface waters：photoinduced production of reactive transient species[J]. Chemistry A European Journal，2014，20（34）：10590-10606.

[27] McNeill K，Canonica S. Triplet state dissolved organic matter in aquatic photochemistry：reaction mechanisms，substrate scope，and photophysical properties[J]. Environmental Science：Processes & Impacts，2016，18（11）：1381-1399.

[28] Cieśla P，Kocot P，Mytych P，et al. Homogeneous photocatalysis by transition metal complexes in the environment[J]. Journal of Molecular Catalysis A：Chemical，2004，224（1-2）：17-33.

# 第 6 章　常见金属离子对 DBC 光化学活性的影响

如前所述，光敏组分被太阳光照射后，基态 DBC 会被激发[1]。这一过程中产生的激发单线态 $^1DBC^*$能通过能量转移途径回到基态并释放荧光，或通过系间窜越高效的光敏化产生更长寿命的 $^3DBC^*$[1]。

$^3DBC^*$作为 DBC 光反应过程中的主要反应中间体（RI），可通过氧化还原反应降解水环境中的有机微污染物，或者通过能量转移途径或电子转移途径产生其他次要的 RI（如 $^1O_2$、•$O_2^-$ 和•OH 等[2, 3]），显著影响有机微污染物的光降解过程[4-7]。Tian 等[8]发现 DBC 可增强金霉素的水生光转化，其中 DBC 中的羰基作为主要化学成分可产生大量 $^3DBC^*$，从而促进金霉素的降解。前人的研究也发现，$^3DBC^*$是磺胺嘧啶和 17β-雌二醇降解过程中的主要活性氧自由基（ROS），其次是 $^1O_2$ 和•OH；而对于卡马西平，$^3DBC^*$和•OH 是促进其降解的主要 ROS[1, 9, 10]。

$^3DBC^*$得以大量形成，主要是因为 DBC 含有丰富的羧基、羟基、醌类、酚类及芳香羧酸等极性官能团[8, 11-14]，这些组分具有较高的氧化还原活性，可作为反应物或者电子传递载体，与水环境中的重金属离子配位或发生氧化还原反应。Xu 等[15]发现 $Na^+$、$Mg^{2+}$、$Ca^{2+}$和 $Ba^{2+}$等金属阳离子会影响 DBC 的聚集行为，而 DBC 也会对金属离子的行为产生影响；Dong 等[11]在研究中发现 DBC 中的醌类、酚类及芳香羧酸可将 Cr（Ⅵ）还原为 Cr（Ⅲ），而 DBC 中的半醌基团能将 As（Ⅲ）氧化为 As（Ⅴ）。Liu 等[16]观察到 DBC 相比 SRHA 能更高效地介导银离子（$Ag^+$）的光还原，这归因于配体与金属离子之间的电子转移得到促进和氧化光瞬态的产量减少。以往的研究也发现，DBC 和铜离子络合导致 $^3DBC^*$的光诱导生成受到抑制，而•OH 的光诱导生成得到促进[1]。DBC 作为水体中常见的高效光敏剂，易与重金属离子配位或发生化学反应，并影响自身光诱导生成 $^3DBC^*$或其他 ROS。然而，迄今为止，尚未有研究报道一系列常见金属离子对 DBC 光诱导生成 $^3DBC^*$、$^1O_2$、•$O_2^-$ 和•OH 的影响，而这可能会显著影响水环境中有机微污染物的光降解。

本书将讨论一系列常见金属离子（$Mn^{2+}$、$Cr^{3+}$、$Cu^{2+}$、$Fe^{3+}$、$Zn^{2+}$、$Al^{3+}$、$Ca^{2+}$和 $Mg^{2+}$）和 DBC 络合后对 DBC 光物理和光化学性质的影响，并进一步探讨其影响机制。这些金属离子常见于水环境中，且与 DOM 具有良好的配位效果，因此本章选择这些金属离子作为代表来系统研究金属离子和 DBC 络合的反应。

## 6.1　金属离子和 DBC 络合过程中的荧光淬灭机制

考虑到 DBC 可能来源于含丰富矿物质的玉米秸秆生物炭且其含有大量矿物盐组分[7]，选择用电感耦合等离子质谱对透析前后的 DBC 溶液进行元素浓度检测。对于未透析的

DBC 溶液，观察到高浓度的金属元素，其中 10 mg·L$^{-1}$ DBC 溶液含有 166.608 μmol·L$^{-1}$ Fe、130.035 μmol·L$^{-1}$ Ca 和 7.119 μmol·L$^{-1}$ Al（表 6-1）。但是经透析后，实验中使用的 5.7 mg·L$^{-1}$ DBC 溶液仅含有约 2 μmol·L$^{-1}$ 的 Ca、Al 和 Mg，且在本实验中可忽略不计（表 6-2），说明用透析后的 DBC 溶液进行金属离子络合实验是可行的。

**表 6-1　玉米秸秆生物炭 400 ℃　DBC（未透析且 10 mg·L$^{-1}$）元素浓度**　（单位：μmol·L$^{-1}$）

| 元素 | 浓度 | 元素 | 浓度 | 元素 | 浓度 |
|---|---|---|---|---|---|
| K | 3231.948 | Hf | 0.148 | Tb | 0.032 |
| Si | 959.519 | Mo | 0.142 | Sr | 0.031 |
| Na | 260.890 | Ag | 0.138 | Ni | 0.018 |
| B | 257.754 | Rb | 0.120 | Pr | 0.018 |
| Fe | 166.608 | W | 0.114 | Th | 0.017 |
| S | 142.357 | Bi | 0.087 | Ho | 0.017 |
| Ca | 130.035 | Mn | 0.084 | Lu | 0.017 |
| Li | 62.804 | Ce | 0.082 | Pd | 0.015 |
| Al | 7.119 | Au | 0.079 | Er | 0.015 |
| Zn | 3.699 | Sn | 0.078 | Os | 0.015 |
| P | 0.815 | Rh | 0.072 | Pb | 0.010 |
| Mg | 0.796 | Ir | 0.072 | Gd | 0.009 |
| Cr | 0.444 | Ta | 0.070 | Cd | 0.007 |
| Ge | 0.374 | Hg | 0.067 | Zr | 0.006 |
| Se | 0.307 | Ga | 0.067 | Be | 0.005 |
| As | 0.300 | Pt | 0.063 | La | 0.004 |
| In | 0.273 | Re | 0.055 | Dy | 0.002 |
| V | 0.255 | Nd | 0.053 | Sc | 0.002 |
| Sb | 0.226 | U | 0.045 | Ba | 0.001 |
| Ru | 0.167 | Co | 0.044 | Eu | 0.001 |
| Nb | 0.161 | Sm | 0.035 | Y | 0.001 |
| Te | 0.158 | Ti | 0.032 | | |
| Cu | 0.149 | Tl | 0.032 | | |

**表 6-2　玉米秸秆生物炭 400 ℃　DBC（透析后且 5.7 mg·L$^{-1}$）元素浓度**　（单位：μmol·L$^{-1}$）

| 元素 | 浓度 | 元素 | 浓度 | 元素 | 浓度 |
|---|---|---|---|---|---|
| K | 586.841 | Pt | 0.368 | Sc | 0.060 |
| B | 457.800 | Mo | 0.363 | Sr | 0.051 |
| Na | 74.452 | Ge | 0.351 | Er | 0.043 |
| Si | 61.417 | Pr | 0.324 | Pb | 0.042 |
| S | 15.477 | Fe | 0.289 | Lu | 0.041 |

续表

| 元素 | 浓度 | 元素 | 浓度 | 元素 | 浓度 |
| --- | --- | --- | --- | --- | --- |
| Rb | 2.518 | Nd | 0.216 | Li | 0.039 |
| Ni | 2.470 | Ta | 0.185 | Ho | 0.038 |
| Ga | 2.364 | Re | 0.175 | Sm | 0.032 |
| Ca | 2.308 | Sn | 0.160 | Yb | 0.031 |
| Al | 2.024 | Ir | 0.157 | Gd | 0.029 |
| Mg | 2.004 | Os | 0.140 | Hf | 0.025 |
| P | 1.610 | Bi | 0.138 | Cd | 0.020 |
| Te | 1.162 | La | 0.138 | Be | 0.017 |
| In | 1.019 | Au | 0.122 | Zr | 0.016 |
| Se | 0.809 | Ti | 0.115 | Dy | 0.016 |
| As | 0.602 | V | 0.112 | Ag | 0.010 |
| W | 0.542 | Tb | 0.106 | Zn | 0.010 |
| Nb | 0.442 | Cu | 0.095 | Tm | 0.006 |
| Tl | 0.440 | Pd | 0.085 | Rh | 0.005 |
| Mn | 0.420 | Hg | 0.073 | Ba | 0.004 |
| Th | 0.420 | Ce | 0.071 | Eu | 0.003 |
| Ru | 0.418 | Co | 0.070 | | |
| U | 0.395 | Cr | 0.061 | | |

DBC 自身含有大量供金属离子（$M^+$）结合的位点，因此，金属离子和 DBC 络合后将形成络合物（M-DBC），该过程可表示为

$$M^+ + DBC \rightleftharpoons M\text{-}DBC \tag{6.1.1}$$

而在不同金属离子存在条件下，金属离子和 DBC 络合过程中形成的 M-DBC 的条件稳定常数（$K_M$）与动态络合过程中游离金属离子浓度（$[M^+]$）、DBC 浓度（[DBC]）以及 M-DBC 络合物浓度（[M-DBC]）相关：

$$K_M = \frac{[M\text{-}DBC]}{[M^+][DBC]} \tag{6.1.2}$$

根据前人的研究，$K_M$ 值是基于 DBC 与金属离子的荧光淬灭程度，通过修正的斯特恩-沃尔默（Stern-Volmer）方程确定的[1, 17]，可表示为

$$\frac{F_0}{F_0 - F} = \frac{1}{f K_M [M^+]_0} + \frac{1}{f} \tag{6.1.3}$$

式中，$F$ 和 $F_0$ 分别为存在和不存在金属离子时 DBC 溶液的荧光强度；$f$ 为反映相对于结合荧光团的荧光分数的常数；$[M^+]_0$ 为金属离子的初始浓度。

图 6-1 展示了不同浓度下不同金属离子和 DBC 络合后，针对式（6.1.3）的线性拟合曲线图。可以观察到随着金属离子浓度逐渐增加，DBC 溶液的 $F_0/(F_0-F)$ 值逐渐减小，说明金属离子和 DBC 发生络合反应，导致 DBC 的三维荧光强度显著减小。

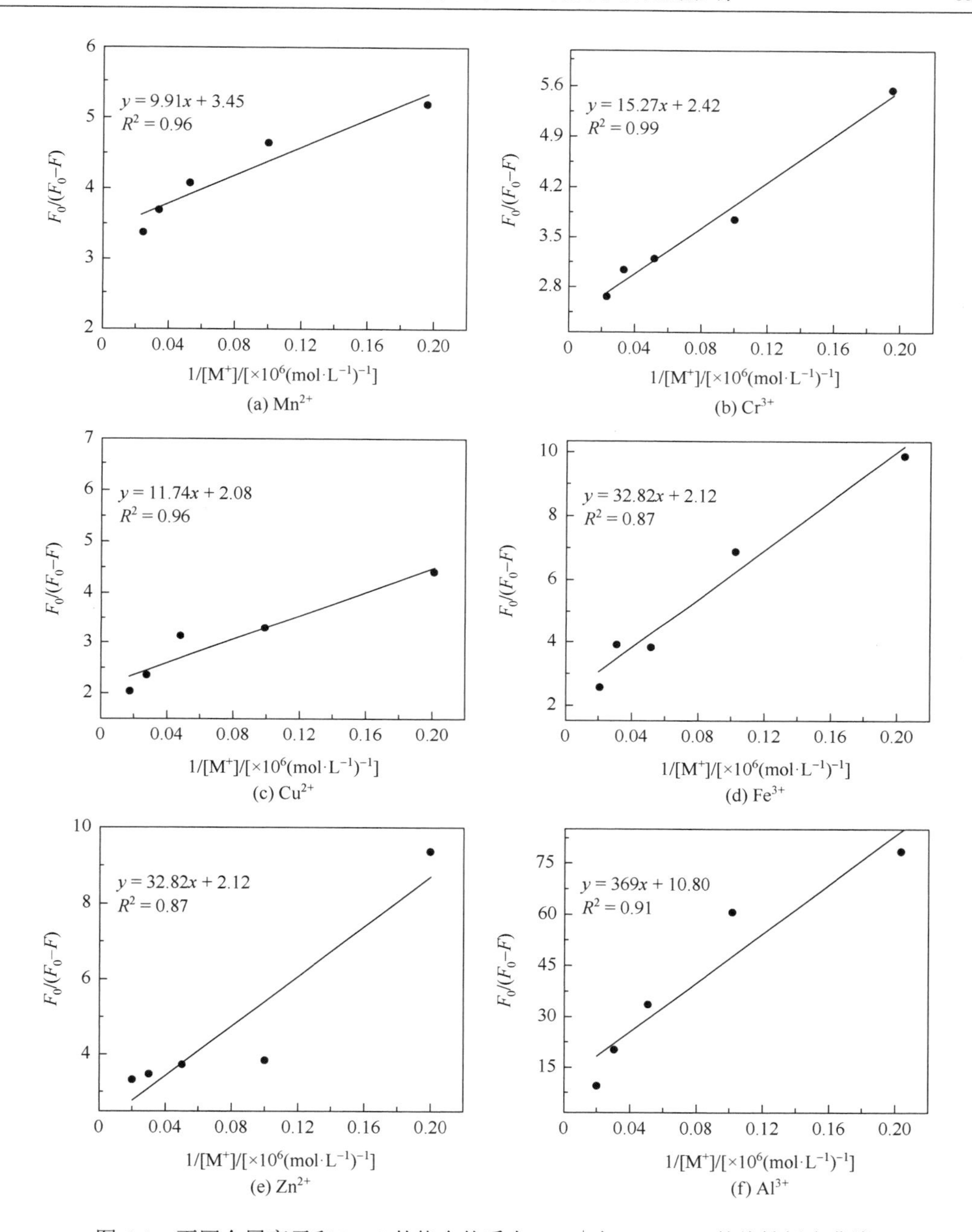


图 6-1　不同金属离子和 DBC 的络合体系中 $1/[M^+]$与 $F_0/(F_0-F)$的线性拟合曲线

表 6-3 展示了不同金属离子和 DBC 的 $\log K_M$ 值，其中 $Ca^{2+}$和 $Mg^{2+}$由于线性拟合效果较差，没有检测到 $\log K_M$ 值。DBC 和不同金属离子络合下 $\log K_M$ 值由大到小的顺序为 $Mn^{2+}$＞$Cu^{2+}$＞$Cr^{3+}$＞$Zn^{2+}$＞$Fe^{3+}$＞$Al^{3+}$。对于 DBC 和 $Cu^{2+}$的络合体系，$\log K_M$ 值为 5.25，这和大多数研究报道的 $\log K_M$ 值类似（4.33~6.32）[18]，也和以往文献报道的小麦秸秆在 400 ℃时 DBC 和 $Cu^{2+}$络合下的 $\log K_M$ 值（4.47）近似[1]。

**表 6-3 不同金属离子和 DBC 的络合体系中的参数值**

| 金属离子 | $\log K_M$ | $k_{DQ}$/[$\times10^9$ (mol·L$^{-1}$)$^{-1}$·s$^{-1}$] | $k_M$/[$\times10^9$ (mol·L$^{-1}$)$^{-1}$·s$^{-1}$] | $I_{sq}$/% |
|---|---|---|---|---|
| $Mn^{2+}$ | 5.54 | 13.10 | 4.95 | 55 |
| $Cr^{3+}$ | 5.20 | 5.88 | 5.00 | 90 |
| $Cu^{2+}$ | 5.25 | 11.10 | 7.96 | 87 |
| $Fe^{3+}$ | 4.76 | 2.83 | 3.40 | 94 |
| $Zn^{2+}$ | 4.81 | — | 2.43 | — |
| $Al^{3+}$ | 4.47 | 2.75 | 3.08 | 95 |
| $Ca^{2+}$ | — | — | — | — |
| $Mg^{2+}$ | — | — | — | — |

注：—指未检测到。$\log K_M$ 指条件稳定常数；$k_{DQ}$ 指金属离子对 $^3DBC^*$ 电子转移的淬灭速率常数、$k_M$ 金属离子对 $^3DBC^*$ 能量转移的淬灭速率常数；$I_{sq}$ 指金属离子对 $^3DBC^*$ 静态淬灭的贡献。

## 6.2 金属离子和 DBC 络合对 DBC 光致活性氧物种的影响

$^3DBC^*$ 作为 DBC 在光照条件下的主要反应活性物种，是 $^1O_2$、$\bullet O_2^-$ 和 $\bullet OH$ 的主要来源[2, 3]。本书使用 TMP 作为 $^3DBC^*$ 的探针，探究在 DBC 和不同金属离子的络合体系中，金属离子对 DBC 光诱导生成 $^3DBC^*$ 的影响。考虑到 $^1O_2$ 与 TMP 探针的二级反应速率常数为 $6.3\times10^7$ (mol·L$^{-1}$)$^{-1}$·s$^{-1}$[19, 20]，小于 $^3DBC^*$ 与 TMP 的二级反应速率常数 [$4.59\times10^8$ (mol·L$^{-1}$)$^{-1}$·s$^{-1}$]，因此忽略 DBC 和金属离子的络合体系中 $^1O_2$ 对 TMP 探针表观光降解动力学的影响。图 6-2（a）展示了 DBC 和不同金属离子的络合体系中 TMP 的光降解动力学。在不同金属离子存在的条件下，TMP 在 DBC 光辐照溶液中的表观光降解速率受到不同程度的抑制。可观察到 $Cu^{2+}$ 和 DBC 的络合体系中，TMP 的表观光降解速率减小了 80%；$Mn^{2+}$ 和 DBC 的络合体系中，TMP 的表观光降解速率减小了 48%；$Cr^{3+}$ 和 DBC 的络合体系中，TMP 的表观光降解速率减小了 34%。而 $Mg^{2+}$ 和 $Ca^{2+}$ 与 DBC 的络合过程并不会明显影响 TMP 在 DBC 光辐照溶液中的光降解，说明 $Mg^{2+}$ 和 $Ca^{2+}$ 并不会显著影响 DBC 光诱导生成 $^3DBC^*$，但其他金属离子（$Cu^{2+}$、$Mn^{2+}$、$Cr^{3+}$、$Fe^{3+}$、$Zn^{2+}$ 和 $Al^{3+}$）会不同程度地抑制 DBC 光诱导生成 $^3DBC^*$。

已有文献显示，能量（$E_T$）高于 94 kJ·mol$^{-1}$ 的激发三重态可通过能量转移高效生成 $^1O_2$[21, 22]。对于 DBC 光辐照溶液，$E_T$ 高于 94 kJ·mol$^{-1}$ 的 $^3DBC^*$ 能通过能量转移产生 $^1O_2$[19]。考虑到某些金属离子对 DBC 光诱导生成 $^3DBC^*$ 的抑制作用，选择 FFA 作为 $^1O_2$ 的探针，以进一步探究在 DBC 和不同金属离子的络合体系中，金属离子对 DBC 光诱导生成 $^1O_2$ 的影响。图 6-2（b）展示了 FFA 在 DBC 和不同金属离子的络合体系中的光降解动力学。随着时间的增加，可以观察到在顺磁金属离子 $Cu^{2+}$、$Mn^{2+}$、$Cr^{3+}$ 和 $Fe^{3+}$ 以及非顺磁金属离子 $Al^{3+}$ 和 $Zn^{2+}$ 存在条件下，FFA 光降解动力学过程明显减缓，而非顺磁金属离子 $Ca^{2+}$ 和 $Mg^{2+}$ 存在时，FFA 光降解动力学过程没有受到影响，说明 $Cu^{2+}$、$Mn^{2+}$、$Cr^{3+}$、$Fe^{3+}$、$Al^{3+}$ 和 $Zn^{2+}$ 会抑制 DBC 光诱导生成 $^1O_2$。这种现象进一步证实了 $Cu^{2+}$、$Mn^{2+}$、$Cr^{3+}$、$Fe^{3+}$、$Al^{3+}$ 和 $Zn^{2+}$ 对 $^3DBC^*$ 具有淬灭效应。

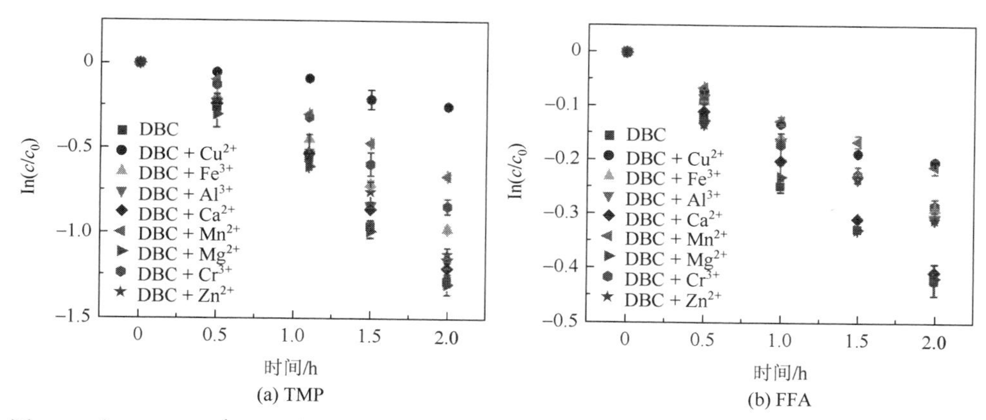


图 6-2　在 5.7 mg·L$^{-1}$ DBC 和不同金属离子（20 μmol·L$^{-1}$）的络合体系中 50 μmol·L$^{-1}$ TMP 和 50 μmol·L$^{-1}$ FFA 的光降解动力学

误差线表示平均值的标准偏差，$n = 3$

另外，DBC 光诱导生成的 $^3DBC^*$还可以和 DBC 自身所含的酚类基团发生反应，产生 $•O_2^-$[19, 23]。其中，DBC 自身所含的酚类基团（Phenol）作为电子供体和作为电子受体的 $^3DBC^*$发生反应，生成半醌自由基 DBC•$^-$。半醌自由基 DBC•$^-$在溶解氧的参与下，促进超氧自由基的光诱导生成：

$$\text{Phenol} + {}^3\text{DBC}^* \rightleftharpoons \text{Phenol}\bullet^+ + \text{DBC}\bullet^- \tag{6.2.1}$$

$$\text{DBC}\bullet^- + O_2 \rightleftharpoons \text{DBC} + \bullet O_2^- \tag{6.2.2}$$

图 6-3 展示了在不同金属离子和 DBC 的络合体系中，XTT[2, 3-二-(2-甲氧基-4-硝基-5-磺苯基)-2H-四氮唑-5-甲酰苯胺)]钠盐和 $•O_2^-$ 反应生成的产物 XTT-$•O_2^-$ 随光照时间的吸光度变化。可以观察到 $Zn^{2+}$、$Mn^{2+}$、$Cu^{2+}$和 DBC 的络合体系中，DBC 光辐照溶液光诱导

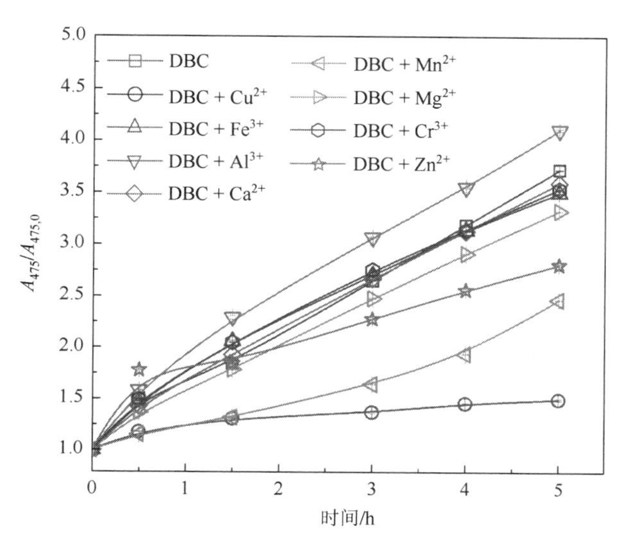


图 6-3　在不同照射时间下含/不含 20 μmol·L$^{-1}$ 金属离子的 5.7 mg·L$^{-1}$ DBC 溶液的 XTT-$•O_2^-$ 吸收比

误差线表示平均值的标准偏差，$n = 3$

生成的•$O_2^-$ 产量明显减少，说明 $Zn^{2+}$、$Mn^{2+}$、$Cu^{2+}$和 DBC 的络合过程显著抑制了•$O_2^-$ 的光诱导生成。对于•OH，在不同金属离子和 DBC 的络合体系中选择硝基苯进行测量，发现即使没有加入金属离子，实验中 DBC 也并不能有效地光诱导生成•OH，这可能是因为•OH 的氧化还原电位为 1.99 V，而实验中 DBC 的价电带能量低于 1.99 V[23]，不满足•OH 的生成条件。

## 6.3　金属离子对 DBC 激发三重态的淬灭机制

图 6-4 展示了不同浓度的金属离子存在条件下，TMP 探针表观光降解速率的变化。随着不同金属离子的浓度从 0 μmol·L$^{-1}$ 增加至 100 μmol·L$^{-1}$，可以观察到不同金属离子和 DBC 的络合体系中，TMP 表观光降解速率从明显减小变化至趋于平缓（$Ca^{2+}$和 $Mg^{2+}$除外），说明在这些金属离子和 DBC 的络合体系中，当金属离子（$Ca^{2+}$和 $Mg^{2+}$除外）浓度增加到一定程度时，DBC 光辐照溶液中 $^3DBC^*$的浓度将不再大幅度减小。

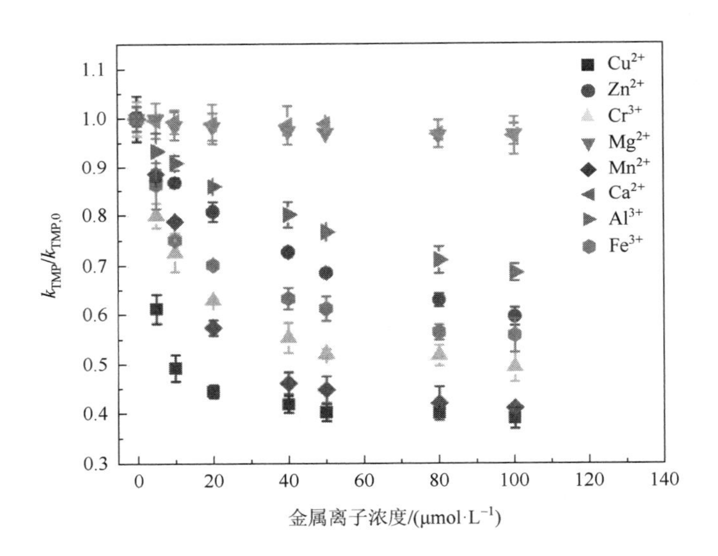


图 6-4　在不同金属离子和 DBC 的络合体系中金属离子浓度对 TMP 表观光降解速率的影响

误差线表示平均值的标准偏差，$n = 3$

在金属离子和 DBC 的络合体系中，金属离子通常会发生两种络合：①和基态 DBC 络合；②和 $^3DBC^*$淬灭/络合[1]。前者为静态淬灭，主要表现为金属离子和基态 DBC 络合，生成基态 M-DBC 络合物，抑制 $^1DBC^*$的形成，导致 $^3DBC^*$及 ROS 产量减少。因此，金属离子对 DBC 的静态淬灭效应可以通过金属离子和 DBC 络合后 DBC 三维荧光淬灭程度以及 $\log K_M$ 值来体现。后者为动态淬灭，主要表现为在金属离子和 DBC 的络合体系中，金属离子对 $^3DBC^*$具有动态淬灭效应，这可以从两个方面进行探究，分别是电子转移（$^3DBC^*$）和能量转移（$^1O_2$），如图 6-5 所示。

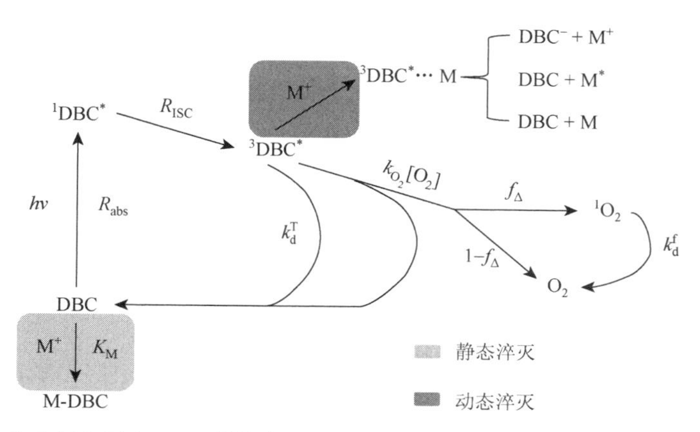


图 6-5　在金属离子和 DBC 的络合体系中 DBC 辐照溶液产生 $^3DBC^*$和 $^1O_2$ 的机理

对于 $^3DBC^*$，金属离子对 $^3DBC^*$的动态淬灭效应发生后，DBC 辐照溶液中 $^3DBC^*$的产量会明显减少。根据不同浓度 TMP 的降解速率以及式（6.3.3）～式（6.3.5），可以得到不同金属离子存在条件下，金属离子对 DBC 的淬灭速率常数 $k_{DQ}$。

光照条件下，DBC 溶液中 $^3DBC^*$和不同浓度的 TMP 发生电子转移反应[7, 9, 24]，结合文献[10]，可以得到

$$\frac{1}{k_{TMP}}=\frac{[TMP]_0}{F_T}+\frac{k_s'}{F_T k_P} \tag{6.3.1}$$

式中，$k_{TMP}$ 为 DBC 溶液中不同浓度 TMP 对应的表观光降解速率（$s^{-1}$），考虑到使用 310 nm 滤光片对光谱波段进行截止，TMP 在 DBC 和金属离子络合体系中的直接光降解可忽略不计；$[TMP]_0$ 为 DBC 溶液中 TMP 的初始浓度（$mol\cdot L^{-1}$）；$F_T$ 为 DBC 溶液在光照条件下的 $^3DBC^*$生成速率（$mol\cdot L^{-1}\cdot s^{-1}$）；$k_P$ 为 $^3DBC^*$与 TMP 的二级反应速率常数[$(mol\cdot L^{-1})^{-1}\cdot s^{-1}$]；$k_s'$ 为 $^3DBC^*$的淬灭速率常数，包含溶解氧对 $^3DBC^*$的淬灭速率常数（$k_{O_2}$），以及 $^3DBC^*$在水溶液中的物理淬灭速率常数（$k_d^T$）：

$$k_s' = k_{O_2}[O_2]+k_d^T \tag{6.3.2}$$

为了方便计算，代入 $^3DOM^*$在水环境中的物理淬灭常数（$k_d^T=5\times10^4\ s^{-1}$）[21, 25]以及溶解氧对 $^3DOM^*$的淬灭速率常数[$k_{O_2}=2\times10^9\ (mol\cdot L^{-1})^{-1}\cdot s^{-1}$][21, 26]。在实验溶液中，金属离子和 DBC 络合体系中的溶解氧浓度为 258 μmol·L$^{-1}$。最终，得到 $^3DBC^*$与 TMP 的二级反应速率常数（$k_P$）为 $4.59\times10^8\ (mol\cdot L^{-1})^{-1}\cdot s^{-1}$。

在金属离子和 DBC 的络合体系中，金属离子会对 $^3DBC^*$产生淬灭效应[1]，致使和 TMP 发生电子转移反应的 $^3DBC^*$数量减少，因此式（6.3.1）将改变为

$$\frac{1}{k_{TMP}}=\frac{[TMP]_0}{F_{T,M}}+\frac{k_q}{F_{T,M}k_P} \tag{6.3.3}$$

$$k_q = k_s' + k_{DQ}[M] \tag{6.3.4}$$

式中，$F_{T,M}$ 为存在金属离子时 $^3DBC^*$的生成速率（$mol\cdot L^{-1}\cdot s^{-1}$）；$k_q$ 为存在金属离子时 $^3DBC^*$的表观淬灭速率（$s^{-1}$）；$k_{DQ}$ 为 DBC 溶液中金属离子对 $^3DBC^*$的淬灭速率常数[$(mol\cdot L^{-1})^{-1}\cdot s^{-1}$]；[M]为 DBC 溶液中金属离子的初始浓度（$mol\cdot L^{-1}$）。

金属离子存在条件下 $^{3}DBC^{*}$稳态浓度（单位为 $mol\cdot L^{-1}$）的计算公式如下：

$$[T]_{ss,M}=\frac{F_{T,M}}{k_q} \tag{6.3.5}$$

图 6-6 展示了在不同金属离子和 DBC 的络合体系中，不同浓度 TMP 和 $1/k_{TMP}$ 的线性拟合曲线。根据线性拟合图的斜率和截距，可得到不同金属离子对 DBC 的淬灭速率常数（表 6-3）。对于 $Zn^{2+}$、$Mg^{2+}$、$Ca^{2+}$与 DBC 的络合体系，虽然三类金属离子和 DBC 共存时不同浓度 TMP 和 $1/k_{TMP}$ 的线性拟合图中，$R^2$ 优异，但其 $k_{DQ}$ 为负值，所以认为没有检测到金属络合物。金属离子对 $^{3}DBC^{*}$的淬灭速率常数表现为 $Mn^{2+}>Cu^{2+}>Cr^{3+}>Fe^{3+}>Al^{3+}$。本章计算得到的金属离子对 $^{3}DBC^{*}$的淬灭速率常数，和前人研究的金属离子对 EfOM（effluent organic matter，二级出水有机物）、FA 和 HA 的淬灭速率常数接近[27]。

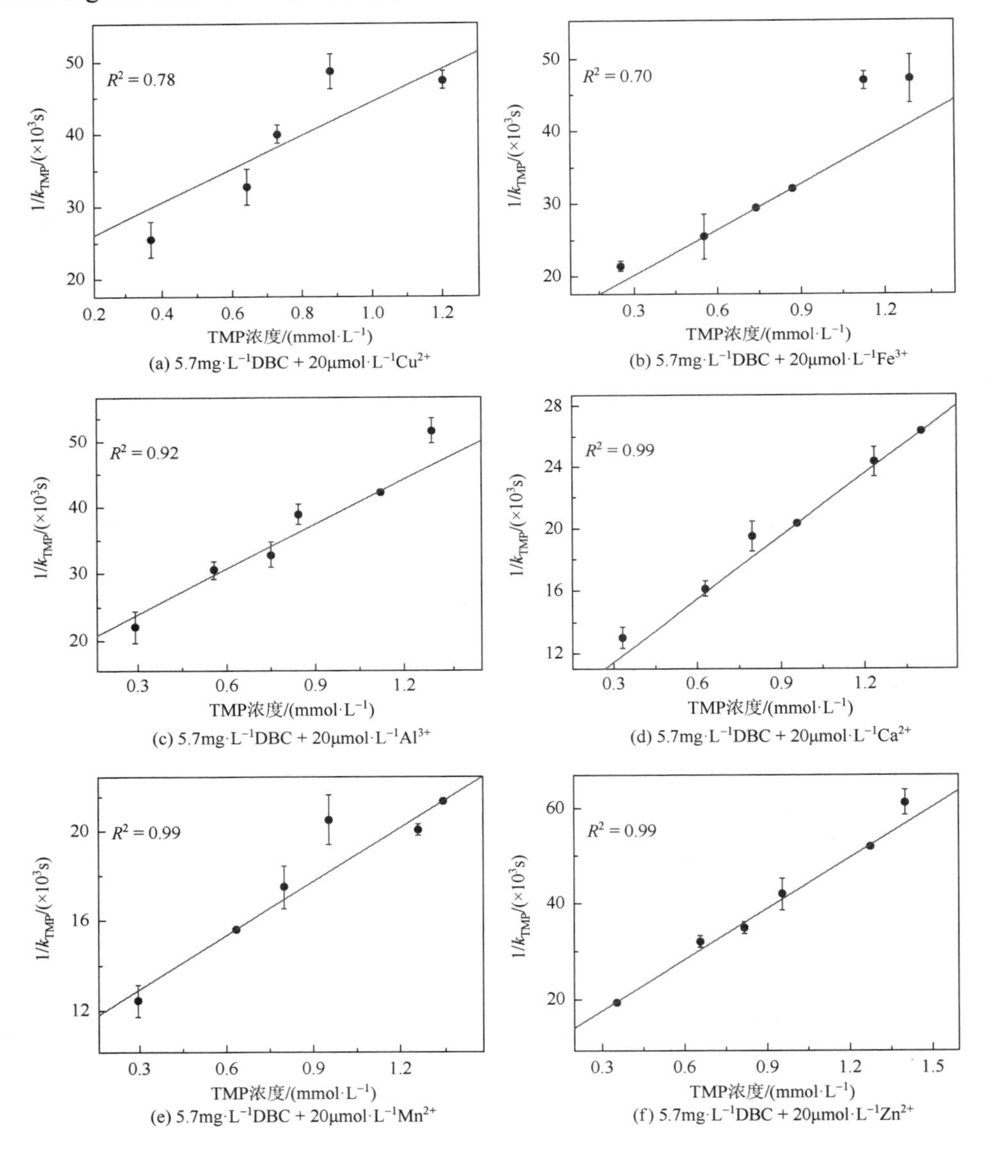

(a) 5.7mg·L⁻¹DBC + 20μmol·L⁻¹Cu²⁺
(b) 5.7mg·L⁻¹DBC + 20μmol·L⁻¹Fe³⁺
(c) 5.7mg·L⁻¹DBC + 20μmol·L⁻¹Al³⁺
(d) 5.7mg·L⁻¹DBC + 20μmol·L⁻¹Ca²⁺
(e) 5.7mg·L⁻¹DBC + 20μmol·L⁻¹Mn²⁺
(f) 5.7mg·L⁻¹DBC + 20μmol·L⁻¹Zn²⁺

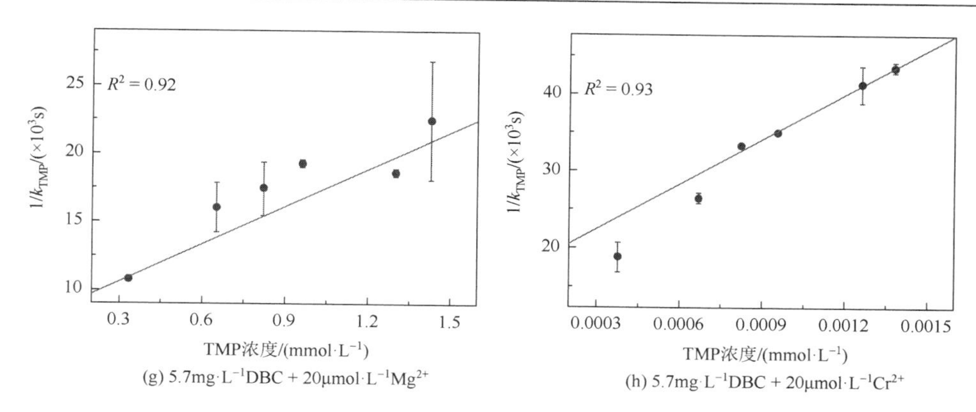


图 6-6　不同金属离子和 DBC 的络合体系中 TMP 浓度与 $1/k_{TMP}$ 的线性拟合曲线

误差线表示平均值的标准偏差，$n = 3$

对于 $^1O_2$，金属离子对 $^3DBC^*$的动态淬灭效应发生后，$^3DBC^*$产量的减少势必会导致产生 $^1O_2$ 的 $^3DBC^*$数量减少。假设金属离子对 $^3DBC^*$生成 $^1O_2$ 的速率（$R_T$）没有影响，那么 $^1O_2$ 在金属离子和 DBC 络合体系中的生成速率（$F_{^1O_2,M}$，$mol·L^{-1}·s^{-1}$）可以表示为

$$F_{^1O_2,M} = R_T \frac{k_{O_2}[O_2]}{k_d + k_{O_2}[O_2] + k_M[M^+]} \tag{6.3.6}$$

$$F_{^1O_2,M} = [^1O_2]_{ss,M}(k_s + k_{^1O_2,FFA}[FFA]) \tag{6.3.7}$$

式中，$k_{O_2}$ 为 $O_2$ 与 $^3DBC^*$的二级反应速率常数，$k_{O_2} = 2\times10^9\ [(mol·L^{-1})^{-1}·s^{-1}]$ [21, 26, 28]；$[O_2]$ 为水溶液中溶解氧的浓度，为 258 $\mu mol·L^{-1}$；$k_d$ 为 $^3DBC^*$在水溶液中非氧气途径的淬灭速率常数，$k_d = 5\times10^4\ s^{-1}$[21, 28]；$k_M$ 为 $^3DBC^*$和金属离子发生淬灭反应时的淬灭速率常数；$[M^+]$为金属离子的浓度；$[^1O_2]_{ss,M}$ 为金属离子存在时，DBC 光诱导生成的 $^1O_2$ 的稳态浓度；$k_s$ 为 $^1O_2$ 在水溶液中的弛豫速率常数；$k_{^1O_2,FFA}$ 为 $^1O_2$ 与 FFA 的二级反应速率常数；[FFA] 为 FFA 在 DBC 溶液中的浓度。

当金属离子不存在时，$^1O_2$ 在 DBC 光辐照溶液中的生成速率（$F_{^1O_2}$，$mol·L^{-1}·s^{-1}$）可以表示为

$$F_{^1O_2} = R_T \frac{k_{O_2}[O_2]}{k_d + k_{O_2}[O_2]} \tag{6.3.8}$$

$$F_{^1O_2} = [^1O_2]_{ss}(k_s + k_{^1O_2,FFA}[FFA]) \tag{6.3.9}$$

以上公式可以整理为

$$\frac{[^1O_2]_{ss}}{[^1O_2]_{ss,M}} = 1 + \frac{k_M}{k_d + k_{O_2}[O_2]}[M^+] \tag{6.3.10}$$

因此，根据式（6.3.10）的线性拟合方程，可以得到不同金属离子和 DBC 的 $k_M$ 值。

如图 6-7 所示，选择不同浓度（0～50 $\mu mol·L^{-1}$）的金属离子和 50 $\mu mol·L^{-1}$ FFA 发生反应，并建立$[M^+]$和$[^1O_2]_{ss}/[^1O_2]_{ss,M}$的线性拟合曲线。根据线性拟合方程的斜率，可以获

得不同金属离子和 DBC 络合体系中，不同金属离子和 DBC 的 $k_M$ 值。计算得到 $Cu^{2+}$和 DBC 的 $k_M$ 值为 $7.96\times10^9$ [(mol·L$^{-1}$)$^{-1}$·s$^{-1}$]，这和前人研究报道的铜离子对 DOM 的淬灭速率常数接近[$1.08\times10^{10}$ [(mol·L$^{-1}$)$^{-1}$·s$^{-1}$][28]，也和以往研究报道的铜离子对 DBC 的淬灭速率常数接近[$7.98\times10^9$ [(mol·L$^{-1}$)$^{-1}$·s$^{-1}$][1]。对于不同金属离子，DBC 与金属离子的淬灭反应速率常数表现为顺磁金属离子大于非顺磁金属离子，即 $Cu^{2+}>Cr^{3+}>Mn^{2+}>Fe^{3+}>Al^{3+}>Zn^{2+}$。

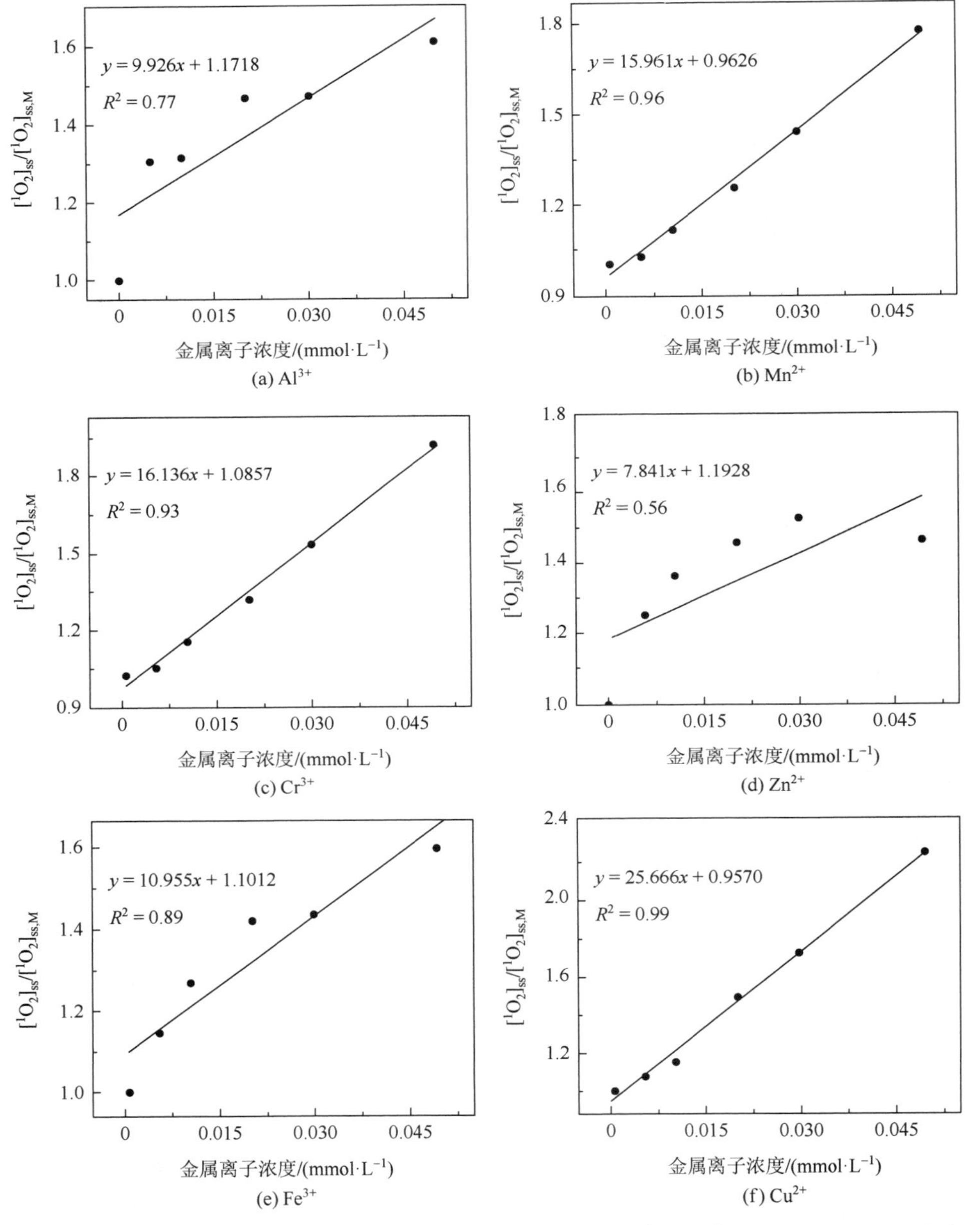


图 6-7 不同金属离子和 DBC 的络合体系中金属离子浓度与$[^1O_2]_{ss}/[^1O_2]_{ss,M}$的线性拟合曲线

图 6-8 为在电子转移途径上金属离子对 $^3DBC^*$的淬灭速率常数与在能量转移途径上金属离子对 $^3DBC^*$的淬灭速率常数的线性关系图。可以观察到金属离子对 $^3DBC^*$进行动态淬灭时，$^3DBC^*$在电子转移途径上的损失率与在能量转移途径上的损失率之间存在一定的线性关系，说明 $^3DBC^*$在电子转移途径和能量转移途径上的光转化不受金属离子络合过程的影响。

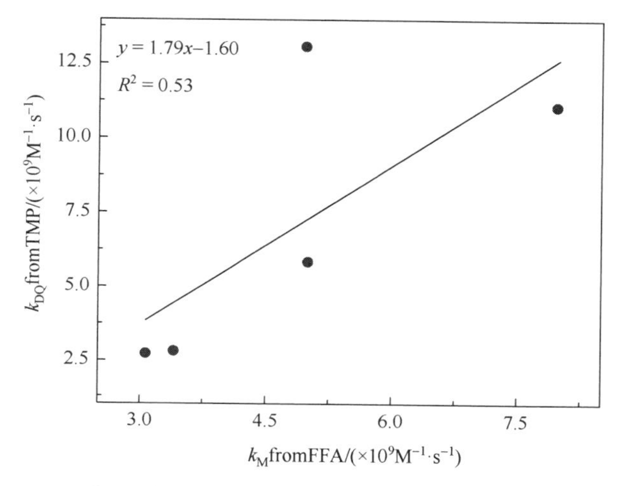


图 6-8　TMP 法下金属离子对 $^3DBC^*$的淬灭速率常数与 FFA 法下金属离子对 $^3DBC^*$的淬灭速率常数的线性关系图

## 参 考 文 献


[1] Tu Y N，Li C，Shi F L，et al. Enhancive and inhibitory effects of copper complexation on triplet dissolved black carbon-sensitized photodegradation of organic micropollutants[J]. Chemosphere，2022，307：135968.

[2] Chen N，Huang Y H，Hou X J，et al. Photochemistry of hydrochar：reactive oxygen species generation and sulfadimidine degradation[J]. Environmental Science & Technology，2017，51（19）：11278-11287.

[3] Fang G D，Liu C，Wang Y J，et al. Photogeneration of reactive oxygen species from biochar suspension for diethyl phthalate degradation[J]. Applied Catalysis B：Environmental，2017，214：34-45.

[4] Du Z Y，He Y S，Fan J N，et al. Predicting apparent singlet oxygen quantum yields of dissolved black carbon and humic substances using spectroscopic indices[J]. Chemosphere，2018，194：405-413.

[5] Fu H Y，Liu H T，Mao J D，et al. Photochemistry of dissolved black carbon released from biochar：reactive oxygen species generation and phototransformation[J]. Environmental Science & Technology，2016，50（3）：1218-1226.

[6] Wan D，Wang J，Dionysiou D D，et al. Photogeneration of reactive species from biochar-derived dissolved black carbon for the degradation of amine and phenolic pollutants[J]. Environmental Science & Technology，2021，55（13）：8866-8876.

[7] Zhou Z C，Chen B N，Qu X L，et al. Dissolved black carbon as an efficient sensitizer in the photochemical transformation of 17β-estradiol in aqueous solution[J]. Environmental Science & Technology，2018，52（18）：10391-10399.

[8] Tian Y J，Feng L，Wang C，et al. Dissolved black carbon enhanced the aquatic photo-transformation of chlortetracycline via triplet excited-state species：the role of chemical composition[J]. Environmental Research，2019，179：108855.

[9] Tu Y N，Liu H Y，Li Y J，et al. Radical chemistry of dissolved black carbon under sunlight irradiation：quantum yield prediction and effects on sulfadiazine photodegradation[J]. Environmental Science and Pollution Research，2022，29（15）：21517-21527.

[10] Tu Y N，Tang W，Li Y J，et al. Insights into the implication of halogen ions on the photoactivity of dissolved black carbon for the degradation of pharmaceutically active compounds[J]. Separation and Purification Technology，2022，300：127765.

[11] Dong X L，Ma L Q，Gress J，et al. Enhanced Cr（Ⅵ）reduction and As（Ⅲ）oxidation in ice phase：important role of dissolved organic matter from biochar[J]. Journal of Hazardous Materials，2014，267：62-70.

[12] Lu Q，Liu Y Z，Li B H，et al. Reaction kinetics of dissolved black carbon with hydroxyl radical，sulfate radical and reactive chlorine radicals[J]. Science of the Total Environment，2022，828：153984.

[13] Luo L，Chen Z E，Lv J T，et al. Molecular understanding of dissolved black carbon sorption in soil-water environment[J]. Water Research，2019，154：210-216.

[14] Wagner S，Ding Y，Jaffé R. A new perspective on the apparent solubility of dissolved black carbon[J]. Frontiers in Earth Science，2017，5：75.

[15] Xu F C，Wei C H，Zeng Q Q，et al. Aggregation behavior of dissolved black carbon：implications for vertical mass flux and fractionation in aquatic systems[J]. Environmental Science & Technology，2017，51（23）：13723-13732.

[16] Liu H T，Ge Q，Xu F C，et al. Dissolved black carbon induces fast photo-reduction of silver ions under simulated sunlight[J]. Science of the Total Environment，2021，775：145897.

[17] Chen Y，Li H，Wang Z P，et al. Photodegradation of selected β-blockers in aqueous fulvic acid solutions：kinetics，mechanism，and product analysis[J]. Water Research，2012，46（9）：2965-2972.

[18] Huang W Y，Brigante M，Wu F，et al. Assessment of the Fe（Ⅲ）-EDDS complex in Fenton-like processes：from the radical formation to the degradation of bisphenol A[J]. Environmental Science & Technology，2013，47（4）：1952-1959.

[19] Wang H，Zhou H X，Ma J Z，et al. Triplet photochemistry of dissolved black carbon and its effects on the photochemical formation of reactive oxygen species[J]. Environmental Science & Technology，2020，54（8）：4903-4911.

[20] Tratnyek P G，Hoigné J. Photo-oxidation of 2，4，6-trimethylphenol in aqueous laboratory solutions and natural waters：kinetic of reaction with singlet oxygen[J]. Journal of Photochemistry and Photobiology A：Chemistry，1994，84（2）：153-160.

[21] McNeill K，Canonica S. Triplet state dissolved organic matter in aquatic photochemistry：reaction mechanisms，substrate scope，and photophysical properties[J]. Environmental Science：Processes & Impacts，2016，18（11）：1381-1399.

[22] Wilkinson F，Helman W P，Ross A B. Quantum yields for the photosensitized formation of the lowest electronically excited singlet state of molecular oxygen in solution[J]. Journal of Physical and Chemical Reference Data，1993，22（1）：113-262.

[23] Guo Y，Guo Y，Hua S G，et al. Coupling band structure and oxidation-reduction potential to expound photodegradation performance difference of biochar-derived dissolved black carbon for organic pollutants under light irradiation[J]. Science of the Total Environment，2022，820：153300.

[24] Zhou H X，Yan S W，Lian L S，et al. Triplet-state photochemistry of dissolved organic matter：triplet-state energy distribution and surface electric charge conditions[J]. Environmental Science & Technology，2019，53（5）：2482-2490.

[25] Sharpless C M. Lifetimes of triplet dissolved natural organic matter（DOM）and the effect of $NaBH_4$ reduction on singlet oxygen quantum yields：implications for DOM photophysics[J]. Environmental Science & Technology，2012，46（8）：4466-4473.

[26] Zepp R G，Schlotzhauer P F，Sink R M. Photosensitized transformations involving electronic energy transfer in natural waters：role of humic substances[J]. Environmental Science & Technology，1985，19（1）：74-81.

[27] Wan D，Sharma V K，Liu L，et al. Mechanistic insight into the effect of metal ions on photogeneration of reactive species from dissolved organic matter[J]. Environmental Science & Technology，2019，53（10）：5778-5786.

[28] Pan Y H，Garg S，Waite T D，et al. Copper inhibition of triplet-induced reactions involving natural organic matter[J]. Environmental Science & Technology，2018，52（5）：2742-2750.

# 第7章　河口水常见卤素离子对DOM光化学活性的影响

药物活性化合物如抗生素和激素，广泛应用于人们的生活（如 2013 年全球使用了 200000 t 左右的抗生素），对环境产生一定影响[1-5]。这些抗生素中只有一小部分被生物吸收，大多数直接排放到水产养殖水体及其附近水域，污染了水体环境[5, 6]。在欧美和亚洲的各种水基质中频繁检测到药物活性化合物，其浓度较高[2, 7, 8]。其中，河口是污染物易涌入的重要生态系统站点之一[5, 9-11]，其特点是流域内卤素离子浓度不同。对于药物活性化合物，一些有机微污染物的直接光降解容易受到卤素离子的影响，而另一些有机微污染物的直接光化学过程则不易受到卤素离子的影响。因此，这两类污染物在河口的归趋可能与在淡水中的归趋截然不同。

除了直接光降解外，河口中的药物活性化合物还会经历 DOM 引起的间接光降解[12, 13]。DBC 不同于常见的 DOM 或其他天然有机质（NOM），其可直接或间接产生其他反应中间体，更快速地降解药物活性化合物[14-18]。然而，目前关于 DBC 光化学活性及其对药物活性化合物光降解影响的研究主要集中在淡水基质上，有关 DBC 在盐水中的光化学过程的研究至今尚未被报道。而 DBC 的光化学活性远高于一般的 NOM，缺乏有关河口 DBC 降解药物活性化合物的研究可能会导致对盐水环境中微量污染物的评估和管理不足。

卤素离子的存在会显著改变 NOM 的物理/化学属性，如凝集形式、光吸收能力和发色团光漂白[19-21]，而这可能会影响 NOM 反应中间体的光诱导生成。作为 DOM 不可或缺的组成部分，卤素离子对 DBC 光化学活性的影响尚不清楚，应系统地研究卤素离子存在条件下 DBC 产生 RI 的情况。DBC 的光活性评估包括对两种 NOM（SRHA 和 SRFA）的比较。卡马西平和 17β-雌二醇被当作药物活性化合物的代表，因为卡马西平的直接光降解不受卤素离子影响[6]，而 17β-雌二醇的直接光降解易受卤素离子影响[13]。此外，它们经常在沿海河口被发现，会对生物体内分泌系统造成有害干扰[14]。

## 7.1　河口水中 DOM 对磺胺抗生素的光降解动力学

本节主要探究连接淡水和海水的河口水域中磺胺抗生素的光降解情况，并探讨 HRS（卤素自由基）在其降解过程中的作用。

磺胺嘧啶是一种在海水养殖中被广泛应用以及经常在河口水中检测出的磺胺抗生素，因此本节采用磺胺嘧啶作为模型化合物来验证相关假设。为了探讨重要溶解组分（如 $Cl^-$、$Br^-$和 DOM 等）对磺胺嘧啶光降解的影响以及 HRS 在其光降解中的作用，在钦州湾地区连接大榄江和茅尾海的河口水域采集真实样品，考察磺胺抗生素在河口水样品中的光降解动力学，并通过自由基淬灭实验探究 HRS 对磺胺嘧啶光降解的作用。同时采用芳香酮作为 DOM 的类似物，进一步探讨 HRS 在含卤素离子的合成水溶液中对抗生素光降解的作用，以及 HRS 的形成与激发态芳香酮还原电位之间的关系。最后，采用 Q-TOF 质谱对河口水中磺胺嘧啶的光降解产物进行鉴定。

采用 OCRS-PX32T 型光化学反应仪（河南省开封市宏兴科教仪器厂）进行光降解实验，配制 2 mmol·$L^{-1}$ 的磺胺抗生素储备液，所有反应溶液（除非进行特殊说明，否则初始浓度都为 5 μmol·$L^{-1}$）都以此为母液进行稀释配制，以减小实验误差。将配置好的 25 mL 反应溶液加入石英试管（内径为 1.7 cm，高度为 16 cm）内，石英试管等间距且均匀地围绕光源连续旋转，以保证光照均匀、充分。采用河口水溶液和实验室配比溶液进行光化学实验，模拟溶液采用磷酸盐缓冲液调节溶液的 pH，使其 pH 与实际水体一致（在河口和沿海水环境光化学实验中，经常用磷酸盐缓冲液来调节水样的 pH[5,22,23]）。不同批次光降解实验中的误差采用对硝基苯甲醚/吡啶（PNA/pyr）溶液进行校正。每组光降解实验重复三次并设置暗对照组。

通过向纯水中添加不同含量的 $Cl^-$和 $Br^-$（0.05 mol·$L^{-1}$$Cl^-$ + 0.08 mmol·$L^{-1}$$Br^-$、0.1 mol·$L^{-1}$$Cl^-$ + 0.15 mmol·$L^{-1}$$Br^-$、0.2 mol·$L^{-1}$$Cl^-$ + 0.3 mmol·$L^{-1}$$Br^-$、0.4 mol·$L^{-1}$$Cl^-$ + 0.6 mmol·$L^{-1}$$Br^-$、0.54 mol·$L^{-1}$$Cl^-$ + 0.8 mmol·$L^{-1}$$Br^-$）来探究卤素离子对磺胺抗生素光降解的影响，使用 5 种芳香酮（4-苯甲酰基苯甲酸、二苯甲酮、4-甲氧基苯乙酮、苯乙酮、2-萘乙酮）作为 DOM 类似物，探讨 DOM 在含卤化物的合成水溶液中对卤素自由基形成的作用，每种芳香酮的添加量为 20 mg·$L^{-1}$（与实际河口水中的 DOM 含量保持一致）。

### 7.1.1 磺胺嘧啶在河口水中的光降解动力学

在暗对照组中，纯水和河口水样品中未观察到磺胺嘧啶明显减少，表明实验过程中磺胺嘧啶从其他途径（如吸附、生物降解或水解）的去除量可忽略不计。$\ln(c_t/c_0)$ 与时间（$t$）的线性回归曲线表明，在反应溶液中磺胺嘧啶的光降解遵循准一级反应动力学（$R^2$＞0.97，$p$＜0.05）。如图 7-1（a）所示，1#～6#水样中磺胺嘧啶的光降解速率显著增加，且磺胺嘧啶的浓度越低，其光降解速率越快。尽管较低浓度有利于磺胺嘧啶的光降解，但在所有浓度下，1#（淡水）～6#（海水）的光降解都得到增强。即使在 5 nmol·$L^{-1}$ 下，仍可以观察到 1#～6#河口水样品中磺胺嘧啶的光降解速率显著增加。进一步，为了测试其他抗生素是否具有与磺胺嘧啶类似的光降解效果，选用磺胺间甲氧基嘧啶和磺胺甲噁唑进行上述实验，磺胺间甲氧基嘧啶和磺胺甲噁唑也是河口水中常见的两种磺胺类抗生素。如图 7-1（b）和图 7-1（c）所示，对于这两种磺胺抗生素，其光降解速率也是从 1#～6#水样依次增加，且较低浓度有利于它们的光降解，即较高的盐度有利于河口水样品中磺胺间甲氧基嘧啶和磺胺甲噁唑的光降解。为便于实验研究，本节以磺胺嘧啶（5μmol·$L^{-1}$）为模型化合物来探究河口水中溶解性组分对磺胺抗生素光降解的影响。

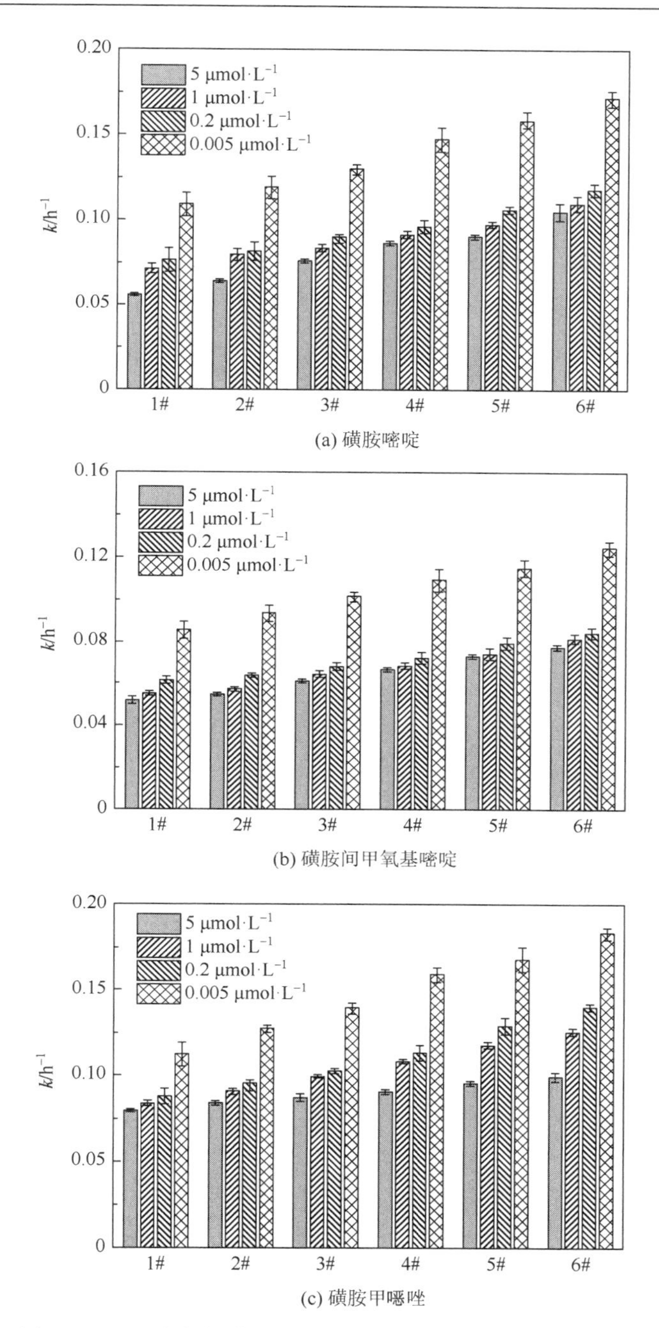


图 7-1 不同浓度的磺胺抗生素在河口水中的光降解动力学

正负误差范围表示 95%的置信区间，$n = 3$

### 7.1.2 河口水中溶解性组分对磺胺嘧啶光降解的影响

前人的研究表明，许多溶解性组分如 DOM、卤素离子（$Cl^-$、$Br^-$）、$NO_3^-$、$HCO_3^-$和

$Fe^{3+}$ 等会影响水环境中有机污染物的光降解[24]。这里首先探究卤素离子对磺胺嘧啶光降解的影响，即通过将卤化物和/或高氯酸钠添加到纯水中来评估单独的卤素离子对磺胺嘧啶光降解的影响。如图 7-2 所示，与纯水相比，卤素离子的加入促进了磺胺嘧啶的光降解。据报道，卤素离子对有机污染物光降解的影响包括离子强度效应和特定的卤化效应[20]。$ClO_4^-$ 不参与环境条件下的光化学反应，因此经常采用 $NaClO_4$ 来研究离子强度对有机污染物光降解的影响[25,25]。如图 7-2 所示，在包含各种盐的合成样品中，将 $Cl^-$ 浓度由 0.05 mol·L$^{-1}$ 增加到 0.54 mol·L$^{-1}$ 时，磺胺嘧啶的光降解速率常数 $k$ 值从（3.68±0.03）×10$^{-2}$·h$^{-1}$ 增加至（4.66±0.22）×10$^{-2}$·h$^{-1}$；当 $NaClO_4$ 的浓度从 0.05 mol·L$^{-1}$ 增加到 0.54 mol·L$^{-1}$ 时，磺胺嘧啶的光降解速率常数 $k$ 值从（3.71±0.04）×10$^{-2}$·h$^{-1}$ 增加至（4.60±0.04）×10$^{-2}$·h$^{-1}$；将 $Cl^-$ + $Br^-$ 浓度由 0.05 mol·L$^{-1}$ + 0.08 mmol·L$^{-1}$ 增加到 0.54 mol·L$^{-1}$ + 0.8 mmol·L$^{-1}$ 时，磺胺嘧啶的光降解速率常数 $k$ 值从（3.76±0.15）×10$^{-2}$·h$^{-1}$ 增加至（4.69±0.11）×10$^{-2}$·h$^{-1}$；将 $NaClO_4$ + $Br^-$ 浓度由 0.05 mol·L$^{-1}$ + 0.08 mmol·L$^{-1}$ 增加到 0.54 mol·L$^{-1}$ + 0.8 mmol·L$^{-1}$ 时，磺胺嘧啶的光降解速率常数 $k$ 值从（3.87±0.10）×10$^{-2}$·h$^{-1}$ 增加至（4.86±0.25）×10$^{-2}$·h$^{-1}$。总体来说，随着盐离子浓度的增加，磺胺嘧啶光降解速率增加，且卤素离子的促进作用弱于 $NaClO_4$ 的促进作用。上述研究结果表明，卤素离子对磺胺嘧啶的光降解有微弱的促进作用，主要是由于卤素离子产生离子强度效应。

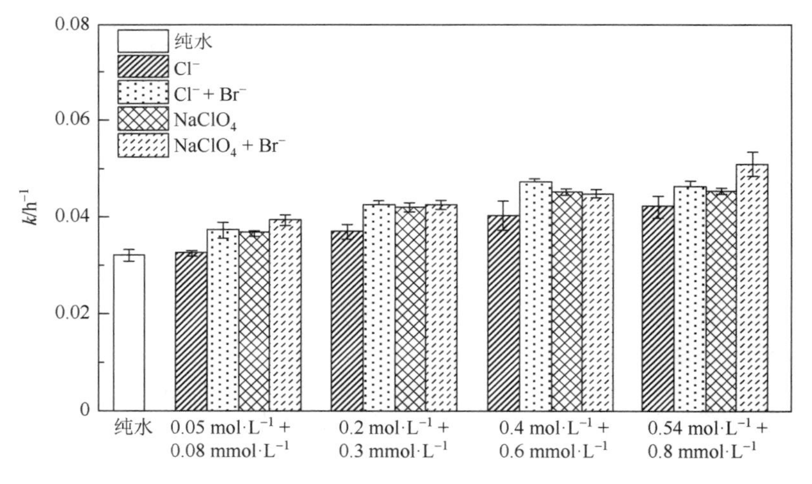


图 7-2　卤素离子对磺胺嘧啶光降解的影响

正负误差范围表示 95%的置信区间

从 1#河口水样品中利用反渗透法提取河口水样的 DOM（isolated local DOM，IL-DOM），研究河口水 DOM 对磺胺嘧啶光降解的影响[26]。如图 7-3 所示，IL-DOM 和 1#河口水样的紫外可见吸收光谱相似。此外，IL-DOM 和 1#河口水样的 $E_2/E_3$（5.23 和 5.09）和 $SUVA_{254}$（7.1×10$^{-3}$ L·mg$^{-1}$ 和 7.0×10$^{-3}$ L·mg$^{-1}$）值也颇为接近。其中，$E_2/E_3$ 是指 DOM 在波长为 254 nm 和 365 nm 处吸光度的比值；$SUVA_{254}$ 是指 DOM 在波长为 254 nm 时对应的吸光度与浓度的比值。

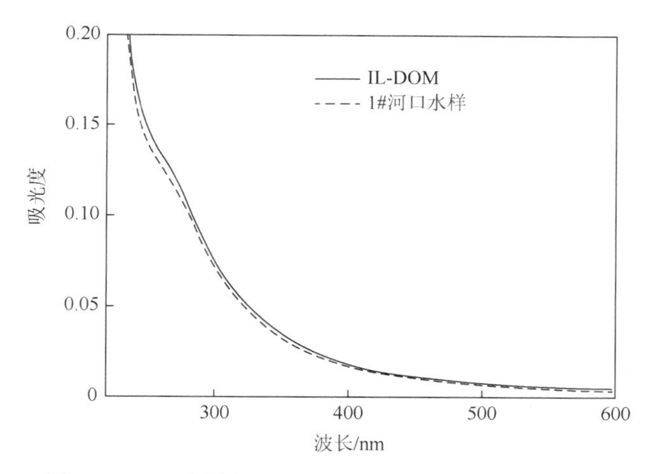


图 7-3 河口水样和 IL-DOM 溶液的紫外可见吸收光谱

对应的吸光度的比值可以反映 DOM 分子量的大小，$SUVA_{254}$ 是 DOM 在波长为 254 nm 时对应的吸光度与浓度的比值，其值与 DOM 的芳香性有关，这些参数经常用于表征 DOM 的特性[27, 28]。因此，从 1#水样中提取的 IL-DOM 可以代表实际河口水中的 DOM。

首先稀释 1#水样，使其 DOM 的质量浓度依次为 1 $mg·L^{-1}$、5 $mg·L^{-1}$、10 $mg·L^{-1}$、15 $mg·L^{-1}$ 和 20 $mg·L^{-1}$，并补充卤素离子至稀释前的浓度水平，以此来探究河口水中 DOM 浓度对磺胺嘧啶光降解的影响，如图 7-4 所示。随着河口水中 DOM 含量的增加，磺胺嘧啶的光降解逐渐增强，这与前人的研究结果相一致。Wang 等[26]研究发现从中国渤海湾提取的 DOM 对磺酰胺光降解具有促进作用，这一研究结果表明，河口水中的 DOM 对磺胺抗生素的光降解具有重要作用。

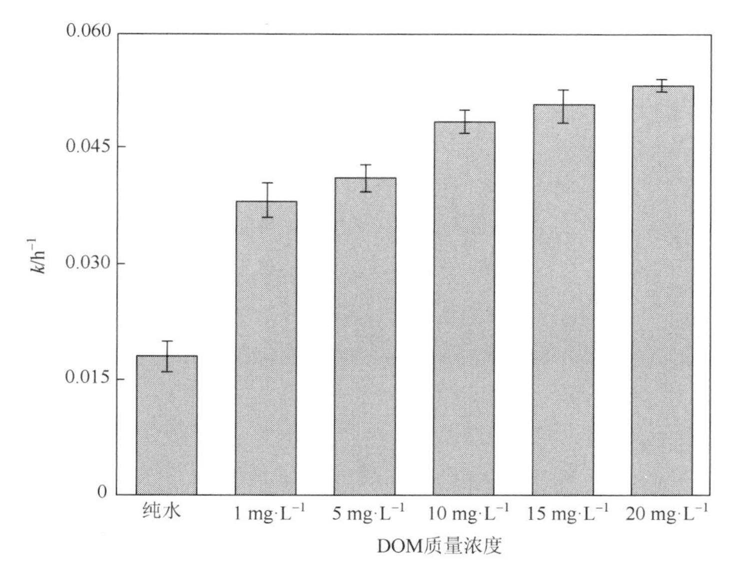


图 7-4 河口水中 DOM 浓度对磺胺嘧啶光降解的影响

正负误差范围表示 95%的置信区间，$n = 3$

如图 7-5 所示，与纯水相比，IL-DOM 加入后磺胺嘧啶的光降解速率显著上升。在 IL-DOM 存在时添加卤素离子（0.05 $mol·L^{-1}$ $Cl^-$ + 0.08 $mmol·L^{-1}$ $Br^-$、0.1 $mol·L^{-1}$ $Cl^-$ + 0.15 $mmol·L^{-1}$ $Br^-$、0.2 $mol·L^{-1}$ $Cl^-$ + 0.3 $mmol·L^{-1}$ $Br^-$、0.4 $mol·L^{-1}$ $Cl^-$ + 0.6 $mmol·L^{-1}$ $Br^-$、0.54 $mol·L^{-1}$ $Cl^-$ + 0.8 $mmol·L^{-1}$ $Br^-$），发现相比单纯添加 IL-DOM，卤素离子的加入显著促进了磺胺嘧啶的光降解，且随着卤素离子浓度的增加磺胺嘧啶的光降解速率常数增加。此外，相比只加入卤素离子，溶液中 IL-DOM 和卤素离子共存时磺胺嘧啶的光降解速率也显著增加。例如，溶液含 0.05 $mol·L^{-1}Cl^-$ + 0.08 $mmol·L^{-1}$ $Br^-$时磺胺嘧啶的光降解速率常数 $k$ 为（3.76±0.15）$\times10^{-2}·h^{-1}$，同时含 0.05 $mol·L^{-1}$ $Cl^-$ + 0.08 $mmol·L^{-1}$ $Br^-$和 20 mg/L IL-DOM 时其 $k$ 值为（4.4±0.18）$\times10^{-2}·h^{-1}$；而溶液含 0.54 $mol·L^{-1}$ $Cl^-$ + 0.8 $mmol·L^{-1}$ $Br^-$时磺胺嘧啶的 $k$ 值为（4.69±0.11）$\times10^{-2}·h^{-1}$，同时含 0.54 $mol·L^{-1}$ $Cl^-$ + 0.8 $mmol·L^{-1}$ $Br^-$和 20 mg/L IL-DOM 时其 $k$ 值高达（15.61±0.16）$\times10^{-2}·h^{-1}$。

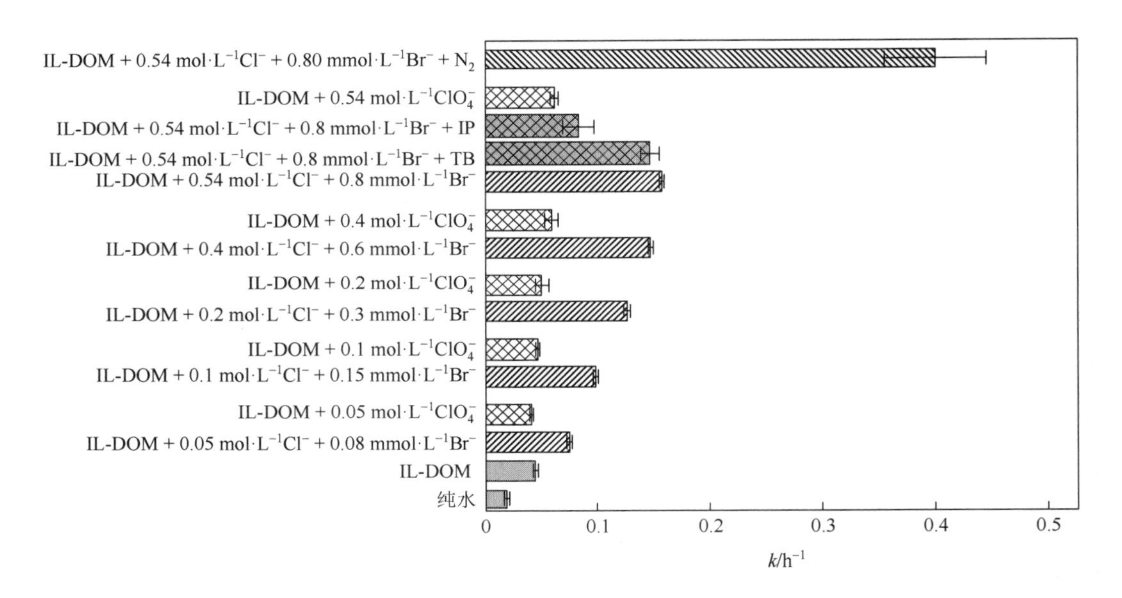


图 7-5　磺胺嘧啶在不同体系中的光降解动力学

正负误差范围表示 95%的置信区间，$n = 3$

如图 7-6 所示，在 1#河口水样中加入卤素离子，相比不加卤素离子，磺胺嘧啶的 $k$ 值显著增加。在与海水相当（0.54 $mol·L^{-1}$ $Cl^-$ + 0.8 $mmol·L^{-1}$ $Br^-$）的卤素离子浓度下，磺胺嘧啶的 $k$ 值比没有添加卤素离子的 1#河口水样高 1.6 倍，这是因为较高的离子强度有利于减缓 $^3DOM^*$的衰减，增加其稳态浓度[20]。但是，在 1#水样中加入 $NaClO_4$后，相比 1#水样不添加 $NaClO_4$，磺胺嘧啶的光降解速率常数变化不大，因此离子强度效应并不能完全解释磺胺嘧啶光降解速率常数增加的原因，推断卤素离子的特异性反应可以解释磺胺嘧啶光降解速率常数增加的原因。为了探究其他盐离子组分的作用，向 1#水样中添加盐离子（400 $mmol·L^{-1}$ NaCl、0.8 $mmol·L^{-1}$ NaBr、54 $mmol·L^{-1}$ $MgCl_2$、29 $mmol·L^{-1}$ $Na_2SO_4$、11 $mmol·L^{-1}$ $CaCl_2$、10 $mmol·L^{-1}$ KCl、0.35 $mmol·L^{-1}$ $H_3BO_3$、1.8 $mmol·L^{-1}$ $Na_2CO_3$

和 0.26 $mmol·L^{-1}$ $NaHCO_3$)，配制模拟海水。与添加卤素离子（0.54 $mol·L^{-1}$ $Cl^-$ + 0.8 $mmol·L^{-1}$ $Br^-$）的 1#河口水样相比，混合海盐的加入并没有明显影响磺胺嘧啶的光降解，表明在混合海盐中，卤素离子对磺胺嘧啶光降解的增强起主要作用。

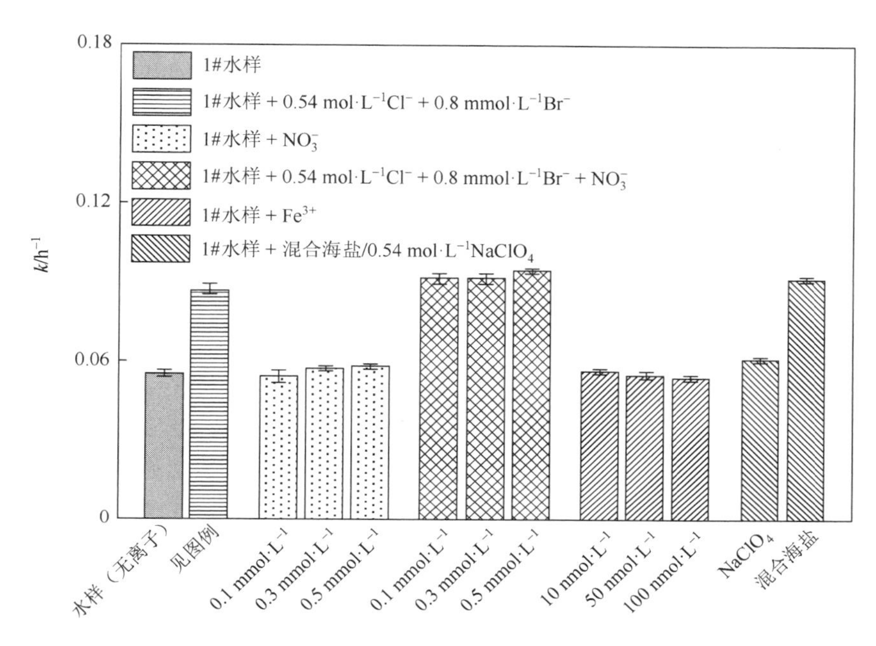


图 7-6　河口水样（1#）中添加不同离子组分对磺胺嘧啶光降解的影响

正负误差范围表示 95%的置信区间，$n = 3$

前人研究发现，$NO_3^-$ 能通过光致生成•OH 参与有机污染物的光降解[29, 30]，因此，本节通过向 1#水样中添加 $NaNO_3$（0.1 $mmol·L^{-1}$、0.3 $mmol·L^{-1}$ 和 0.5 $mmol·L^{-1}$，与河口水样中的含量一致）来探究 $NO_3^-$ 对磺胺嘧啶光降解的影响。如图 7-6 所示，$NO_3^-$ 的加入并未对磺胺嘧啶的光降解造成明显影响（1#水样相比于 1#水样添加 $NO_3^-$，1#水样加入 0.54 $mol·L^{-1}$ $Cl^-$相比于 1#水样加入 0.54 $mol·L^{-1}$ $Cl^-$和 $NO_3^-$），因此实际河口水中 $NO_3^-$ 对磺胺嘧啶光降解的影响可以忽略。虽然本节在研究中并没有检测河口水中 $Fe^{3+}$的含量，但是据相关文献，河口水普遍含有 $Fe^{3+}$（含量为 1～100 $nmol·L^{-1}$），而 $Fe^{3+}$也能通过光致产生•OH 参与有机污染物的光降解[31]，因此，本书通过向 1#水样中分别添加 10 $nmol·L^{-1}$、50 $nmol·L^{-1}$ 和 100 $nmol·L^{-1}$ 的 $FeCl_3$ 来探究其对磺胺嘧啶光降解的影响。如图 7-6 所示，$Fe^{3+}$的加入并未对磺胺嘧啶的光降解造成明显影响。前人研究发现，许多溶解性组分（如 DOM、$HCO_3^-$、$O_2$ 和卤素离子等）可以淬灭水环境中的•OH[23, 32]，这或许可以解释为什么 1#水样中加入 $NO_3^-$、$Fe^{3+}$后并未对磺胺嘧啶的光降解产生显著影响。因此，1#（淡水）～6#（海水）水样中磺胺嘧啶光降解速率常数增加可以归因于河口水中 DOM 和卤素离子的作用。

### 7.1.3　河口水 DOM 激发三重态介导的活性卤素自由基生成机理

据报道，在海水中 $^3DOM^*$直接氧化卤素离子是 HRS 的重要形成途径，该途径可以影响有机微污染物的间接光降解[33, 34]。因此可以推测在本书的研究中河口水中也可能产生了 HRS，其参与了磺胺嘧啶的光降解。本书通过自由基淬灭实验来验证上述推测，异丙醇（IP）和叔丁醇（tert-butanol，TB）作为自由基淬灭剂，可以和•OH 发生反应，它们与•OH 的二级反应速率常数分别高达 $2.3\times10^9\ (mol\cdot L^{-1})^{-1}\cdot s^{-1}$ 和 $6.0\times10^8\ (mol\cdot L^{-1})^{-1}\cdot s^{-1}$，但它们与 HRS 的二级反应速率常数却相差几个数量级（异丙醇和叔丁醇与 $Cl_2\bullet^-$ 的二级反应速率常数分别为 $1.2\times10^5\ (mol\cdot L^{-1})^{-1}\cdot s^{-1}$ 和 $7.0\times10^2\ (mol\cdot L^{-1})^{-1}\cdot s^{-1}$，异丙醇和叔丁醇与 Br· 的二级反应速率常数分别为 $6.6\times10^6\ (mol\cdot L^{-1})^{-1}\cdot s^{-1}$ 和 $1.4\times10^4\ [(mol\cdot L^{-1})^{-1}\cdot s^{-1}]$[34]，因此可利用这两种自由基淬灭剂存在时磺胺嘧啶光降解速率常数的差异来探究 HRS 对磺胺嘧啶光降解的影响，并以加入异丙醇后磺胺嘧啶的光降解速率常数 $k_{IP}$ 和加入叔丁醇后磺胺嘧啶的光降解速率常数 $k_{TB}$ 的差值 $k_{IP}-k_{TB}$ 反映 HRS 对磺胺嘧啶光降解的贡献。

如图 7-7 所示，在 1#河口水样（盐度最低）中加入 25 $mmol\cdot L^{-1}$ 叔丁醇和 250 $mmol\cdot L^{-1}$ 异丙醇，使磺胺嘧啶的 $k$ 值分别下降 12%和 16%，而在 6#（盐度最高）水样中加入等量的异丙醇和叔丁醇后，磺胺嘧啶的 $k$ 值分别降低 13%和 38%。加入两种自由基淬灭剂后河口水样中磺胺嘧啶的光降解受到不同程度的抑制，表明有 HRS 参与河口水中磺胺嘧啶的光降解。此外，三重激发态淬灭剂山梨酸（SA，5 $mmol\cdot L^{-1}$）加入后，1#水样和 6#水样中磺胺嘧啶的光降解都被极度抑制（＞75%），说明 $^3DOM^*$ 也参与了磺胺嘧啶在河口水中的光降解。虽然 $^3DOM^*$ 是河口水中磺胺嘧啶光降解的重要参与者，但 HRS 可能也在促进 1#（淡水）～6#（海水）水样中磺胺嘧啶的光降解方面发挥了关键作用。添加叔丁醇和异丙醇后 6#水样中磺胺嘧啶的光降解速率常数差值 $k_{IP}-k_{TB}$ 约为 1#水样的 7 倍。而在 1#水样中加入 $NaClO_4$（0.4 $mol\cdot L^{-1}$，6#水样和 1#水样中 $Cl^-$ 含量的差值）的离子强度对照组，分别加入叔丁醇和异丙醇后，其 $k$ 值没有发生明显变化。以上研究结果表明在卤素离子浓度呈梯度变化的河口水中，HRS 对磺胺嘧啶的光降解具有重要作用。在同时含有 20 mg/L IL-DOM 和卤素离子（0.54 $mol\cdot L^{-1}$ $Cl^-$ + 0.8 $mmol\cdot L^{-1}$ $Br^-$）的合成海水中，异丙醇和叔丁醇的自由基淬灭作用导致体系中磺胺嘧啶的 $k$ 值分别下降 47%和 7%（图 7-5），该结果与在 6#水样中进行的淬灭实验的结果一致（图 7-7），表明 IL-DOM 敏化 HRS 的形成可能是图 7-5 中磺胺嘧啶光降解增强的原因。此外，含有异丙醇的 6#水样中磺胺嘧啶的 $k$ 值与 1#水样中不添加淬灭剂时磺胺嘧啶的 $k$ 值相当（图 7-7），见表 7-1，DOM 和 $NO_3^-$ 是河口水样中主要的光敏剂，1#水样和 6#水样中 DOM 的浓度相当。1#水样中磺胺嘧啶的光降解包括直接光降解和 $^3DOM^*$ 敏化的间接光降解，6#水样中磺胺嘧啶的光降解包括 $^3DOM^*$ 和 HRS 共同介导的直接光降解和间接光降解。6#水样加入异丙醇后，由于异丙醇对 HRS 具有淬灭作用，此时磺胺嘧啶的光降解为直接光降解和 $^3DOM^*$ 敏化的间接光降解，故其降解速率与 1#水样不加淬灭剂时相当。

相关研究发现[35]，$^3DOM^*$ 在 DOM 敏化 HRS 形成中起着重要作用，因此本书研究了 $^3DOM^*$ 的重要性。如前所述，激发三重态淬灭剂山梨酸的加入使得 1#水样、6#水样和离子强度对照组中磺胺嘧啶的光降解受到强烈抑制（图 7-7），说明 $^3DOM^*$ 是河口水中参与磺胺嘧啶光降解的重要活性物种。此外，由于 $O_2$ 也能淬灭 $^3DOM^*$，因此进行 $N_2$ 除氧实验。如图 7-5 和图 7-7 所示，加入 $N_2$ 后磺胺嘧啶的 $k$ 值急剧增大，结合自由基淬灭实验结果可以看出，$^3DOM^*$ 对河口水中磺胺嘧啶的直接光降解和 HRS 的形成都起着关键作用。

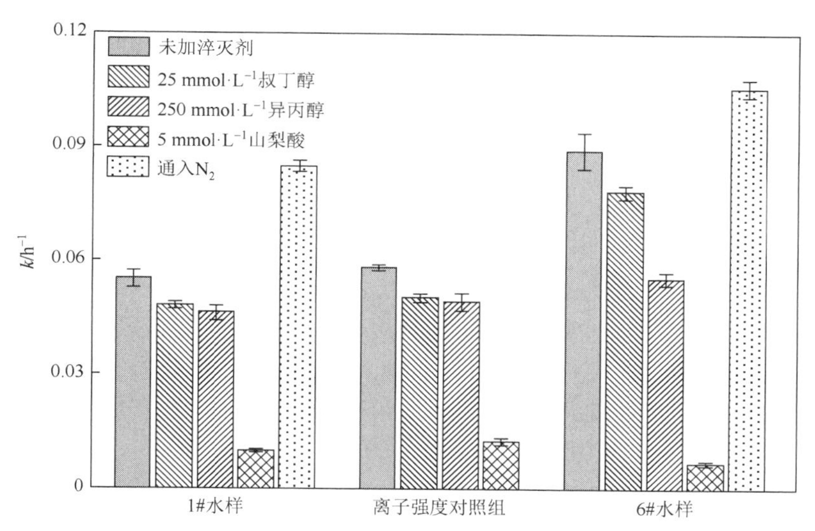


图 7-7　添加不同自由基淬灭剂对磺胺嘧啶光降解的影响

正负误差范围表示 95%的置信区间，$n = 3$

由于 $^3DOM^*$具有较高的三重态激发量子产率，因此采用 4-羧基二苯甲酮（4-carboxybenzophenone，CBBP）作为 DOM 类似物，探讨 $^3DOM^*$在 HRS 形成中的作用。如图 7-8 所示，在 4-羧基二苯甲酮存在条件下，当将卤素离子浓度从 0 mol·L$^{-1}$ 增加到海水中的浓度（0.54 mol·L$^{-1}$ $Cl^-$ + 0.8 mmol·L$^{-1}$ $Br^-$）时，磺胺嘧啶的 $k$ 值增加。此外，

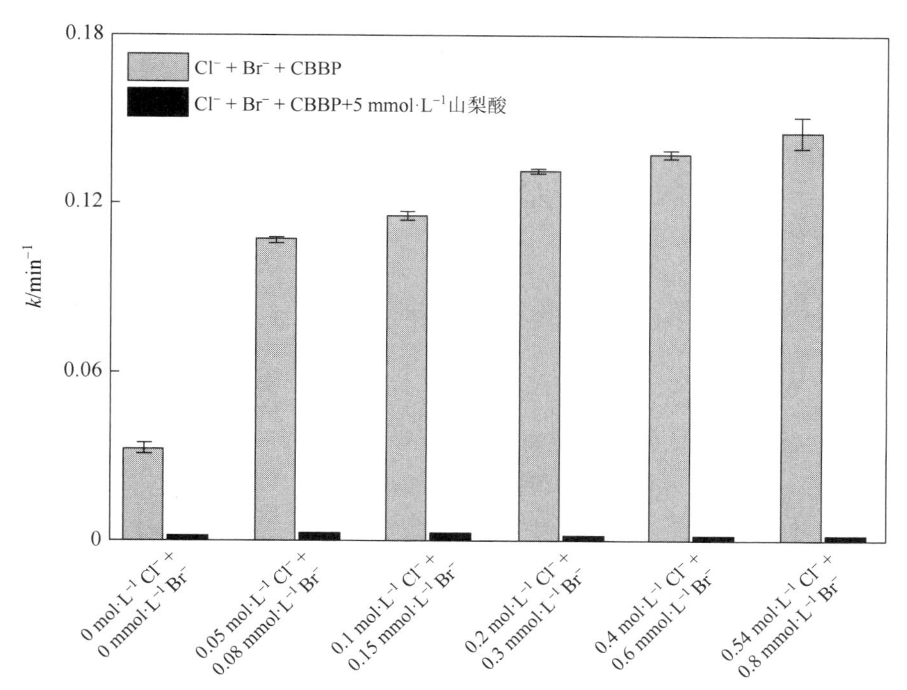


图 7-8　CBBP 体系中加入卤素离子和山梨酸对磺胺嘧啶光降解的影响

正负误差范围表示 95%的置信区间，$n = 3$

如图 7-9 所示，在以 CBBP 为 DOM 类似物的体系中，加入异丙醇和叔丁醇两种自由基淬灭剂后，磺胺嘧啶的 $k_{IP}$–$k_{TB}$ 值（单独含 $Cl^-$、单独含 $Br^-$或同时含 $Cl^-$和 $Br^-$）随卤素离子浓度的增加而增大。这反映了在含有 CBBP 和卤素离子的体系中，HRS 对磺胺嘧啶光降解具有重要作用。为了进一步探究激发三重态 4-羧基二苯甲酮（$^3CBBP^*$）在 HRS 形成过程中的重要性，用山梨酸进行自由基淬灭实验。如图 7-8 所示，在体系中加入 5 mmol·$L^{-1}$ 山梨酸后，磺胺嘧啶的光降解几乎完全被抑制，而卤素离子浓度的变化并没有对磺胺嘧啶的 $k$ 值产生明显影响。这表明，$^3CBBP^*$参与了磺胺嘧啶的光降解反应，并对体系中 HRS 的形成起主要作用。如前所述，$O_2$ 是激发三重态淬灭剂，因此在 CBBP 体系中进行 $N_2$ 除氧实验，结果发现相比不通 $N_2$，通入 $N_2$ 后磺胺嘧啶的 $k$ 值增大，为原来的 13 倍，这进一步证实 $^3CBBP^*$参与了磺胺嘧啶的光降解，且在 HRS 的形成过程中起着重要作用。

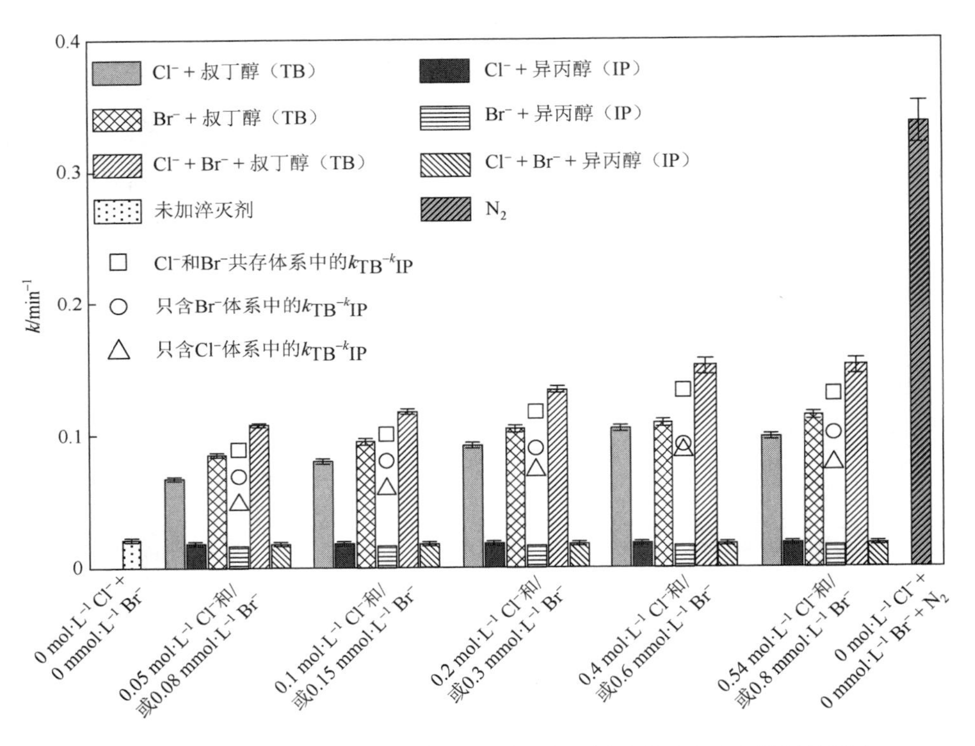


图 7-9　CBBP 体系中加入卤素离子和不同淬灭剂对磺胺嘧啶光降解的影响

正负误差范围表示 95%的置信区间，$n = 3$

CBBP 作为一种典型的 DOM 类似物，具有较高的还原电位（1.83 V），而在实际环境中因来源、组成等存在差异，其还原电位具有较大差异（1.3～1.9 V）[36]。为研究其他 DOM 类似物是否具有与 CBBP 类似的现象，本节以另外四种芳香酮类化合物（2-萘乙酮、苯乙酮、4-甲氧基苯乙酮和二苯甲酮，还原电位分别为 1.34 V、1.63 V、1.71 V 和 1.79 V）为代表进一步研究 DOM 类似物对磺胺嘧啶光降解的作用，这几种芳香酮类化合物也经常被用作激发三重态的前驱体来研究 $^3DOM^*$的反应活性[36]。如图 7-10 所示，在卤素离子

（0.54 mol·L$^{-1}$ Cl$^-$ + 0.8 mmol·L$^{-1}$ Br$^-$）存在条件下，四种 DOM 类似物体系中加入 250 mmol·L$^{-1}$ 异丙醇和 25 mmol·L$^{-1}$ 叔丁醇后，磺胺嘧啶的光降解速率有明显的变化。上述实验结果以及河口水样和合成水样中进行的自由基淬灭实验都证明，河口水中激发三重态 DOM 主导着 HRS 的形成。

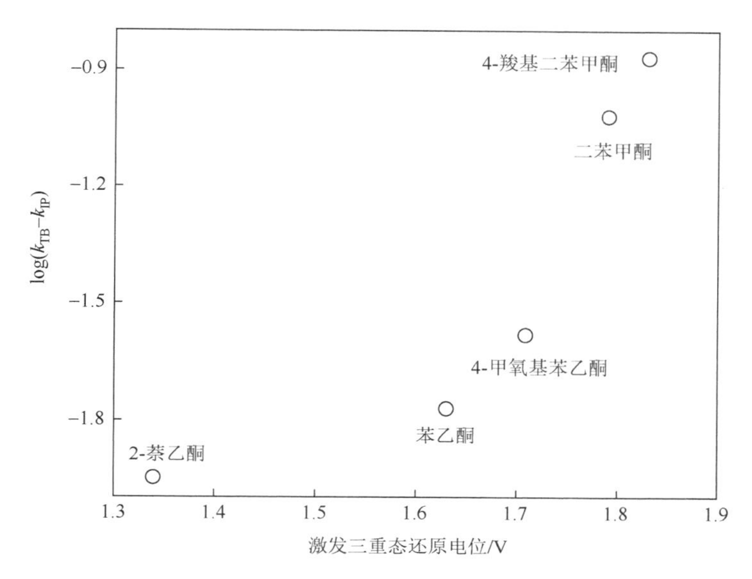


图 7-10　DOM 的激发三重态还原电位与 HRS 形成的关系

正负误差范围表示 95%的置信区间，$n = 3$

由于 HRS 的形成与 $^3$DOM$^*$的还原电位有关，因此利用含单一 DOM 类似物和卤素离子（0.4 mol·L$^{-1}$ Cl$^-$和 0.6 mmol·L$^{-1}$ Br$^-$）的合成水溶液探讨本书在研究中使用的五种 $^3$DOM$^*$敏化剂（4-羧基二苯甲酮、二苯甲酮、4-甲氧基苯乙酮、苯乙酮和 2-萘乙酮）的还原电位与各体系加入叔丁醇和异丙醇后磺胺嘧啶的 log($k_{IP}$−$k_{TB}$)值之间的关系。如图 7-10 所示，在与河口水相关的卤素离子浓度（0.4 mol·L$^{-1}$ Cl$^-$和 0.6 mmol·L$^{-1}$ Br$^-$）条件下，log($k_{IP}$−$k_{TB}$)与 $^3$DOM$^*$敏化剂的还原电位之间具有良好的线性关系（$R^2 = 0.75$，$p<0.05$），表明较高的激发三重态还原电位有利于 HRS 的形成。

为了更好地了解 HRS 在实际的河口水中对磺胺嘧啶光降解的促进作用，采用 Q-TOF 质谱对初始浓度为 5 nmol·L$^{-1}$ 的磺胺嘧啶在河口水中的光降解产物进行鉴定，磺胺嘧啶在河口水中可能的光降解途径如图 7-11 所示。在光降解体系中没有发现氯化中间体，这与前人的研究结果一致，即 $Cl_2^{\bullet -}$与许多污染物（如微囊藻毒素、二烯烃和硫醚）的反应以氧化反应为主，而不是卤素的加成反应[32, 34]。磺胺嘧啶可被 HRS 直接氧化成各种氧化产物，这是由于磺胺嘧啶结构中有供电子能力较强的胺基和磺酰基，容易被 $^3$DOM$^*$或 HRS 等强氧化性物质氧化。然而，在河口水样中检测到了磺胺嘧啶的溴化产物，表明 Br•的加成反应可能是由于 Br•相对较低的氧化能力[37]，这与前人的研究结果一致。Vione 等[38, 39]研究了在含卤素离子和 $Fe^{3+}$的体系中苯酚的光氯化反应和光溴化反应，并发现与氯自由基相比，溴酸盐自由基更容易发生加成反应。这进一步证实了 HRS 在促进河口水中磺胺抗生素光降解方面具有重要作用。

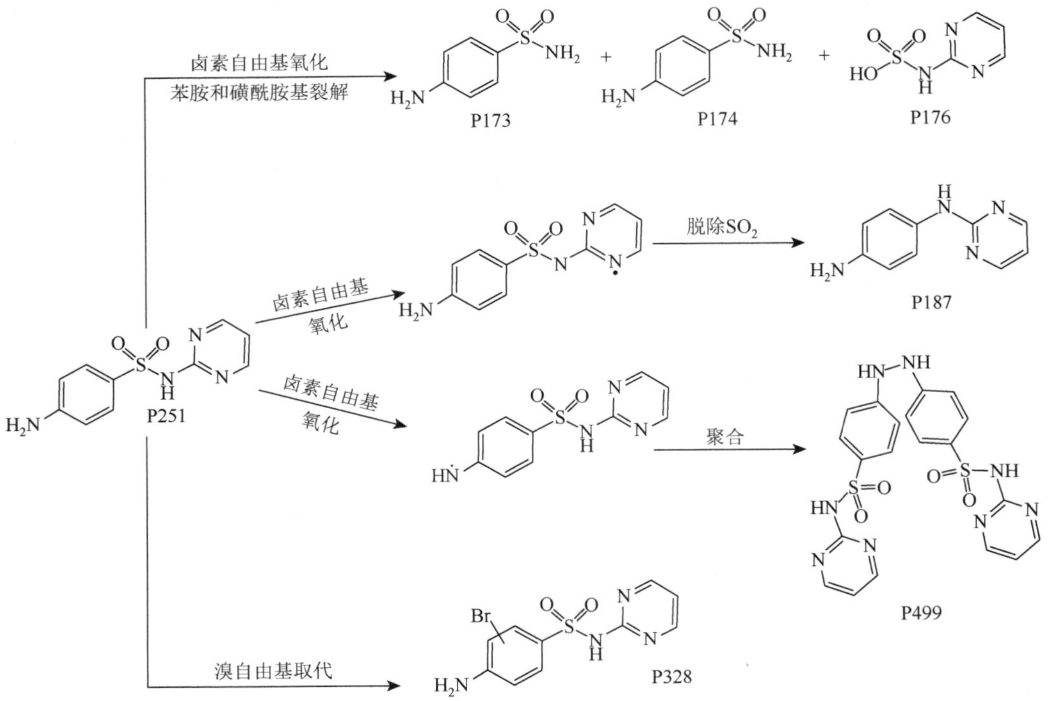

图 7-11　河口水中（6#水样）磺胺嘧啶可能的光降解途径

研究发现，磺胺抗生素的光降解主要依赖于河口水中的 DOM 和卤素离子，而不是其他海盐和光敏剂（如 $Fe^{3+}$和 $NO_3^-$）。前人研究发现，卤素离子与•OH 反应产生 HRS 是海水中 HRS 的一种重要生成途径。然而，本节在研究中发现了一条不依赖于•OH 的 HRS 生成途径。在本书的研究中，HRS 主要通过钦州湾河口水中的 $^3DOM^*$直接氧化卤素离子生成，这一途径在很大程度上可以解释河口水中磺胺类抗生素光降解速率随卤素离子浓度增加而增加的原因。上述研究结果表明，相对于盐度较低的河口水（淡水），卤素离子浓度较高的河口水（海水）环境更有利于磺胺抗生素的光降解，这对评价该类污染物在河口水中的去向具有重要意义。考虑到水产养殖活动和河流运输会导致河口和沿海水域中的 DOM 含量水平与陆地水体相当甚至更高，HRS 介导的光氧化可能会在含较高浓度卤素离子的水中对磺胺抗生素的降解起到更为关键的作用。因此在河口和海岸水生系统关于有机微污染物降解模型的构建中，应考虑 HRS 对有机微污染物光降解的贡献。

## 7.2　河口水 DOM 对双酚 A 以及磺胺二甲基嘧啶的光降解动力学

本书以广西钦州大榄江流入茅尾海的河口水为研究对象，采用模拟太阳光的实验，考察双酚 A、卡马西平和磺胺二甲基嘧啶在上游河口水和下游河口水中的光降解动力学差异，

并探讨 $Cl^-$、$Br^-$、$NO_3^-$、$HCO_3^-$ 和离子强度效应等单一因素及各离子与溶解有机质（DOM）共存时对实验所用的几种有机微污染物光降解的影响。采用竞争动力学方法计算双酚 A、卡马西平和磺胺二甲基嘧啶与•OH、Cl•、$Cl_2•^-$和激发三重态溶解有机质（$^3DOM^*$）的二级反应速率常数，并进行自由基淬灭实验，以探明 HRS 对有机微污染物光降解的贡献。

采用 OCRS-PX32T 型光化学反应仪（河南省开封市宏兴仪器厂）进行光降解实验。配制 2 $mmol·L^{-1}$ 的化合物（双酚 A、卡马西平和磺胺二甲基嘧啶）储备液，所有反应溶液（除非进行特殊说明，否则初始浓度都为 5 $μmol·L^{-1}$）都以此为母液进行稀释配制，以减小实验误差。将配置好的 25 mL 反应溶液加入石英试管（内径为 1.7 cm，高度为 16 cm）内，石英试管等间距且均匀地围绕光源连续旋转，以保证光照均匀、充分。采用河口水溶液和实验室配比溶液进行光化学实验，如前所述，模拟溶液采用磷酸盐缓冲液调节 pH，使其与实际水体的 pH 一致，不同批次光降解实验中的误差采用对硝基苯甲醚/吡啶（PNA/pyr）溶液进行校正。

光照条件下考察双酚 A、卡马西平和磺胺二甲基嘧啶在不同体系中的光降解动力学。考察河口水中重要的溶解性组分（$Cl^-$、$Br^-$、DOM、$NO_3^-$ 和 $HCO_3^-$）对双酚 A 和磺胺二甲基嘧啶光降解的影响，选取腐殖酸（HA）作为 DOM 的模型物质；以 $H_2O_2$ 和苯乙酮（AP）分别作为•OH 的光敏剂和参比化合物，以 HClO 和苯甲酸（BA）分别作为 Cl•和 $Cl_2•^-$的光敏剂和参比化合物，以 4-苯甲酰基苯甲酸（CBBP）和磺胺嘧啶（SD）作为 $^3DOM^*$的光敏剂和参比化合物，通过竞争动力学方法测定双酚 A、卡马西平和磺胺二甲基嘧啶与 Cl•、$Cl_2•^-$和 $^3DOM^*$的二级反应速率常数。分别向用上游（1#）水样和下游（2#）水样配制的反应溶液中添加 5 $mmol·L^{-1}$ 山梨酸（$^3DOM^*$淬灭剂）、250 $mmol·L^{-1}$ 异丙醇（•OH 和 HRS 淬灭剂）、25 $mmol·L^{-1}$ 叔丁醇（•OH 淬灭剂）或通入氮气除氧（激发三重态的淬灭剂），通过自由基淬灭实验探究 $^3DOM^*$、•OH、HRS 和 $^1O_2$ 等活性氧物种对有机微污染物光降解的影响。以上每组光降解实验重复三次并设置暗对照组。

### 7.2.1　不同体系中双酚 A 和磺胺二甲基嘧啶的光降解动力学

如图 7-12 所示，在暗对照实验中双酚 A、卡马西平和磺胺二甲基嘧啶的浓度均没有显著降低（＜5%），表明光降解是实验所用的几种有机微污染物的主要降解途径。双酚 A、卡马西平和磺胺二甲基嘧啶在纯水、上游（1#）水样和下游（2#）水样中的光降解均符合（准）一级反应动力学（$R^2$＞0.97）。如双酚 A、卡马西平和磺胺二甲基嘧啶在纯水中的光降解相对较慢，在河口水中的光降解较快，说明河口水中的溶解性组分对实验所用的几种有机微污染物的光降解有显著影响，能促进它们的光降解。但双酚 A 和卡马西平在上游水样（1#，淡水）中的光降解比在下游水样（2#，海水）中的光降解快，而磺胺二甲基嘧啶在河口水中的光降解规律与第 3 章中讨论的磺胺嘧啶、磺胺间甲氧基嘧啶和磺胺甲噁唑一致，它们在下游水样（2#，海水）中的光降解比在上游水样（1#，淡水）中的光降解快。为简化研究，以双酚 A 作为河口水中随着盐度增加光降解速率减小的代表性有机微污染物，以磺胺二甲基嘧啶作为河口水中随着盐度增加光降解速率增加的代表性有机微污染物，探究有机微污染物在河口水中的光降解机制。

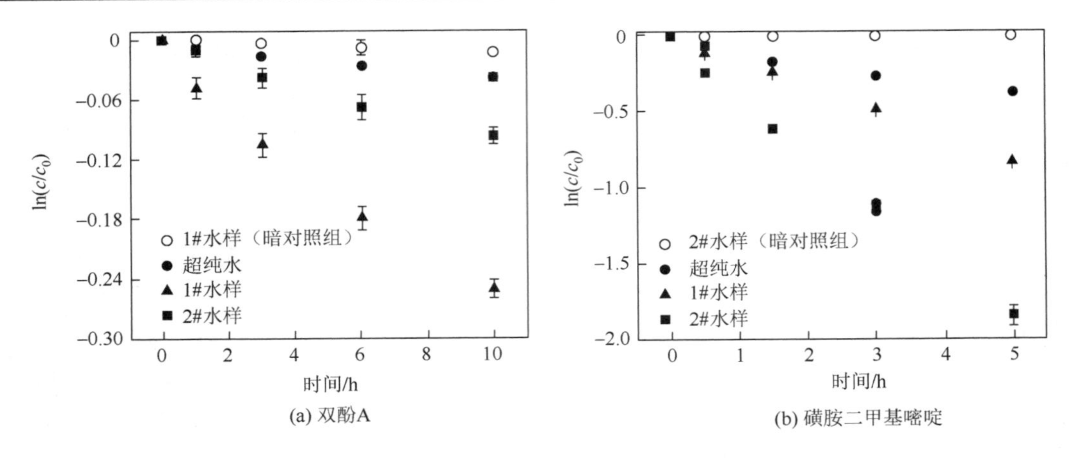


图 7-12　有机微污染物在不同体系中的光降解动力学

正负误差范围表示 95%的置信区间，$n = 3$

众所周知，水体中 DOM 和无机离子（如 $Cl^-$、$Br^-$、$HCO_3^-$ 和 $NO_3^-$）等光活性组分是有机污染物光化学转化的重要参与者，其中 DOM 是水体中普遍存在的组分，决定着大多数污染物的光化学转化。DOM 可通过光介导产生光活性物种和 $^3DOM^*$，进而影响污染物的光降解。由表 7-1 可知，上游（1#）水样中的 TOC（总有机碳）含量仅约为下游（2#）水样中 TOC 含量的 1.3 倍，因而除 DOM 外，河口水样中的离子组分也造成有机微污染物在上游水样和下游水样中的光降解动力学出现差异。

**表 7-1　河口水样的 TOC、pH、盐浓度和无机离子浓度**

| 样品 | 浓度/(mg·L$^{-1}$) | | | | | TOC/(mg·L$^{-1}$) | pH | 盐浓度/% |
|---|---|---|---|---|---|---|---|---|
| | $Cl^-$ | $Br^-$ | $HCO_3^-$ | $SO_4^{2-}$ | $NO_3^-$ | | | |
| 1#（上游水样） | 2902.1 | 6.3 | 79.1 | 1070.7 | 65.9 | 21.5 | 8.32 | 0.15 |
| 2#（下游水样） | 10222.4 | 18.2 | 97.4 | 2521.2 | 59.8 | 16.9 | 8.43 | 0.56 |

### 7.2.2　河口水溶解性组分对双酚 A 和磺胺二甲基嘧啶光降解的影响

潮汐现象使得河口水中各离子的浓度从上游到下游呈梯度变化，下游（2#）水样的卤素离子浓度约为上游（1#）水样的 3.5 倍（表 7-1），相对于其他离子组分，卤素离子浓度显著不同最有可能解释有机微污染物在河口水样中的光降解速率常数的差异。如图 7-13（a）所示，相比纯水中双酚 A 的 $k$ 值，卤素离子的加入（分别加入 $Cl^-$、$Br^-$或 $Cl^-$和 $Br^-$同时加入）并未对双酚 A 的 $k$ 值产生显著影响（$p>0.05$），说明纯水体系中卤素离子并未显著影响双酚 A 的光降解动力学。然而，磺胺二甲基嘧啶在纯水体系中的光降解速率随卤素离子浓度的增加而增大［图 7-12（b）］，这与第 3 章的研究结果一致。卤素离子对有机微污染物光降解的影响主要包括特异性卤化反应及其产生的离子强度效应两个方面。因此，本书通过加入与卤素离子浓度相当的 $NaClO_4$ 来研究离子强度对双酚 A 和磺胺二甲基嘧啶光降解动力学的影响。如图 7-13 所示，磺胺二甲基嘧啶的光降解速率常数 $k$ 值随着 $NaClO_4$ 剂量的增加而缓慢增大，且其增长速率与加入等量卤素离子时相当，而 $NaClO_4$ 浓度的变化对双酚 A 的光降解几乎没有产生影响。因此可以推测，卤素离子主要通过其产生的离子强度效应促进磺胺二甲基嘧啶的光降解，而这种效应对双酚 A 的光降解没有产生显著影响。这在一定程度上可以解释为什么磺胺二甲基嘧啶在下游（2#）水样中的降解比在上游（1#）水样中的降解快，但是卤素离子产生的离子强度效应对磺胺二甲基嘧啶光降解的贡献很小。从图 7-12（b）中可以看出，磺胺二甲基嘧啶在 2#水样中的光降解速率常数 $k$ 是 1#水样中的 2.2 倍，因此除卤素离子产生的离子强度效应外，还有其他因素影响其在河口水中的光降解。

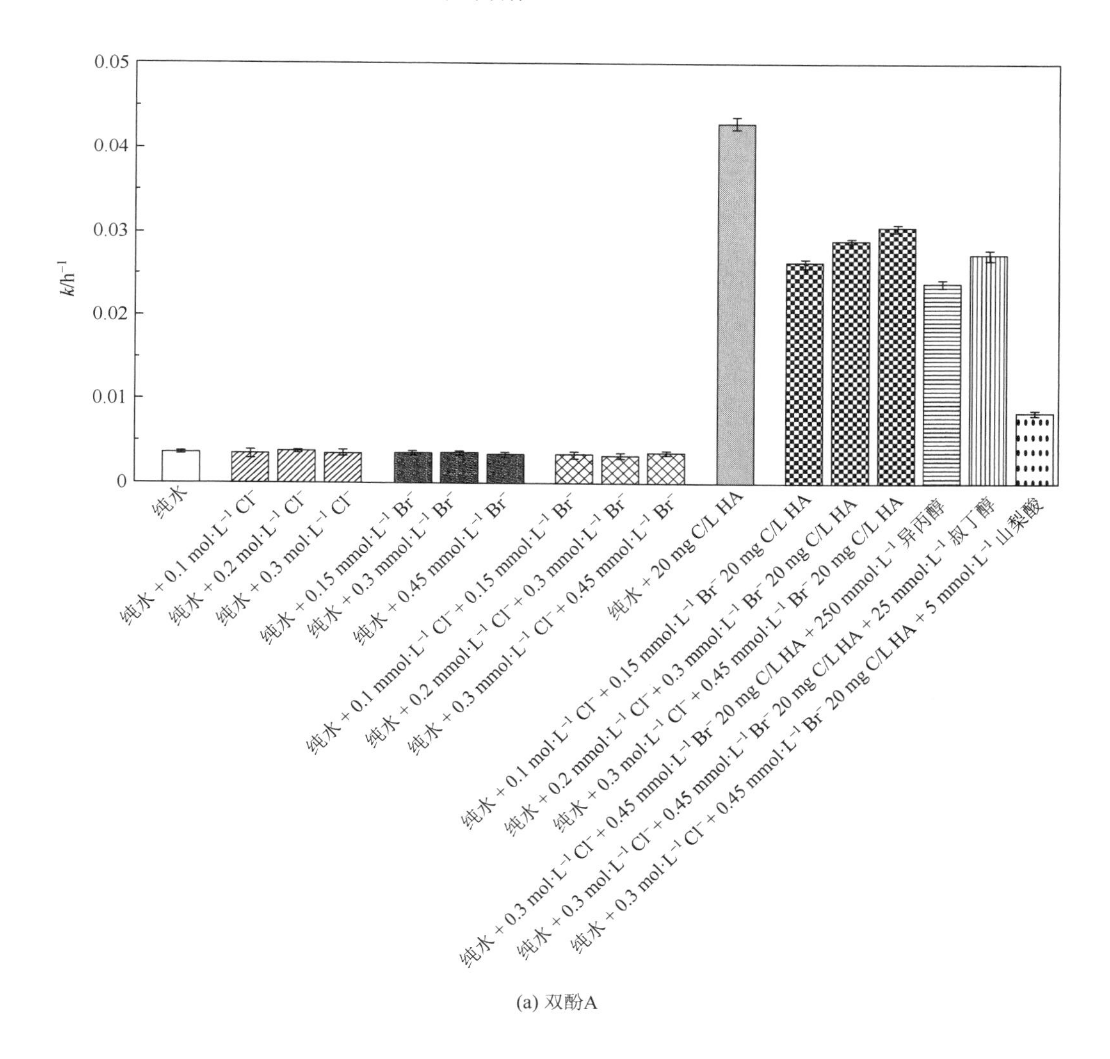


(a) 双酚A

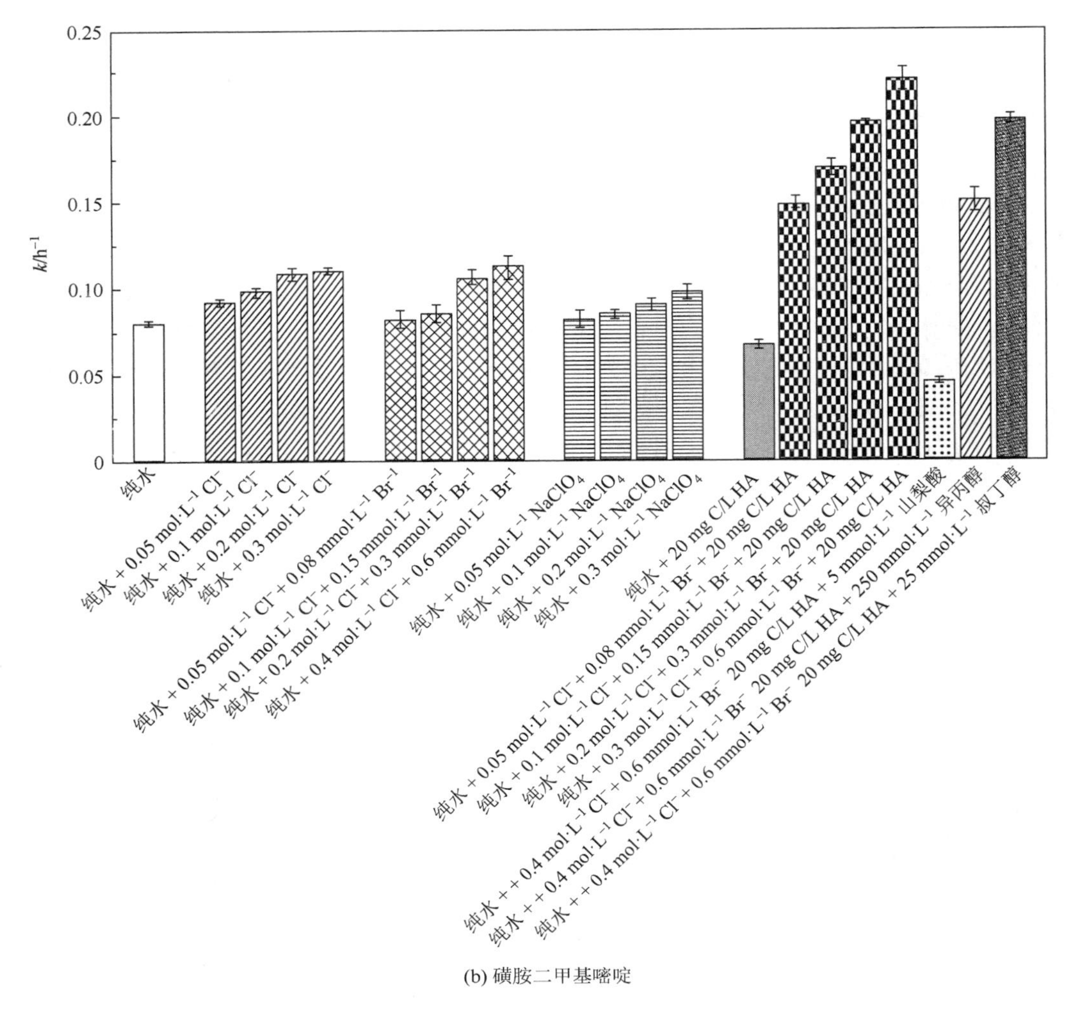

(b) 磺胺二甲基嘧啶

图 7-13　卤素离子对有机微污染物光降解的影响

正负误差范围表示 95%的置信区间，$n = 3$

进一步地，本书以腐殖酸（HA）作为 DOM 的替代物研究 DOM 对双酚 A 和磺胺二甲基嘧啶光降解的影响，HA 经常作为 DOM 的替代物用于研究 DOM 对有机微污染物光降解的影响。向反应溶液中添加不同浓度（$5\ mg\cdot L^{-1}$、$10\ mg\cdot L^{-1}$、$15\ mg\cdot L^{-1}$ 和 $20\ mg\cdot L^{-1}$）的 DOM，如图 7-13（a）所示，双酚 A 的光降解速率常数随 DOM 浓度的增加而显著增大。已有的研究表明 DOM 可光介导产生 $^3DOM^*$，从而促进有机微污染物的光降解；但是磺胺二甲基嘧啶的光降解速率常数随着 DOM 浓度的增加呈现先增大后减小的趋势[图 7-13（b）]，这是由于 DOM 浓度较低时，DOM 产生的 $^3DOM^*$ 对磺胺二甲基嘧啶的促进作用占主导地位，随着 DOM 浓度的增加，DOM 产生的光屏蔽效应开始起主导作用，抑制了磺胺二甲基嘧啶的光降解。

如前所述，$^3DOM^*$ 能与卤素离子形成激基复合物或直接氧化卤素离子生成卤素自由基［式（7.2.1）～式（7.2.4）］，进而影响有机微污染物的降解。因而本书研究了卤素离子和DOM（20 $mg·L^{-1}$，河口水中DOM的浓度）共存条件下双酚A和磺胺二甲基嘧啶的光降解动力学。如图7-13所示，相对于单一的卤素离子，在DOM和卤素离子共存时，卤素离子对双酚A和磺胺二甲基嘧啶光降解的促进作用明显增强，且随着卤素离子投加量的增加而增强。激发三重态淬灭剂山梨酸（5 $mmol·L^{-1}$）的加入急剧抑制了双酚A和磺胺二甲基嘧啶的光降解，说明$^3DOM^*$参与了双酚A和磺胺二甲基嘧啶的降解。综上，可推断$^3DOM^*$参与了河口水中有机污染物的光降解且对有机污染物的光降解具有重要作用。

$$^3(DOM)^*+Br^-\rightarrow{}^3(DOM\text{-}Br^-)^{*-}\rightarrow{}^{\cdot}DOM^-+Br^{\cdot} \tag{7.2.1}$$

$$^3(DOM)^*+Cl^-\rightarrow{}^3(DOM\text{-}Cl^-)^{*-}+Cl^-\rightarrow{}^3(DOM\text{-}Cl^-\text{-}Cl^-)^{*2-}\rightarrow{}^{\cdot}DOM^-+{}^{\cdot}Cl_2^- \tag{7.2.2}$$

$$^3(DOM)^*+Br^-\rightarrow{}^3(DOM\text{-}Br^-)^{*-}+Br^-\rightarrow{}^3(DOM\text{-}Br^-\text{-}Br^-)^{*2-}\rightarrow{}^{\cdot}DOM^-+{}^{\cdot}Br_2^- \tag{7.2.3}$$

$$^3(DOM)^*+Br^-\rightarrow{}^3(DOM\text{-}Br^-)^{*-}+Cl^-\rightarrow{}^3(DOM\text{-}Br^-\text{-}Cl^-)^{*2-}\rightarrow{}^{\cdot}DOM^-+{}^{\cdot}ClBr^- \tag{7.2.4}$$

假设HRS也参与了双酚A和磺胺二甲基嘧啶在河口水中的光降解，为验证这一假设，本书采用异丙醇（IP）和叔丁醇（TB）进行自由基淬灭实验。异丙醇和叔丁醇都可以和•OH发生反应，然而它们与卤素自由基（HRS）的二级反应速率常数相差好几个数量级，因此可利用这两种自由基淬灭剂对有机微污染物光降解的影响的差异（$k_{TB}-k_{IP}$）来探究HRS对有机微污染物光降解的作用。如图7-13所示，相对于叔丁醇，异丙醇的加入显著抑制了双酚A和磺胺二甲基嘧啶的光降解，说明HRS参与了双酚A和磺胺二基甲嘧啶的光降解，但对双酚A和磺胺二甲基嘧啶光降解的贡献不同。此外，当卤素离子浓度从0.05 $mol·L^{-1}$ $Cl^-$ + 0.08 $mmol·L^{-1}$ $Br^-$增加到0.4 $mol·L^{-1}$ $Cl^-$ + 0.6 $mmol·L^{-1}$ $Br^-$时，双酚A的光降解速率常数增加了11.4%，而磺胺二甲基嘧啶的光降解速率常数增幅较大，增长了32.7%。虽然DOM与卤素离子共存时双酚A的光降解显著增强（与只有卤素离子存在时双酚A的$k$值相比），但在只有DOM存在的体系中，双酚A的光降解显著被抑制，这可能是由双酚A与各活性物种的反应活性导致的。$^3DOM^*$与卤素离子反应生成的HRS促进了双酚A的光降解，但该过程也淬灭了$^3DOM^*$（可直接氧化降解有机污染物），影响了$^3DOM^*$直接氧化双酚A。若生成的HRS对双酚A光降解的贡献不足以弥补卤素离子消耗的$^3DOM^*$对双酚A光降解的贡献，则卤素离子浓度高的河口水环境不利于双酚A的光降解。

除此之外，本书还探究了$NO_3^-$、$HCO_3^-$以及$NO_3^-$或$HCO_3^-$和DOM共存时对双酚A和磺胺二甲基嘧啶光降解的影响。如图7-14所示，$NO_3^-$对双酚A和磺胺二甲基嘧啶光降解有显著的促进作用，但在实际的河口水中$NO_3^-$对有机微污染物光降解的贡献可以忽略。一方面，1#河口水样和2#河口水样中$NO_3^-$的浓度差异很小；另一方面，在DOM存在时，$NO_3^-$的加入并未明显影响双酚A和磺胺二甲基嘧啶的光降解，这是由于DOM可淬灭$NO_3^-$光介导产生的•OH，而实际的水环境富含DOM，因此这一结果符合河口水中的实际情况。对于$HCO_3^-$，只加入$HCO_3^-$对双酚A光降解的影响不大，而对磺胺二甲基嘧啶的光降解有微弱的抑制作用，在DOM存在的光降解体系中，$HCO_3^-$对双酚A和磺胺二甲基嘧啶光降解的影响随浓度增加略减弱。前人的研究表明[36, 37]，$HCO_3^-$可与$^3DOM^*$发生反应，消耗体系中的$^3DOM^*$，因此表现出抑制效应，但总体上影响非常有限。

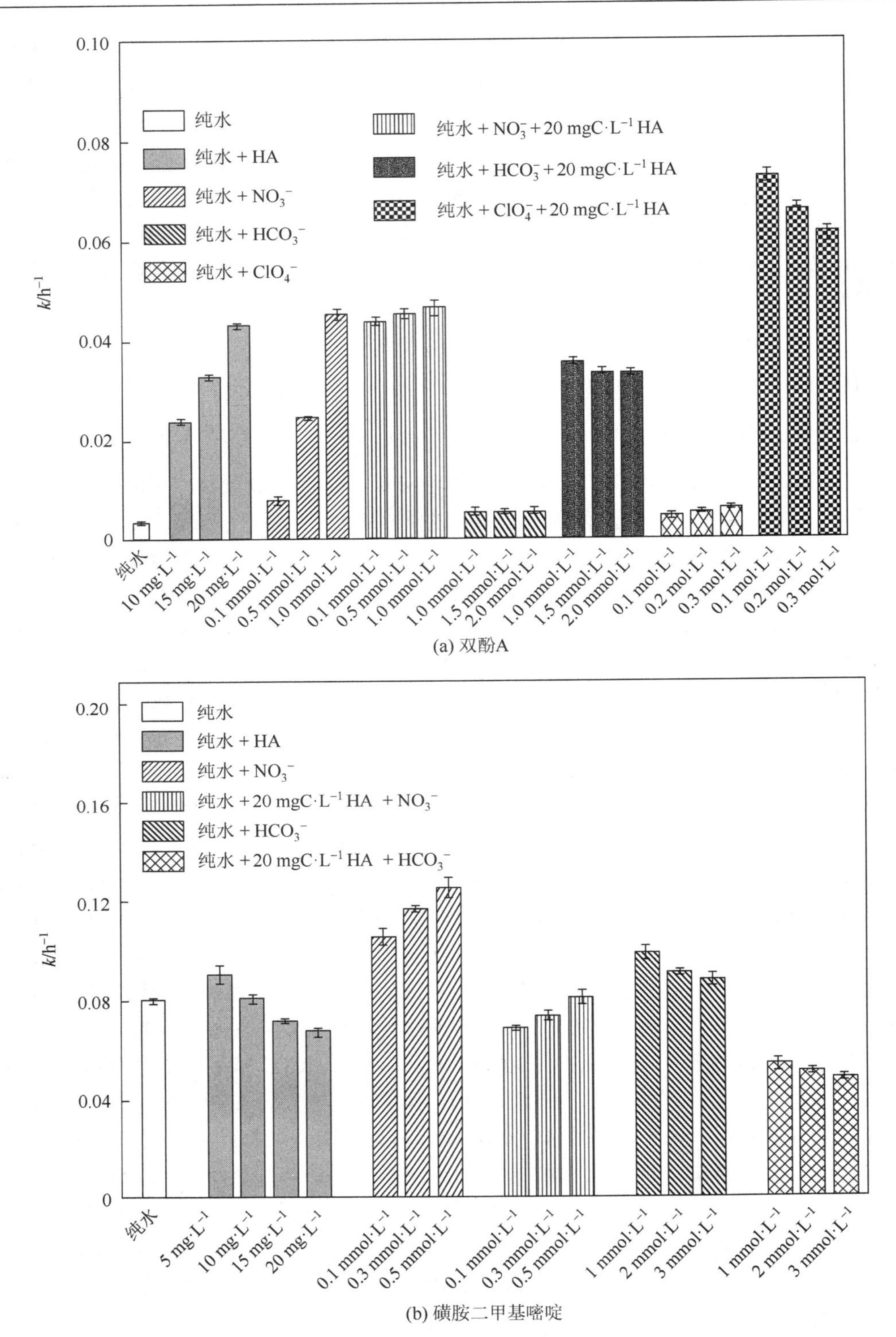


图 7-14　河口水中重要溶解性组分（除卤素离子）对有机微污染物光降解的影响

正负误差范围表示 95%的置信区间，$n = 3$

综上，双酚 A 在河口水中的光降解动力学的差异主要受其与 HRS 或 $^3DOM^*$反应活性的影响。而磺胺二甲基嘧啶在河口水中的光降解动力学的差异主要受卤素离子的离子强度效应、DOM 的光屏蔽效应以及其与 HRS 或 $^3DOM^*$反应活性的影响。

### 7.2.3　双酚 A 和磺胺二甲基嘧啶与 HRS 或 $^3$DOM$^*$的反应活性

以往的研究表明，化合物与活性物种的二级反应速率常数可反映二者之间的反应活性[40, 41]，因此本书采用竞争动力学方法测定双酚 A［图 7-15（a）～图 7-15（d）］和磺胺二甲基嘧啶［图 7-15（e）～图 7-15（h）］与•OH、Cl•、$Cl_2•^-$和 $^3DOM^*$的二级反应速率常数。

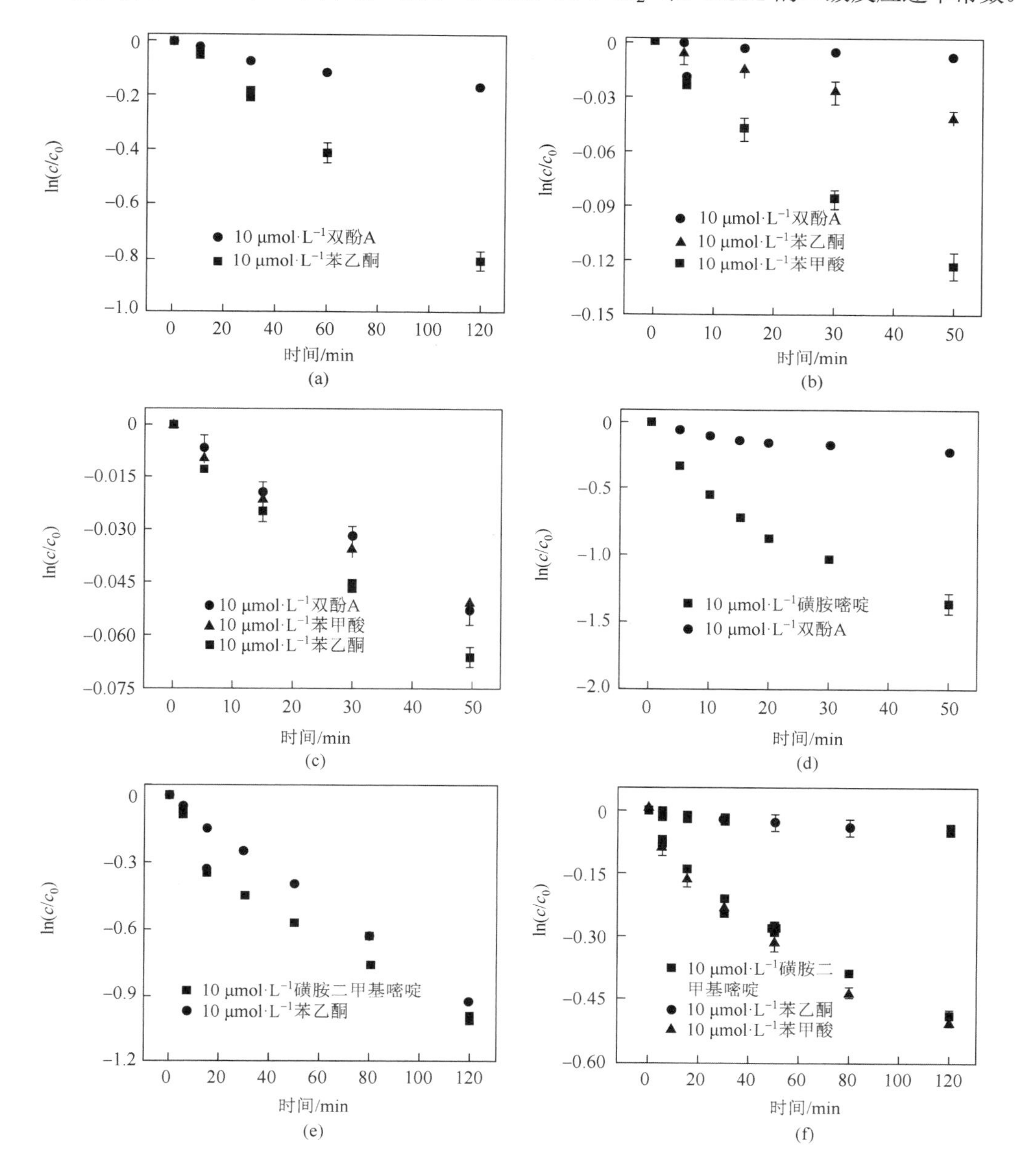

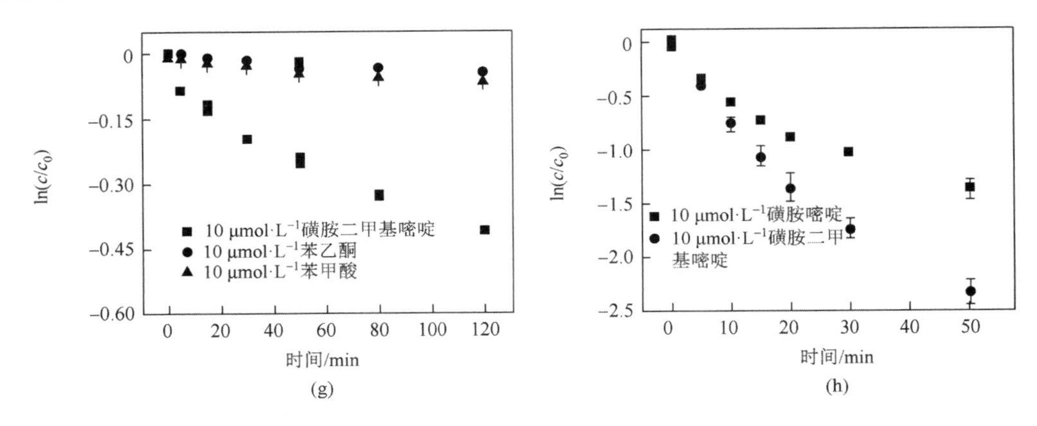


图 7-15　不同体系下有机微污染物与参比化合物的光降解动力学

（a）双酚 A 与•OH 二级反应速率常数测定，0.5 mmol·L$^{-1}$ $H_2O_2$、10 μmol·L$^{-1}$ 双酚 A 和 10 μmol·L$^{-1}$ 苯乙酮；（b）双酚 A 与 Cl•二级反应速率常数测定，5 mg·L$^{-1}$ 有效氯、10 μmol·L$^{-1}$ 双酚 A、10 μmol·L$^{-1}$ 苯乙酮和 10 μmol·L$^{-1}$ 苯甲酸；（c）双酚 A 与 $Cl_2^-$• 二级反应速率常数测定，5 mg·L$^{-1}$ 有效氯、0.3 mol·L$^{-1}$ NaCl、10 μmol·L$^{-1}$ 双酚 A、10 μmol·L$^{-1}$ 苯乙酮和 10 μmol·L$^{-1}$ 苯甲酸；（d）双酚 A 与 $^3$DOM$^*$二级反应速率常数测定，50 μmol·L$^{-1}$ 4-羟基二苯甲酮、10 μmol·L$^{-1}$ 磺胺嘧啶和 10 μmol·L$^{-1}$ 双酚 A；（e）磺胺二甲基嘧啶与•OH 二级反应速率常数测定，0.5 mmol·L$^{-1}$ $H_2O_2$、10 μmol·L$^{-1}$ 磺胺二甲基嘧啶和 10 μmol·L$^{-1}$ 苯乙酮；（f）磺胺二甲基嘧啶与 Cl•二级反应速率常数测定，5 mg·L$^{-1}$ 有效氯、10 μmol·L$^{-1}$ 磺胺二甲基嘧啶、10 μmol·L$^{-1}$ 苯乙酮和 10 μmol·L$^{-1}$ 苯甲酸；（g）磺胺二甲基嘧啶与 $Cl_2^-$• 二级反应速率常数测定，5 mg·L$^{-1}$ 有效氯、0.3 mol·L$^{-1}$ NaCl、10 μmol·L$^{-1}$ 磺胺二甲基嘧啶、10 μmol·L$^{-1}$ 苯乙酮和 10μmol·L$^{-1}$ 苯甲酸；（h）磺胺二甲基嘧啶与 $^3$DOM$^*$二级反应速率常数测定，50 μmol·L$^{-1}$ 4-羟基二苯甲酮、10 μmol·L$^{-1}$ 磺胺嘧啶和 10 μmol·L$^{-1}$ 磺胺二甲基嘧啶正负误差范围表示 95%的置信区间，$n = 3$

由表 7-2 可知，双酚 A 与 $^3$DOM$^*$的二级反应速率常数是其与 $Cl_2$•$^-$的二级反应速率常数的 52 倍，是其与 Cl•的二级反应速率常数的 2 倍；卡马西平与 $^3$DOM$^*$的二级反应速率常数是其与 $Cl_2$•$^-$的二级反应速率常数的 5 倍。虽然卡马西平与 Cl•的反应活性较高，但是高卤素离子浓度下卤素离子消耗 $^3$DOM$^*$生成的 HRS 以 $Cl_2$•$^-$为主[42]。所以对于双酚 A 和卡马西平，消耗 $^3$DOM$^*$生成的 HRS 对双酚 A 和卡马西平光降解的贡献不足以弥补被消耗的 $^3$DOM$^*$对它们的光降解的贡献（$^3$DOM$^*$可直接氧化降解有机微污染物），这也进一步证实了较高的卤素离子浓度对双酚 A 和卡马西平的光降解不利。而磺胺二甲基嘧啶与 HRS 的反应活性高于其与 $^3$DOM$^*$的反应活性，所以在 DOM 存在条件下，随着卤素离子浓度的增加，磺胺二甲基嘧啶的光降解速率常数 $k$ 值增大。

**表 7-2　双酚 A、卡马西平和磺胺二甲基嘧啶与活性物种（•OH、Cl•、$Cl_2$•$^-$和 $^3$DOM$^*$）的二级反应速率常数**

| 化合物 | •OH | Cl• | $Cl_2^-$• | $^3$DOM$^*$ |
|---|---|---|---|---|
| 双酚 A | $1.17\times10^9$ | $2.11\times10^8$ | $8.50\times10^6$ | $4.42\times10^8$ |
| 卡马西平 | $1.02\times10^9$ | $3.34\times10^{10}$ | $1.94\times10^7$ | $1.02\times10^8$ |
| 磺胺二甲基嘧啶 | $6.05\times10^9$ | $1.59\times10^{10}$ | $4.87\times10^{11}$ | $5.19\times10^9$ |

## 7.2.4　河口水 DOM 对双酚 A 和磺胺二甲基嘧啶的光降解机理

为进一步探究实际的河口水中双酚 A 和磺胺二甲基嘧啶的光降解机理，采用异丙醇和叔丁醇开展淬灭实验。如前所述，这两种自由基淬灭剂均可有效淬灭•OH，但对 HRS 的淬灭则存在显著差异。因此加入异丙醇后有机微污染物的光降解速率常数 $k_{IP}$ 和加入叔丁醇后其光降解速率常数 $k_{TB}$ 的差值 $k_{IP}-k_{TB}$ 可以反映 HRS 对有机微污染物光降解的贡献。

由图 7-16 可知，加入叔丁醇和异丙醇后 1#和 2#水样中双酚 A 和磺胺二甲基嘧啶的光降解都明显被抑制，它们的光降解速率常数都出现下降，说明 HRS 参与了河口水中双酚 A 和磺胺二甲基嘧啶的光降解，但是 HRS 对它们的光降解的贡献却有显著差异。用加入异丙醇后有机微污染物的光降解速率常数 $k_{IP}$、加入叔丁醇后其光降解速率常数 $k_{TB}$ 的差值 $k_{IP}-k_{TB}$ 与相应体系中不加淬灭剂时有机微污染物光降解速率常数的比值（$k_{IP}-k_{TB}$）/$k$ 来反映体系中 HRS 对有机微污染物光降解的贡献。如图 7-16（a）所示，HRS 对双酚 A 在 1#水样中的光降解的贡献($k_{IP}-k_{TB}$)/$k$（44.8%）小于在 2#水样中对其光降解的贡献（32.5%）；而 HRS 对磺胺二甲基嘧啶在 1#水样中的光降解的贡献($k_{IP}-k_{TB}$)/$k$（3.1%）大于在 2#水样中对其光降解的贡献（29.8%）[图 7-16（b）]，这也再次证实 HRS 是河口水中影响有机微污染物光降解的重要活性物种，且在很大程度上可以解释为什么双酚 A 在 1#水样中的光降解比在 2#水样中的光降解快，而磺胺二甲基嘧啶在 2#水样中的光降解比在 1#水样中的光降解快。

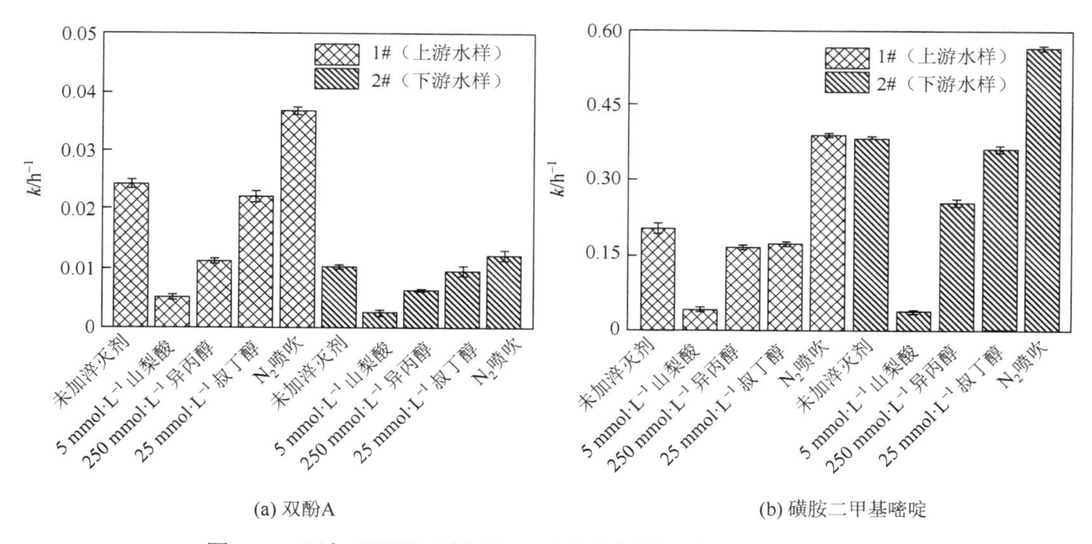

(a) 双酚A　　(b) 磺胺二甲基嘧啶

图 7-16　添加不同淬灭剂对河口水中有机微污染物光降解的影响

正负误差范围表示 95%的置信区间，$n = 3$

向河口水样中添加山梨酸后，双酚 A 和磺胺二甲基嘧啶在 1#水样和 2#水样中的 $k$ 值都急剧下降（>75%）（图 7-16）。山梨酸是 $^3DOM^*$和 $^1O_2$ 的淬灭剂，前人研究发现[32]，$O_2$ 可以淬灭 $^3DOM^*$生成 $^1O_2$，为进一步区分 $^3DOM^*$和 $^1O_2$ 对有机微污染物光降解的贡献，进行通氮气除氧实验。如图 7-16 所示，通入氮气后 1#水样和 2#水样中双酚 A 和磺胺二甲基嘧啶的 $k$ 值都增加 1.5～2 倍，说明 $^3DOM^*$是河口水中诱发双酚 A 和磺胺二甲基嘧啶光降解的重要活性物种。

本节以双酚 A 和磺胺二甲基嘧啶为例，研究河口水中有机微污染物的光降解动力学及河口水中重要溶解性组分（如 $Cl^-$、$Br^-$、DOM、 $NO_3^-$ 和 $HCO_3^-$ ）对它们的光降解的影响。研究结果表明，河口水中双酚 A 和磺胺二甲基嘧啶的光降解速率常数 $k$ 比纯水中的大，其中双酚 A 在上游（1#）水样中的 $k$ 值比在下游（2#）水样中的大，磺胺二甲基嘧啶在（2#）下游水样中的光降解比在上游（1#）水样中的光降解快。稳态光降解实验表明 DOM 及其与卤素离子的共同作用会显著影响双酚 A 和磺胺二甲基嘧啶的光降解。虽然 $NO_3^-$ 和 $HCO_3^-$ 也会影响它们的光降解，但是与 DOM 共存时对双酚 A 和磺胺二甲基嘧啶的影响不明显。自由基淬灭实验和竞争动力学实验发现 $^3DOM^*$和 HRS 是决定河口水样中双酚 A 和磺胺二甲基嘧啶光降解的主要活性物种。由于双酚 A 与 $^3DOM^*$的反应活性[二级反应速率常数 $k_{BPA,\ ^3DOM^*} = 4.42 \times 10^8\ (mol \cdot L^{-1})^{-1} \cdot s^{-1}$] 要高于双酚 A 与 HRS 的反应活性[ $k_{BPA,\ Cl\cdot} = 2.11 \times 10^8\ (mol \cdot L^{-1})^{-1} \cdot s^{-1}$， $k_{BPA,\ Cl_2^-\cdot} = 8.5 \times 10^6\ (mol \cdot L^{-1})^{-1} \cdot s^{-1}$]，下游水样中高含量的卤素离子易淬灭 $^3DOM^*$而产生反应活性较低的 HRS，致使下游水样中双酚 A 的光降解速率低于上游水样。磺胺二甲基嘧啶与 HRS 具有较高的反应活性 [ $k_{SMZ,\ ^3DOM^*} = 5.19 \times 10^9\ (mol \cdot L^{-1})^{-1} \cdot s^{-1}$，$k_{SMZ,\ Cl\cdot} = 1.59 \times 10^{10}\ (mol \cdot L^{-1})^{-1} \cdot s^{-1}$， $k_{SMZ,\ Cl_2^-\cdot} = 4.87 \times 10^{11}\ (mol \cdot L^{-1})^{-1} \cdot s^{-1}$]，且离子强度效应对磺胺二甲基嘧啶的光降解有促进作用，因此高含量的卤素离子更有利于磺胺二甲基嘧啶的光降解。

## 参 考 文 献


[1] Bu Q W，Wang B，Huang J，et al. Pharmaceuticals and personal care products in the aquatic environment in China：a review[J]. Journal of Hazardous Materials，2013，262：189-211.

[2] Du J，Zhao H X，Liu S S，et al. Antibiotics in the coastal water of the South Yellow Sea in China：occurrence，distribution and ecological risks[J]. Science of the Total Environment，2017，595：521-527.

[3] Li Y J，Qiao X L，Zhang Y N，et al. Effects of halide ions on photodegradation of sulfonamide antibiotics：formation of halogenated intermediates[J]. Water Research，2016，102：405-412.

[4] Zhang Q Q，Ying G G，Pan C G，et al. Comprehensive evaluation of antibiotics emission and fate in the river basins of China：source analysis，multimedia modeling，and linkage to bacterial resistance[J]. Environmental Science & Technology，2015，49（11）：6772-6782.

[5] Zhao Q，Fang Q，Liu H Y，et al. Halide-specific enhancement of photodegradation for sulfadiazine in estuarine waters：roles of halogen radicals and main water constituents[J]. Water Research，2019，160：209-216.

[6] Hou Z C，Fang Q，Liu H Y，et al. Photolytic kinetics of pharmaceutically active compounds from upper to lower estuarine waters：roles of triplet-excited dissolved organic matter and halogen radicals[J]. Environmental Pollution，2021，276：116692.

[7] Tabata A，Kashiwada S，Ohnishi Y，et al. Estrogenic influences of estradiol-17 b，p-nonylphenol and bis-phenol-A on Japanese Medaka（Oryzias latipes）at detected environmental concentrations[J]. Water Science and Technology，2001，43（2）：109-116.

[8] Zhou X F，Dai C M，Zhang Y L，et al. A preliminary study on the occurrence and behavior of carbamazepine（CBZ）in aquatic environment of Yangtze River Delta，China[J]. Environmental Monitoring and Assessment，2011，173（1）：45-53.

[9] Balmer B，Ylitalo G，Watwood S，et al. Comparison of persistent organic pollutants（POPs）between small cetaceans in coastal and estuarine waters of the northern Gulf of Mexico[J]. Marine Pollution Bulletin，2019，145：239-247.

[10] Sánchez-Avila J，Vicente J，Echavarri-Erasun B，et al. Sources，fluxes and risk of organic micropollutants to the Cantabrian Sea（Spain）[J]. Marine Pollution Bulletin，2013，72（1）：119-132.

[11] Zhou C Z，Chen J W，Xie H J，et al. Modeling photodegradation kinetics of organic micropollutants in water bodies：a case

of the Yellow River Estuary[J]. Journal of Hazardous Materials，2018，349：60-67.

[12] 郭忠禹，陈景文，张思玉，等.天然水中溶解性有机质对有机微污染物光化学转化的影响[J]. 科学通报，2020，65（26）：2786-2803.

[13] 房岐，徐子豪，刘宁彧，等. 双酚 A 在河口水中的光解动力学[J]. 中国环境科学，2020，40（4）：1659-1666.

[14] Zhou Z，Chen B，Qu X，et al. Dissolved black Carbon as an efficient sensitizer in the photochemical transformation of 17β-estradiol in aqueous solution[J]. Environmental Science & Technology，2018，52（18）：10391-10399.

[15] Bodhipaksha L C，Sharpless C M，Chin Y P，et al. Triplet photochemistry of effluent and natural organic matter in whole water and isolates from effluent-receiving rivers[J]. Environmental Science & Technology，2015，49（6）：3453-3463.

[16] McKay G，Huang W X，Romera-Castillo C，et al. Predicting reactive intermediate quantum yields from dissolved organic matter photolysis using optical properties and antioxidant capacity[J]. Environmental Science & Technology，2017，51（10）：5404-5413.

[17] Zhou H X，Lian L S，Yan S W，et al. Insights into the photo-induced formation of reactive intermediates from effluent organic matter：the role of chemical constituents[J]. Water Research，2017，112：120-128.

[18] Grebel J E，Pignatello J J，Mitch W A. Impact of halide ions on natural organic matter-sensitized photolysis of 17β-estradiol in saline waters[J]. Environmental Science & Technology，2012，46（13）：7128-7134.

[19] Grebel J E，Pignatello J J，Song W H，et al. Impact of halides on the photobleaching of dissolved organic matter[J]. Marine Chemistry，2009，115（1-2）：134-144.

[20] Parker K M，Pignatello J J，Mitch W A. Influence of ionic strength on triplet-state natural organic matter loss by energy transfer and electron transfer pathways[J]. Environmental Science & Technology，2013，47（19）：10987-10994.

[21] Asmala E，Bowers D G，Autio R，et al. Qualitative changes of riverine dissolved organic matter at low salinities due to flocculation[J]. Journal of Geophysical Research：Biogeosciences，2014，119（10）：1919-1933.

[22] Parker K M，Reichwaldt E S，Ghadouani A，et al. Halogen radicals promote the photodegradation of microcystins in estuarine systems[J]. Environmental Science & Technology，2016，50（16）：8505-8513.

[23] Parker K M，Mitch W A. Halogen radicals contribute to photooxidation in coastal and estuarine waters[J]. Proceedings of the National Academy of Sciences of the United States of America，2016，113（21）：5868-5873.

[24] Vione D，Minella M，Maurino V，et al. Indirect photochemistry in sunlit surface waters：photoinduced production of reactive transient species[J]. Chemistry-A European Journal，2014，20（34）：10590-10606.

[25] Kim E，Ahn H，Jo H Y，et al. Chlorite alteration in aqueous solutions and uranium removal by altered chlorite[J]. Journal of Hazardous Materials，2017，327：161-170.

[26] Wang J Q，Chen J W，Qiao X L，et al. DOM from mariculture ponds exhibits higher reactivity on photodegradation of sulfonamide antibiotics than from offshore seawaters[J]. Water Research，2018，144：365-372.

[27] Lyu L L，Liu G，Shang Y X，et al. Characterization of dissolved organic matter（DOM）in an urbanized watershed using spectroscopic analysis[J]. Chemosphere，2021，277：130210.

[28] Wang Y Q，Liu J，Liem-Nguyen V，et al. Binding strength of mercury（II）to different dissolved organic matter：the roles of DOM properties and sources[J]. Science of the Total Environment，2022，807：150979.

[29] Vione D，Khanra S，Man S，et al. Inhibition vs. enhancement of the nitrate-induced phototransformation of organic substrates by the•OH scavengers bicarbonate and carbonate[J]. Water Research，2009，43（18）：4718-4728.

[30] Mack J，Bolton J R. Photochemistry of nitrite and nitrate in aqueous solution：a review[J]. Journal of Photochemistry and Photobiology A：Chemistry，1999，128（1-3）：1-13.

[31] Peng Z E，Wu F，Deng N S. Photodegradation of bisphenol A in simulated lake water containing algae，humic acid and ferric ions[J]. Environmental Pollution，2006，144（3）：840-846.

[32] Li Y J，Liu X L，Zhang B J，et al. Aquatic photochemistry of sulfamethazine：multivariate effects of main water constituents and mechanisms[J]. Environmental Science：Processes & Impacts，2018，20（3）：513-522.

[33] Jammoul A，D'umas S，D'Anna B，et al. Photoinduced oxidation of sea salt halides by aromatic ketones：a source of

halogenated radicals[J]. Atmospheric Chemistry and Physics，2009，9（13）：4229-4237.

[34] Mendez-Diaz J，Shimabuku K，Ma J，et al. Sunlight-driven photochemical halogenation of dissolved organic matter in seawater：a natural abiotic source of organobromine and organoiodine[J]. Environmental Science & Technology，2014，48（13）：7418-7427.

[35] Li Y J，Wei X X，Chen J W，et al. Photodegradation mechanism of sulfonamides with excited triplet state dissolved organic matter：a case of sulfadiazine with 4-carboxybenzophenone as a proxy[J]. Journal of Hazardous Materials，2015，290：9-15.

[36] Wenk J，Eustis S N，McNeill K，et al. Quenching of excited triplet states by dissolved natural organic matter[J]. Environmental Science & Technology，2013，47（22）：12802-12810.

[37] Li Y J，Qiao X L，Zhang Y N，et al. Effects of halide ions on photodegradation of sulfonamide antibiotics：formation of halogenated intermediates[J]. Water Research，2016，102：405-412.

[38] Vione D，Maurino V，Minero C，et al. Phenol chlorination and photochlorination in the presence of chloride ions in homogeneous aqueous solution[J]. Environmental Science & Technology，2005，39（13）：5066-5075.

[39] Vione D，Maurino V，Man S C，et al. Formation of organobrominated compounds in the presence of bromide under simulated atmospheric aerosol conditions[J]. Chem. Sus. Chem.，2008，1（3）：197-204.

[40] Vione D，Feitosa-Felizzola J，Minero C，et al. Phototransformation of selected human-used macrolides in surface water：Kinetics，model predictions and degradation pathways[J]. Water Research 2009，43（7）：1959-1967.

[41] Zhou Y，Gao Y，Pang S Y，et al. Oxidation of fluoroquinolone antibiotics by peroxymonosulfate without activation：Kinetics，products，and antibacterial deactivation[J]. Water Research，2018，145：210-219.

[42] Zhang K M，Parker K. Halogen Radical oxidants in natural and engineered aquatic systems[J]. Environmental Science & Technology，2018，52（17）：9579-9594.

# 第 8 章　河口水常见卤素离子对 DBC 光化学活性的影响

## 8.1　卤素离子对 DBC 光致活性氧物种的影响

### 8.1.1　卤素离子对 DBC 紫外吸光特性的影响

小麦 DBC、玉米 DBC、SRHA（苏瓦尼河腐殖酸）和 SRFA（苏瓦尼河富里酸）在三种合成基质（淡水、离子强度控制和海水卤化物）中的紫外可见吸收光谱数据通过紫外可见光光谱分析仪测得（图 8-1）。同一种 DOM 在不同合成基质中的紫外可见光吸收率没有出现明显差异，表明卤素离子对 DOM 的紫外可见光吸收率没有产生显著影响。

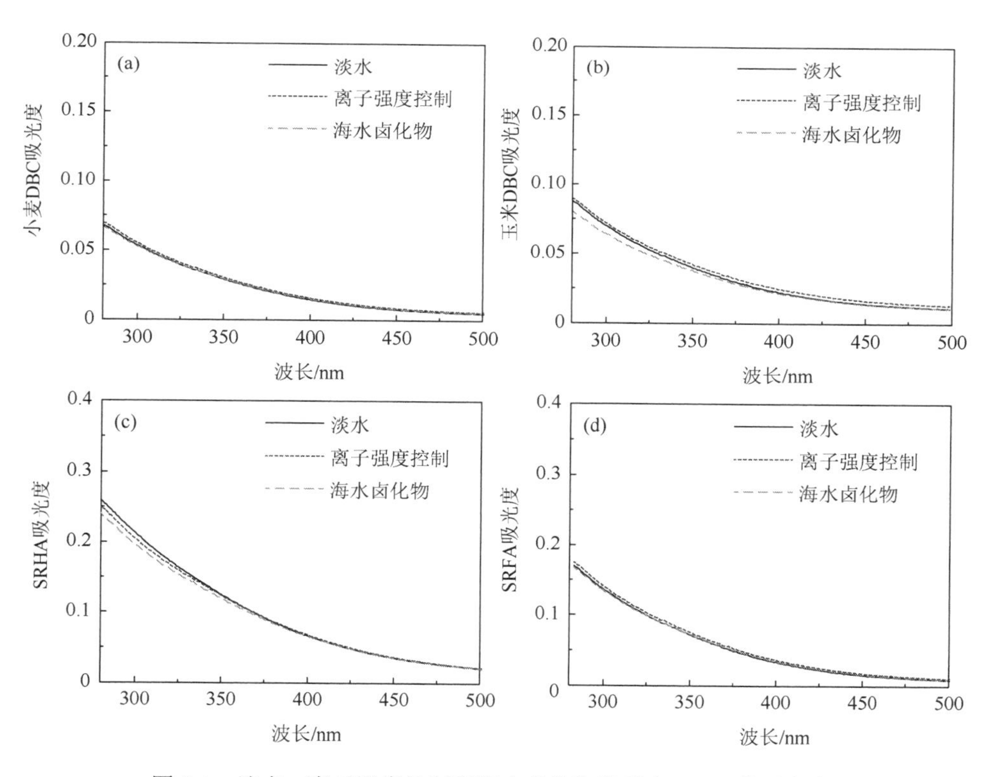


图 8-1　淡水、离子强度控制和海水卤化物基质中 DOM 的吸光度

### 8.1.2　卤素离子对 DBC 光致 $^1O_2$ 的影响

能量转移和电子转移是参与 $^3DOM^*$ 介导的光转化的两个主要途径[1-5]。由于激发三重

态是 $^1O_2$ 的前体物，$\Phi_{^1O_2}$ 被视为衡量激发三重态能量转移能力的关键参数[2, 6]。高能激发三重态（$E_T$＞250 kJ·mol$^{-1}$）对 DOM 的光活性非常重要，它可以将能量转移到多环芳香烃、硝基芳香化合物和共轭二烯，然后对其进行光敏化和降解[3, 7]。$^1O_2$ 是 $^3DOM^*$和溶解氧能量转移过程中形成的主要产物，基态氧分子形成 $^1O_2$ 所需的能量仅为 94 kJ·mol$^{-1}$[8]。因此，具有共轭二烯结构的山梨酸，一方面可以用作三重态的探针化合物，另一方面可以作为高能激发三重态的淬灭剂。为了更全面地探究 $^3DOM^*$的光化学活性，高能 $^3DOM^*$和低能 $^3DOM^*$分别通过添加和不添加山梨酸时的 $^1O_2$ 量子产率来表征，并分别探讨高能 $^3DBC^*$和低能 $^3DBC^*$对卤素离子存在条件下 $^1O_2$ 光诱导生成的影响，评估三种合成基质中添加和不添加山梨酸时淬灭实验的 $\Phi_{^1O_2}$ 值。$\Phi_{^1O_2}$ 通过检测 FFA 的损失来测定。结合山梨酸对高能 $^3DOM^*$的淬灭情况和 FFA 探针，计算卤素离子存在条件下 DBC 溶液的 $\Phi_{^1O_2}$ 值。与 SRHA 和 SRFA 一样，观察到 DBC 溶液含和不含卤素离子时高能/低能 $^3DBC^*$的 $\Phi_{^1O_2}$ 没有产生显著差异［图 8-2（a）］。上述研究结果表明，卤素离子对高能/低能 $^3DBC^*$光诱导生成 $^1O_2$ 没有产生明显影响。

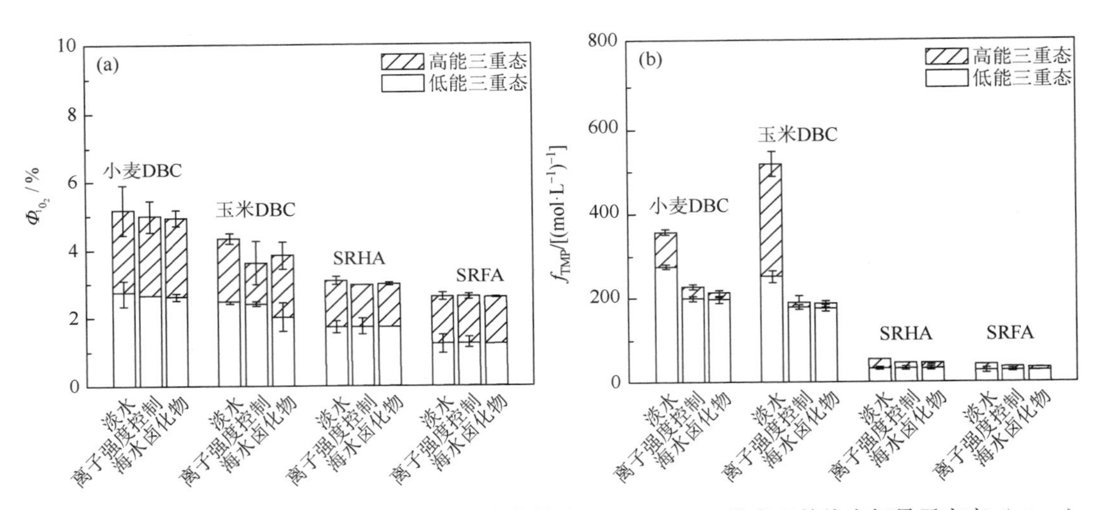


图 8-2 山梨酸对淡水、离子强度控制和海水卤化物中 5 mg/L DOM 的表观单线态氧量子产率（$\Phi_{^1O_2}$）和激发三重态量子产率（$f_{TMP}$）的影响

误差线表示平均值的标准偏差，$n = 3$

### 8.1.3 卤素离子对 DBC 光致 $^3DBC^*$的影响

有研究表明，TMP 可以用作表征电子转移机制的三重态探针[9, 10]，其中三重态表现为电子受体。因此，为了探讨卤素离子对 $^3DBC^*$电子转移的影响，使用 TMP 来评估 $^3DBC^*$在存在/不存在卤素离子情况下的电子转移能力。结合山梨酸对高能三重态的淬灭，将 TMP 添加到含有 DBC 的纯水、离子强度控制和海水卤化物基质中，以研究海水水平的卤素离子对高能/低能 $^3DBC^*$的电子转移的影响。如图 8-2（b）所示，与纯水相比，卤素

离子使 $^3DBC^*$的 $f_{TMP}$ 值降低了约 50%，表明 $^3DBC^*$和 TMP 的反应受到卤素离子的抑制。值得注意的是，在存在卤素离子的情况下，与纯水相比，高能 $^3DBC^*$的 $f_{TMP}$ 值显著降低了约 84%，而对于高能 $^3NOM^*$，加入卤化物后，$f_{TMP}$ 值降低了约 27%。对于低能三重态，在卤素离子存在条件下，$^3DBC^*$减少了约 29%，而 $^3NOM^*$没有观察到明显地减少（约 7%）。上述研究结果表明，参与 TMP 氧化反应的高能 $^3DBC^*$比高能 $^3NOM^*$更容易受到卤素离子的影响。

根据前人的研究，$^3NOM^*$和 $^3DBC^*$的高能部分主要是芳香酮类成分，而 $^3NOM^*$和 $^3DBC^*$的低能部分可能是醌类或奎宁类成分[2, 11]。用两种三重态模型光敏剂 1, 4-萘醌（$E_T = 241\ kJ \cdot mol^{-1}$）和 4-羧基苯并（CBBP，$E_T = 286\ kJ \cdot mol^{-1}$）模拟三重态的芳香酮类和醌类成分[2]，以探究含/不含卤素离子的模型光敏剂的高能/低能三重态的变化。模拟结果表明，作为卤素离子浓度的变化函数，1, 4-萘醌三重态的变化趋势与低能 $^3DBC^*$相似，表明在卤素离子存在条件下抑制三重态的电子转移过程（图 8-3）。而对于含卤素离子的 CBBP，其三重态的能量变化与高能 $^3DBC^*$不同。CBBP 是一种没有电子受体与供体相互作用的特定化合物[12]，CBBP 与 DBC 之间不同的行为表明，卤素离子对 DBC 电子转移的抑制可能与 DBC 的复杂结构有关，而另一部分原因可能是受到电子受体与供体之间相互作用的影响。此外，这些现象的主要影响因素仍然是离子强度效应，而不是卤素离子的特定效应。

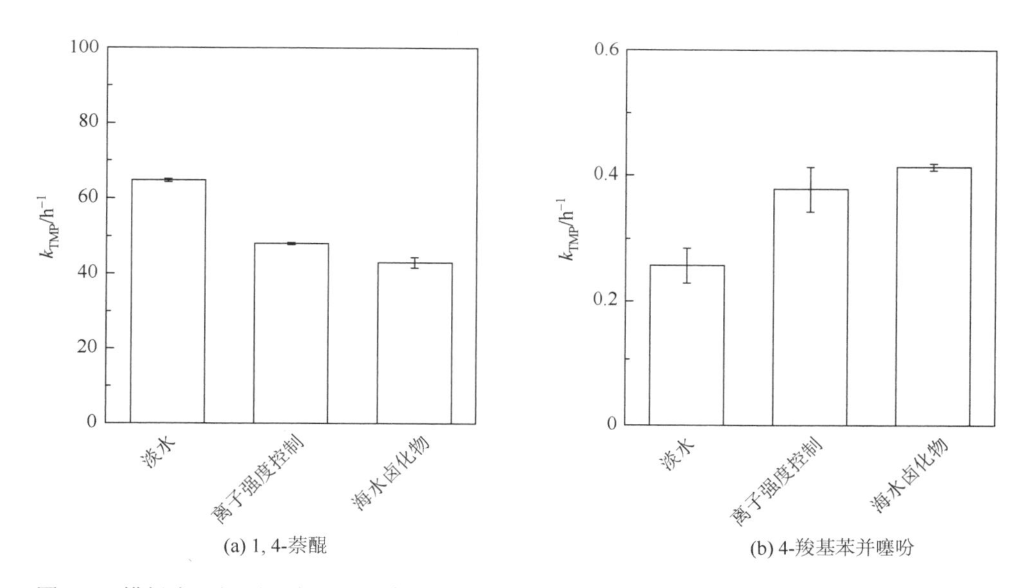


图 8-3　模拟太阳辐照下在淡水、离子强度控制和海水卤化物基质中对 2, 4, 6-三甲基苯酚的表观光降解速率常数（$k_{TMP}$）

误差线表示平均值的标准偏差，$n = 3$

从图 8-2 中可以发现，虽然 DBC 在卤素离子存在条件下的 $f_{TMP}$ 受到离子强度效应的影响，但它仍然大于 NOM 的 $f_{TMP}$ 值，表明 $^3DBC^*$在海水中的电子转移能力比 $^3NOM^*$强。上述研究结果表明，与 $^3NOM^*$不同，对于光氧化容量远大于 $^3NOM^*$的 $^3DBC^*$，卤素离子的 IS（离子强度）效应不仅会抑制高能 $^3DBC^*$的电子转移过程，还会抑制低能 $^3DBC^*$的电子转移过程，并且 DBC 在卤素离子存在条件下的光化学活性仍优于 NOM。

为了深入研究离子强度对 $^3DBC^*$电子转移的影响，在不同离子强度下对 DBC 溶液进行 TMP 降解实验。在含有梯度浓度（0～0.18 mol·L$^{-1}$）$Na_2SO_4$ 的合成基质溶液中，与高能/低能 $^3NOM^*$的 $f_{TMP}$ 相比，高能/低能 $^3DBC^*$的 $f_{TMP}$ 随着离子强度从 0 mol·L$^{-1}$ 增加到 0.54 mol·L$^{-1}$ 而明显降低（图 8-4）。研究结果表明，随着离子强度的增加，与 $^3NOM^*$相比，高能/低能 $^3DBC^*$的电子转移过程受到更强的离子强度效应抑制。

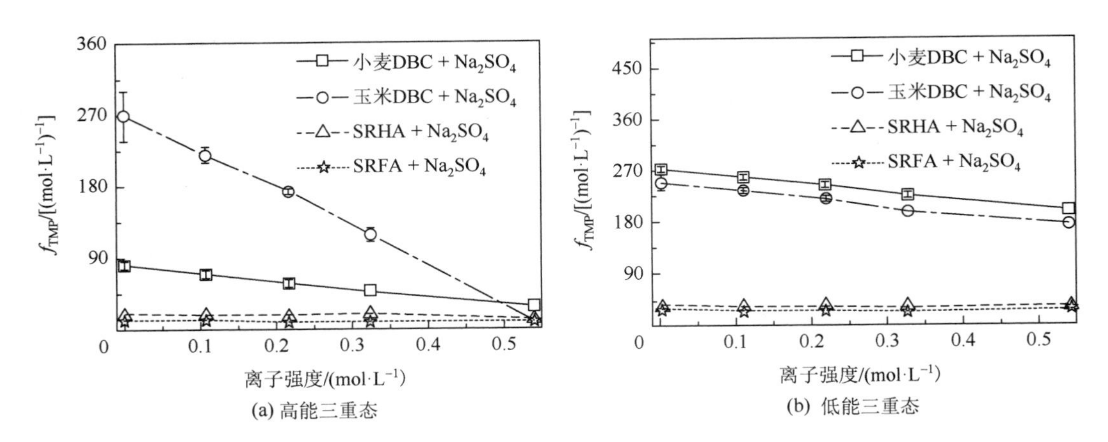


图 8-4　离子强度对 $Na_2SO_4$ 基质中 5 mg/L DOM 的高能和低能三重态量子产率系数（$f_{TMP}$）的影响

误差线表示平均值的标准偏差，$n = 3$

### 8.1.4　卤素离子对 DBC 光致•$O_2^-$的影响

DBC/NOM 的光诱导电子转移过程可以产生超氧自由基（•$O_2^-$）[11, 13]，比较淡水、离子强度控制和海水卤化物合成基质中光诱导生成•$O_2^-$的情况发现，在三种合成基质中，•$O_2^-$的形成没有明显差异，表明卤素离子不会明显影响 DBC 溶液中•$O_2^-$的光诱导生成（图 8-5）。

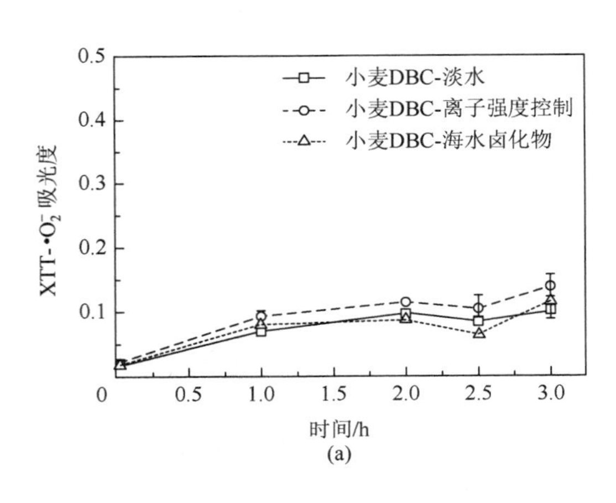


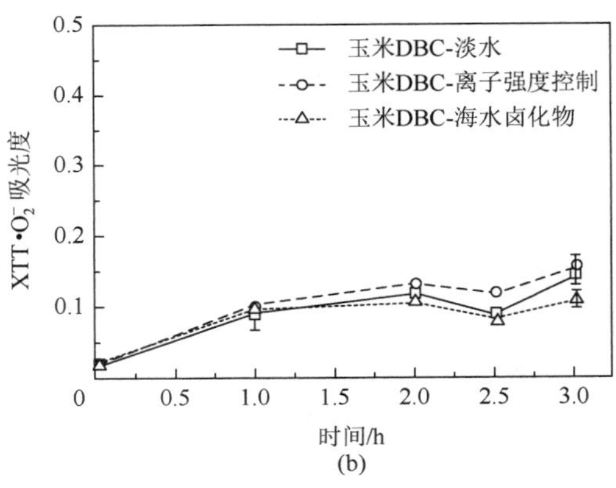

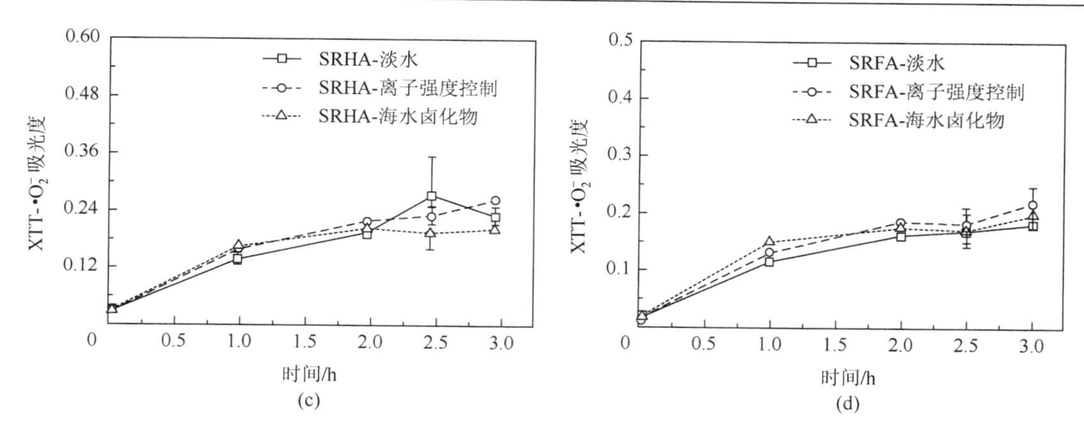


图 8-5　超氧自由基在不同体系的 DOM 溶液中的形成情况

误差线表示平均值的标准偏差，$n = 3$

### 8.1.5　卤素离子对 DBC 光致•OH 的影响

卤素离子对不同 DBC 产生•OH 的稳态浓度见表 8-1。

**表 8-1　不同基质下 DOM 中•OH 的稳态浓度**　（单位：$\times 10^{-16}$ mol·L$^{-1}$）

| DOM | 淡水 | 离子强度控制 | 海水卤化物 |
|---|---|---|---|
| 小麦 DBC | 1.43 | 1.92 | 1.93 |
| 玉米 DBC | 1.46 | 2.42 | 2.42 |
| SRHA | 0.85 | 1.57 | 1.64 |
| SRFA | 0.96 | 1.67 | 1.60 |

## 8.2　卤素离子对 $^3$DBC$^*$光化学活性的影响

### 8.2.1　$^3$DBC$^*$的生成速率、淬灭速率和稳态浓度

本节将量化在不存在/存在卤素离子的情况下 $^3$DOM$^*$的形成速率和淬灭速率。在不同浓度（0.5～3.0 mmol·L$^{-1}$）的过量 TMP（作为 $^3$DOM$^*$的探针）和含/不含卤素离子的条件下，计算 $^3$DOM$^*$的 $F_T$、$k_s'$ 和$[T]_{ss}$值[14, 15]。三种不同基质中 $^3$DOM$^*$的 $F_T$ 值没有差异［图 8-6（a）］。然而，与纯水相比，$^3$DOM$^*$的 $k_s'$ 值因卤素离子的存在而降低［图 8-6（b）］。这可能是因为 $^3$DOM$^*$与 DOM 之间的电子转移过程（类似于 $^3$DOM$^*$与 TMP 之间的电子转移过程）很容易被卤素离子抑制。此外，在离子强度控制基质和海水卤化物基质中未观察到 $k_s'$ 产生显著差异，表明 $k_s'$ 主要受离子强度效应影响，而非卤素离子的特定盐类效应。在图 8-6（c）中可以观察到，在卤素离子存在条件下，$[T]_{ss}$ 显著高于纯水的$[T]_{ss}$。根据式（8.2.1），卤素离子没有对 $F_T$ 产生显著影响，因此海水中卤素离子的$[T]_{ss}$增加是由于 $k_s'$ 减小。

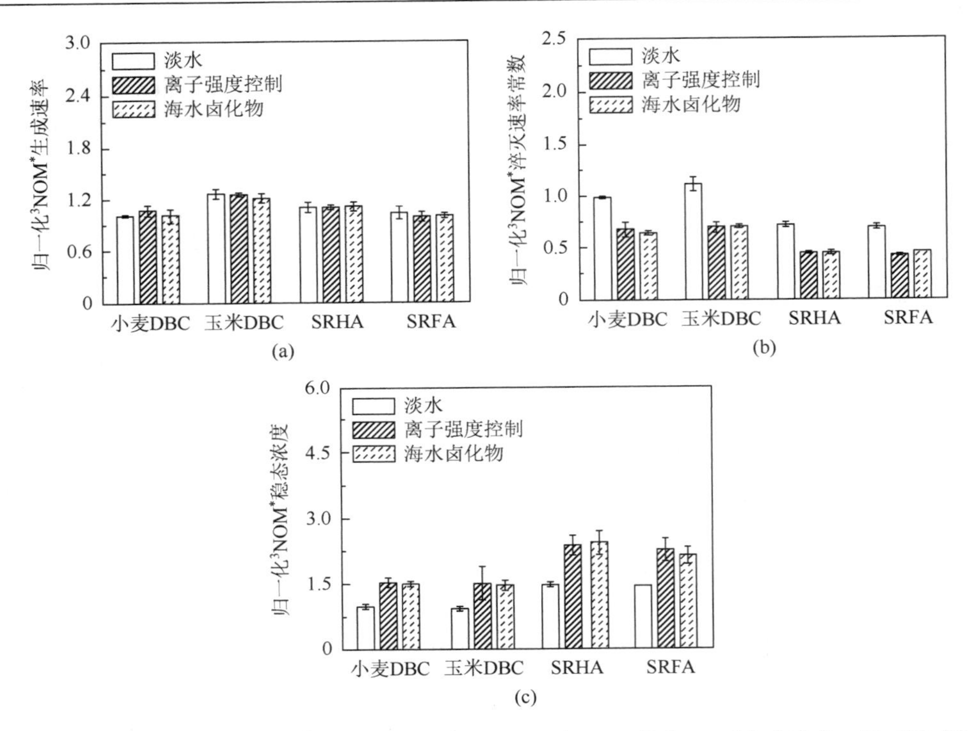


图 8-6　淡水、离子强度控制和海水卤化物基质中 5 mg·L$^{-1}$ DOM 的 $^3$DOM$^*$生成速率、淬灭速率常数和稳态浓度（所有样本均标准化为淡水小麦 DBC 值）

误差线表示平均值的标准偏差，$n = 3$

$^3$DOM$^*$的生成速率 $F_T$（mol·L$^{-1}$·s$^{-1}$）和淬灭速率 $k_s'$（s$^{-1}$）的值可通过式（8.2.1）获得：

$$k_{TMP} = \frac{F_T k_P}{k_P[TMP]_0 + k_s'} \tag{8.2.1}$$

式中，$k_P$ 为 TMP 与 $^3$DOM$^*$的二级反应速率常数[(mol·L$^{-1}$)$^{-1}$·s$^{-1}$]；[TMP]$_0$ 为 TMP 的初始浓度（mol·L$^{-1}$）。

$k_s'$ 涉及溶解氧引起的 $^3$DOM$^*$淬灭[$k_{O_2}$[O$_2$](s$^{-1}$)]和 $^3$DOM$^*$自身的物理淬灭[$k_d$(s$^{-1}$)]：

$$k_s' = k_{O_2}[O_2] + k_d \tag{8.2.2}$$

将式（8.2.1）线性化，可得到

$$\frac{1}{k_{TMP}} = \frac{[TMP]_0}{F_T} + \frac{k_s'}{F_T k_P} \tag{8.2.3}$$

式中，$F_T$ 和 $k_s'/k_P$ 可根据式（8.2.3）的斜率和截距获得。

由于 DOM 发色团和结构的复杂性，TMP 探针和不同的 $^3$DOM$^*$之间没有精确的 $k_P$ 值。考虑到本书的主要研究目的是探究卤素离子存在条件下的 $^3$DOM$^*$光化学行为，而当其他基质溶液的相关数据标准化为淡水基质数据时可以抵消 $k_P$，因此为了简化计算，假设 $k_P$ 为 6.2×10$^8$ (mol·L$^{-1}$)$^{-1}$·s$^{-1}$ [12]。

$^3DOM^*$的$[T]_{ss}$（$mol\cdot L^{-1}$）值的计算公式如下：

$$[T]_{ss}=\frac{F_T}{k_s'} \tag{8.2.4}$$

### 8.2.2　离子强度对 $^3DBC^*$生成速率、淬灭速率和稳态浓度的影响

Parker 等研究了离子强度和特定的卤化物离子对 DOM 激发三重态的影响，并观察到离子强度效应对 DOM 激发三重态损失的抑制[12]。有研究表明，离子强度效应在卤素离子存在条件下对 $^3DBC^*$的淬灭起着重要的抑制作用。此外，卤素离子的高浓度 $^3DBC^*$不会影响 $^1O_2$ 的光诱导生成，这可能归因于海水卤化物基质的溶解氧浓度（约为 210 $\mu mol\cdot L^{-1}$）与纯水基质的相比较低（约为 260 $\mu mol\cdot L^{-1}$）[12, 16]。这意味着在海水水平的卤素离子中，高浓度 $^3DBC^*$产生的 $^1O_2$ 可以补偿由低溶解氧浓度导致的 $^1O_2$ 损失。

为了进一步研究离子强度对 $^3DBC^*$的影响，在模拟河口离子强度梯度（0～0.18 $mol\cdot L^{-1}$ $Na_2SO_4$）的情况下计算 $^3DBC^*$的 $F_T$、$k_s'$ 和$[T]_{ss}$。如图 8-7 所示，对于 $^3DBC^*$，未观察到 $F_T$ 发生显著变化，但随着 $Na_2SO_4$ 浓度的增加，$k_s'$ 逐渐减小，导致通过式（8.2.4）计算的$[T]_{ss}$ 持续增大。随着离子强度变化，两个 $^3DOM^*$也观察到了类似的现象。尽管 DBC 和 DOM 的来源不同，但离子强度对其三重态的抑制作用相似，这与前人的研究结果一致[12, 16, 17]。

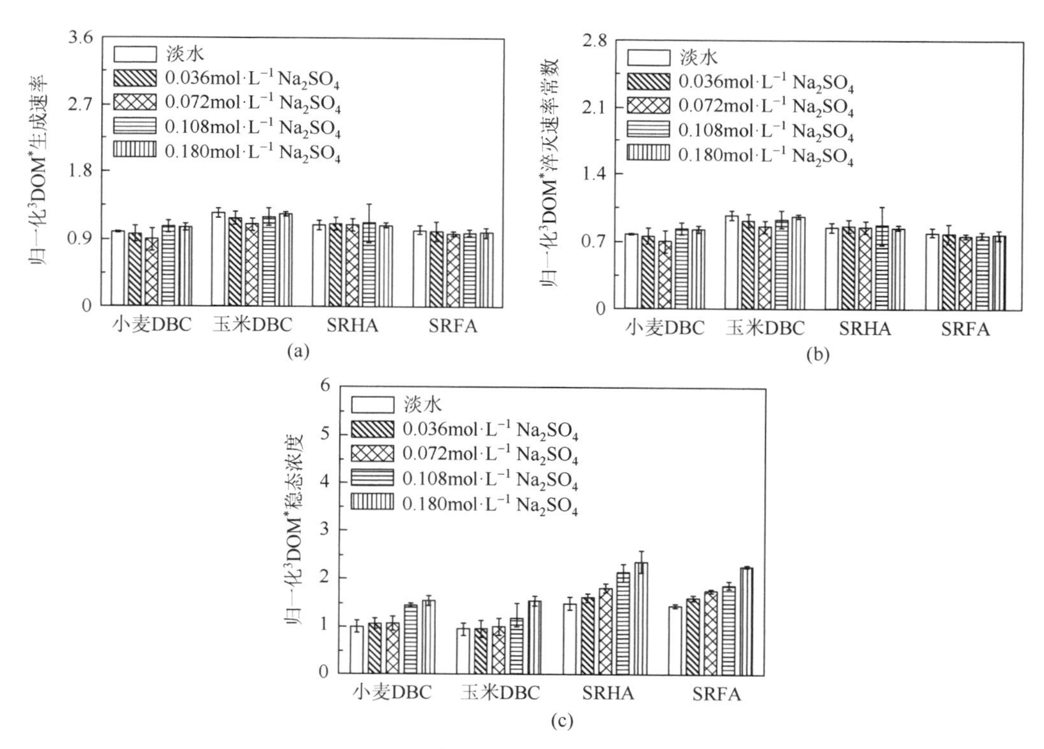


图 8-7　不同浓度的 $Na_2SO_4$ 中 5 $mg\cdot L^{-1}$ DOM 的 $^3DOM^*$生成速率、淬灭速率常数和稳态浓度（所有样本均标准化为淡水小麦 DBC 值）

误差线表示平均值的标准偏差，$n=3$

# 8.3　卤素离子对DBC介导的污染物光降解的影响

## 8.3.1　卤素离子对卡马西平和17β-雌二醇直接光降解的影响

由于卤素离子的离子强度效应减缓了三重态和TMP之间的电子转移过程，并抑制了三重态和光敏剂之间的相互作用，因此可以推断DBC诱导的有机污染物的光降解在海水环境中也会受到影响。图8-8和图8-9展示了无光敏剂的卡马西平和17β-雌二醇在存在/不存在卤素离子情况下的光降解动力学。与前人的研究结果类似[16, 18]，与DBC诱导的卡马西平和17β-雌二醇的间接光降解相比，在含/不含卤素离子的情况下，目标污染物的直接光降解非常缓慢，几乎可以忽略不计。

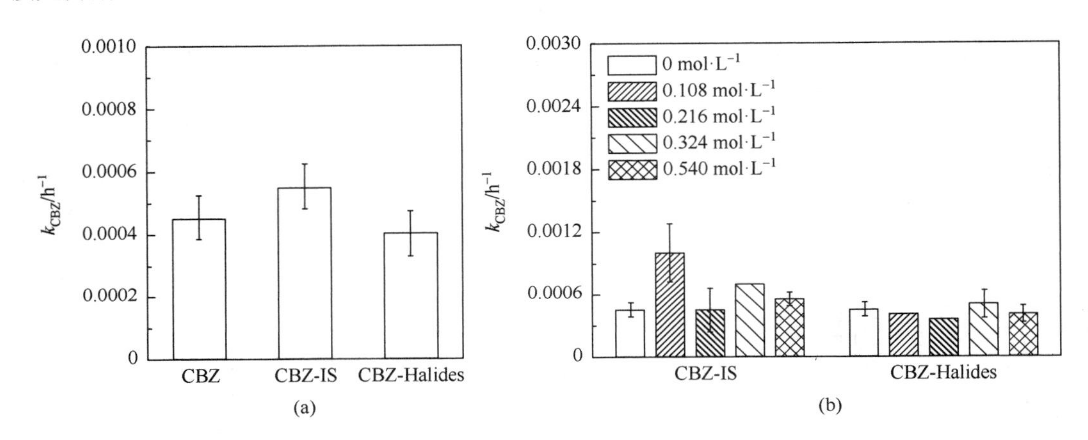


图8-8　卤素离子和离子强度IS对卡马西平（CBZ）在淡水、0.18 mol·L$^{-1}$ $Na_2SO_4$ 离子强度控制和海水卤化物基质中的光降解的影响

误差线表示平均值的标准偏差，$n = 3$

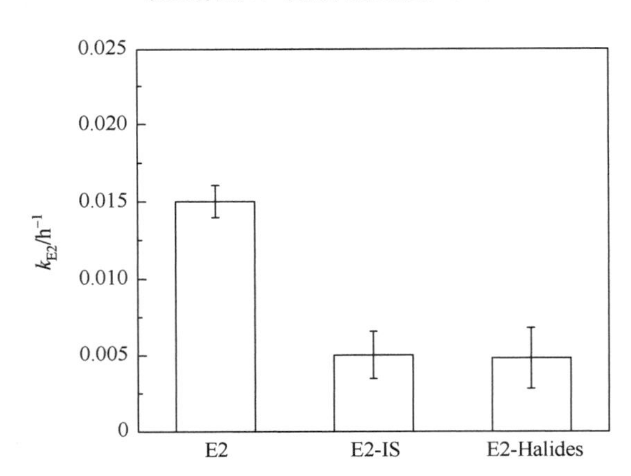


图8-9　卤素离子和离子强度（IS）对17β-雌二醇（E2）光降解的影响

误差线表示平均值的标准偏差，$n = 3$

研究卡马西平和 17β-雌二醇在卤素离子和 DBC 共存条件下的光降解动力学。如图 8-8 和图 8-9 所示，卡马西平的直接光降解不受卤素离子的影响，然而，17β-雌二醇的直接光降解受到卤素离子的离子强度效应影响。为了进一步阐明卡马西平和 17β-雌二醇在不同条件下的光降解差异，根据光降解动力学计算目标化合物的光降解速率常数（$k$），发现它们的光降解速率符合通过 $\ln(c/c_0)$与时间的线性回归拟合的伪一级动力学方程（$R^2>0.96$，$p<0.05$）（图 8-10）。添加 DBC 后卡马西平（$k_{CBZ}=0.0043\ h^{-1}$）和 17β-雌二醇（$k_{E2}=0.1708\ h^{-1}$）的 $k$ 值高于未添加 DBC 时卡马西平（$k_{CBZ}=0.0005\ h^{-1}$）和 17β-雌二醇的 $k$ 值（$k_{E2}=0.0150\ h^{-1}$），表明 DBC 的发色团组分显著促进目标污染物的光降解（图 8-11）。

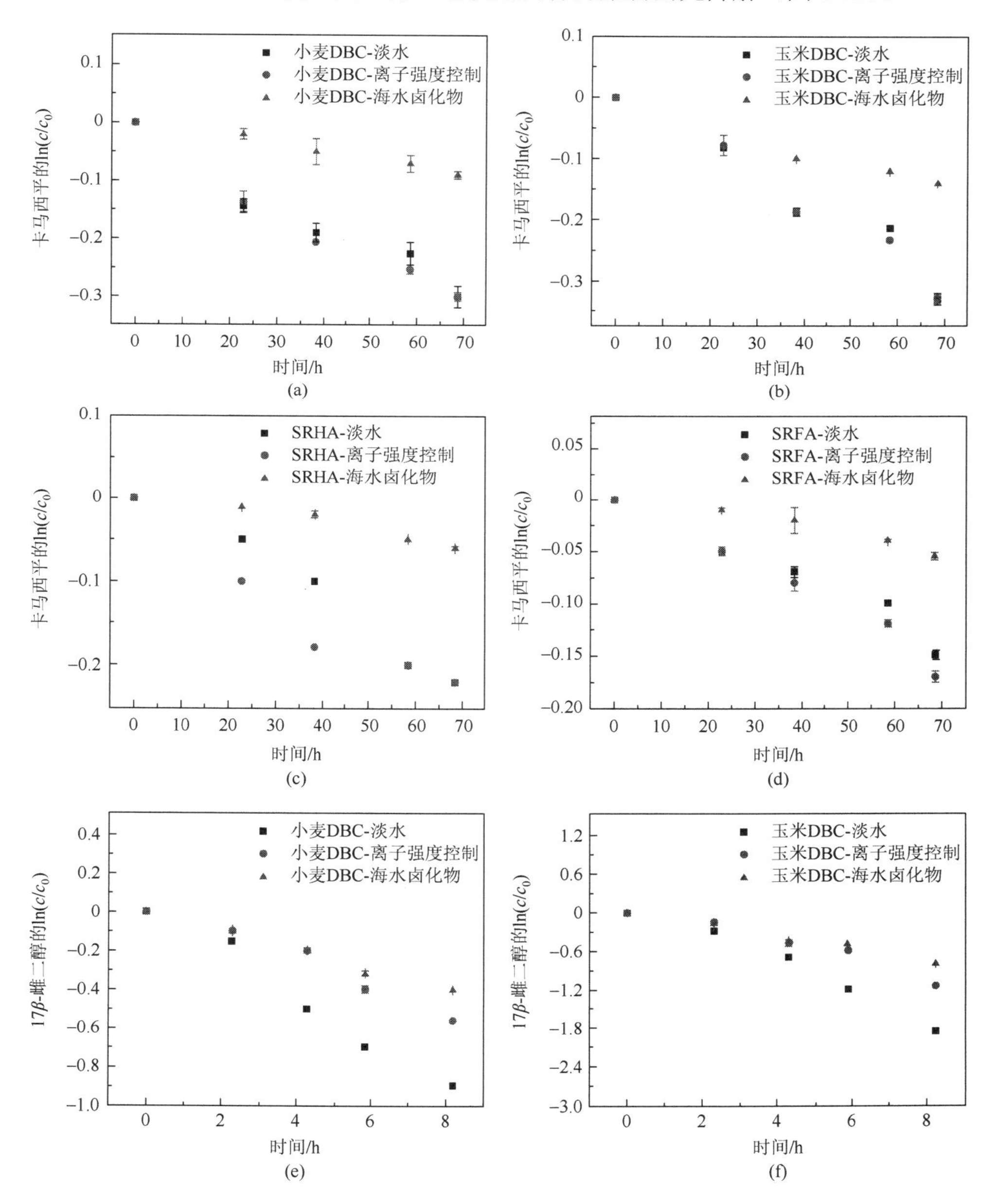

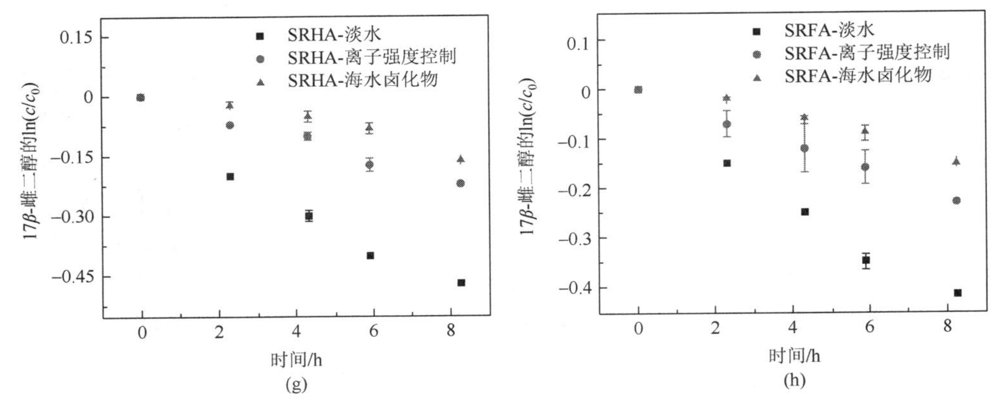


图 8-10　卡马西平和 17β-雌二醇在不同体系中的光降解动力学

误差线表示平均值的标准偏差，$n = 3$

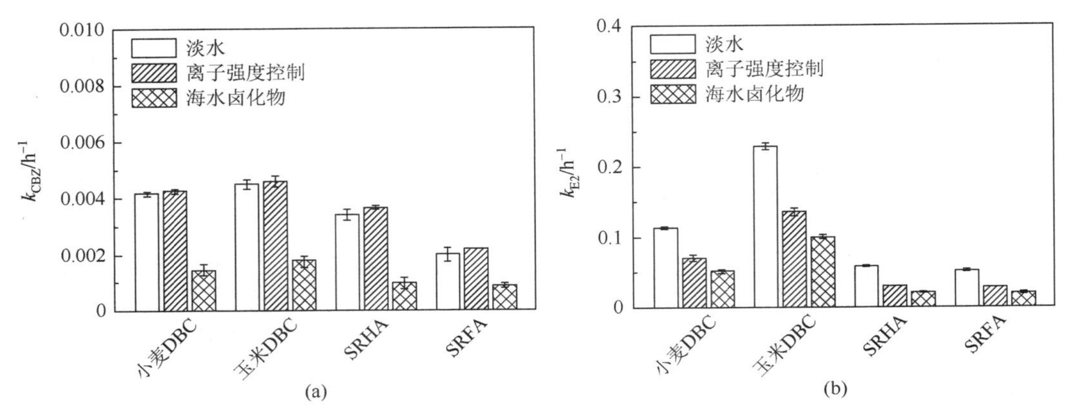


图 8-11　在淡水、离子强度控制和海水卤化物基质中 DOM 对卡马西平（$k_{CBZ}$）和 17β-雌二醇（$k_{E2}$）的光降解速率常数

误差线表示平均值的标准偏差，$n = 3$

### 8.3.2　卤素离子对 DBC 间接光降解卡马西平的影响

对于卡马西平，当向含有 DBC 的纯水中添加卤素离子时，光降解速率显著降低。此外，与纯水相比，0.18 mol·L$^{-1}$ $Na_2SO_4$ 基质的卡马西平在 DBC 溶液中的光降解速率没有发生显著变化。因此，可以推测，在卤素离子存在条件下，特定的卤化物离子效应主要通过影响 DBC 来抑制卡马西平的光降解，这可以解释为 $^3DBC^*$ 与卤素离子反应生成 RHS，导致 $^3DBC^*$ 淬灭。

### 8.3.3　卤素离子对 DBC 间接光降解 17β-雌二醇的影响

对于 17β-雌二醇，与纯水相比，添加卤素离子后，其在 DBC 溶液中的光降解速率显著降低，但其在 0.18 mol·L$^{-1}$ $Na_2SO_4$ 基质中的表观光降解速率高于其在卤化物基质中的光降解速率，表明在卤素离子存在条件下 17β-雌二醇光降解速率的降低归因于离子强度效应和特定的卤化物盐离子效应。这些光降解动力学差异表明，与卡马西平和 17β-雌二醇的光降解有关的 DBC 主要反应机制在卤素离子存在条件下可能不同，其可能会受到 IS 和特定卤素盐离子的影响。

# 8.4 DBC 激发三重态和活性卤素物种在光降解中的作用

## 8.4.1 DBC 光致 ROS 对卡马西平间接光降解的影响

DBC 介导的药物活性化合物光降解可归因于 DBC 产生的 ROS（如激发三重态、$^1O_2$ 和•OH）[1, 11, 14, 19, 20]。为了研究卤素离子对 DBC 介导的卡马西平和 17β-雌二醇光降解的影响，使用山梨酸、叔丁醇、异丙醇和鼓泡 $N_2$ 进行 ROS 淬灭实验（图 8-12）。山梨酸可以淬灭高能激发三重态[11]。由于基态氧是激发三重态的淬灭剂，因此在 $N_2$ 鼓泡后 $^3DBC^*$ 的淬灭速率常数可能会降低，从而增加 $^3DBC^*$ 的稳态浓度并抑制 $^1O_2$ 的生成。

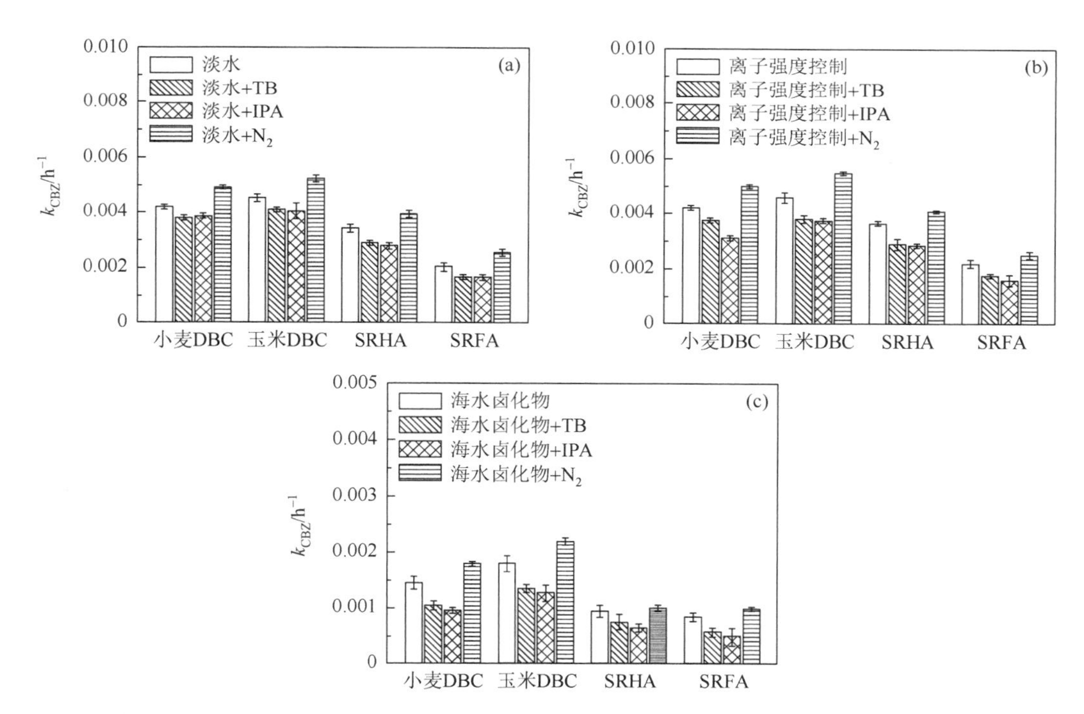


图 8-12 在叔丁醇、异丙醇和 $N_2$ 存在条件下 DOM 敏化的卡马西平在淡水、离子强度控制和海水卤化物基质中的光降解速率常数（$k_{CBZ}$）

误差线表示平均值的标准偏差，$n = 3$

对于卡马西平，添加的山梨酸严重影响了 DOM 对卡马西平的光降解（$k_{DOM} = 0.0002\ h^{-1}$）。在纯水/卤素离子与山梨酸存在条件下，卡马西平几乎没有降解，表明高能 $^3DBC^*$ 是 DBC 介导的卡马西平光降解的重要反应中间体，而低能 $^3DBC^*$ 几乎不参与卡马西平的间接光降解。此外，在鼓吹 $N_2$ 后卡马西平的表观光降解速率增加，表明 $^1O_2$ 几乎不参与光降解，而 $^3DBC^*$ 是主要贡献者。上述研究结果表明，高能 $^3DBC^*$ 是在卤素离子存在条件下卡马西平间接光降解中的主要活性氧物种。在含卤素离子的基质中卡马西平表观光降解速率减小主要归因于卤素离子的作用，卤素离子对卡马西平的直接光降解几乎没有产生影响，其主要通过与 $^3DBC^*$ 发生反应抑制卡马西平的间接光降解。通过 Q-TOF-MS 测定降解产物如表 8-2 所示。

**表 8-2　通过 Q-TOF-MS 测定卡马西平和 17β-雌二醇光卤化产物的准确质量**

| 化合物 | 化学式 | $[M+H]^+$（$m/z$） | | 误差/ppm | 结构 |
|---|---|---|---|---|---|
| | | 理论 | 实际 | | |
| 卡马西平 | $C_{15}H_{12}N_2O$ | 237.1028 | 237.1040 | 5.1 | 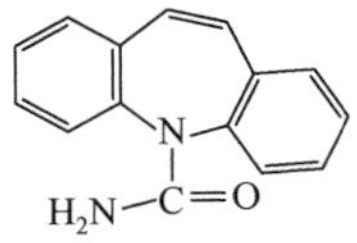 |
| P270 | $C_{15}H_{11}ClN_2O$ | 271.0638<br>273.0609 | 271.0620<br>273.0590 | −6.6<br>−7.0 | 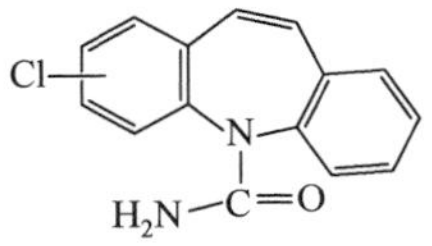 |
| P314 | $C_{15}H_{11}BrN_2O$ | 315.0133<br>317.0113 | 315.0120<br>317.0110 | −4.1<br>−1.0 | 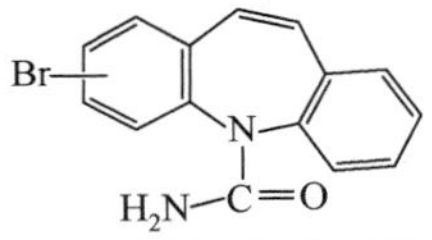 |
| 17β-雌二醇 | $C_{18}H_{24}O_2$ | 271.1698 | 271.1710 | 4.4 | 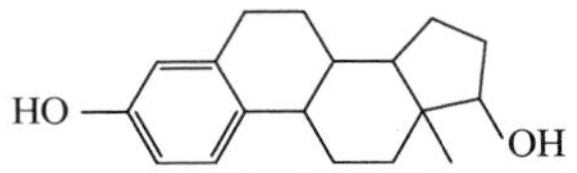 |
| P306 | $C_{18}H_{23}ClO_2$ | 305.1308<br>307.1279 | 305.1320<br>3.7.1270 | 3.9<br>−2.9 | 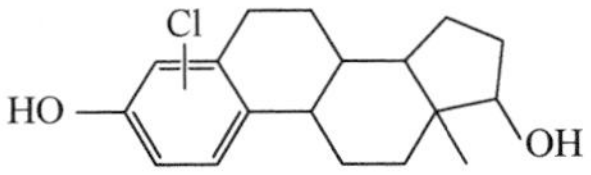 |
| P350 | $C_{18}H_{23}BrO_2$ | 349.0803<br>351.0783 | 349.0800<br>351.0770 | −0.9<br>−3.7 | 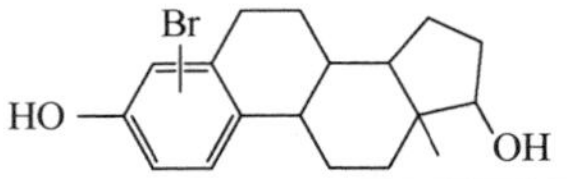 |

## 8.4.2　DBC 光致 ROS 对 17β-雌二醇间接光降解的影响

在纯水/0.18 $mol·L^{-1}$ $Na_2SO_4$ 和 5 $mg·L^{-1}$ DBC 条件下，用叔丁醇/异丙醇淬灭•OH 后，17β-雌二醇的表观光降解速率略有下降，表明•OH 参与了 17β-雌二醇的间接光降解，但贡献较小［图 8-13（a）和图 8-13（b）］。在 0.18 $mol·L^{-1}$ $Na_2SO_4$/0.54 $mol·L^{-1}$ 卤素离子存在情况下，17β-雌二醇的光降解速率由于脱氧作用而显著降低，表明在 0.54 $mol·L^{-1}$ 海水卤化物基质中约有 40%的 17β-雌二醇的间接光降解依靠 $^1O_2$。通过比较 $^3DBC^*$ 敏化的 17β-雌二醇在纯水与卤素离子中对光降解的贡献，可评估三重态的重要性。过量的山梨酸抑制了 DBC 对 17β-雌二醇的光降解，但其光降解速率仍远高于 17β-雌二醇的直接光降解速率。此外，低能 $^3DBC^*$对 17β-雌二醇的光降解能力优于低能 $^3DOM^*$，这可能与 $^3DBC^*$比 $^3DOM^*$的氧化能力更强有关。此外，可通过计算 $^3DBC^*$和 $^3DOM^*$与 17β-雌二醇的二级反应速率常数，比较 $^3DBC^*$和 $^3DOM^*$的降解能力。研究结果表明，在卤素离子存在条件下，$^3DBC^*$和 $^1O_2$ 是参与 DBC 光降解 17β-雌二醇的主要活性氧物种。在卤素离子存在时，17β-雌二醇光降解减少主要归因于离子强度效应和特定的卤素离子效应，离子强度效应抑制了 17β-雌二醇光降解中的电子转移，而特定的卤素离子效应影响了 $^3DBC^*$。

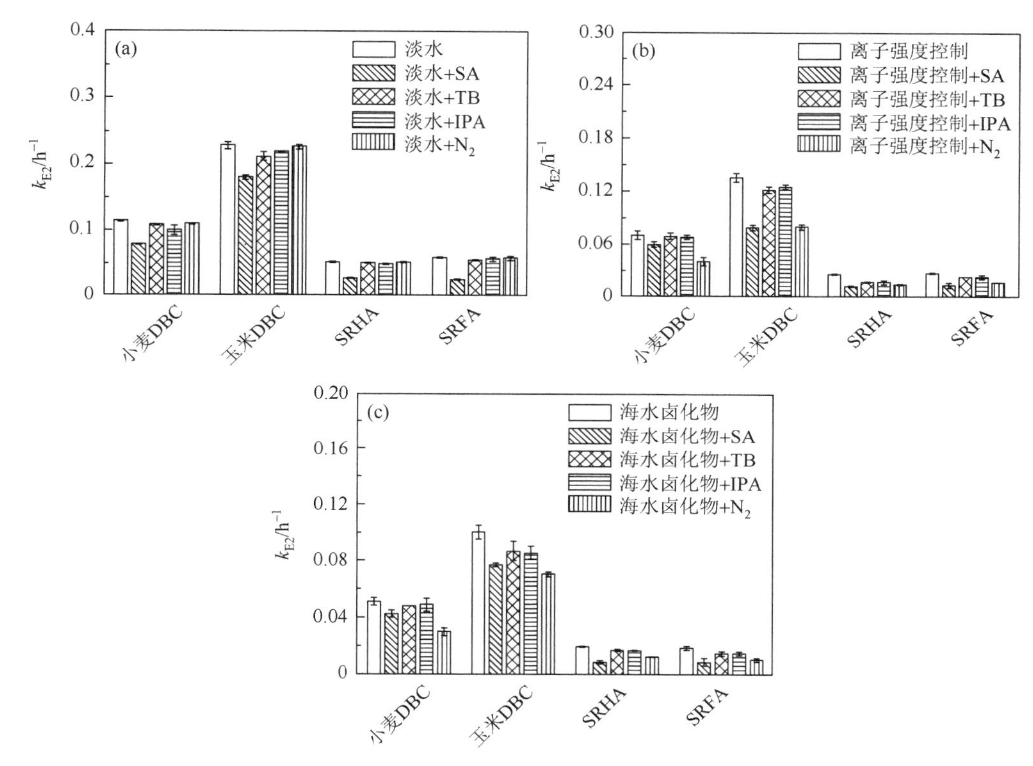


图 8-13　在存在山梨酸（SA）、叔丁醇（TB）、异丙醇（IPA）和 $N_2$ 鼓吹条件下，DOM 在淡水、离子强度控制和海水卤化物基质中对 17β-雌二醇的表观光降解速率常数（$k_{E2}$）

误差线表示平均值的标准偏差，$n=3$

DBC 对卡马西平和 17β-雌二醇的降解机制不同可能归因于 $^3DBC^*$与卡马西平主要发生能量转移反应，而与 17β-雌二醇主要发生电子转移反应。基于 DBC 中反应物种在 17β-雌二醇光降解中的作用，17β-雌二醇的间接光降解速率（$r_{E2}$）可由式（8.4.1）给出：

$$
\begin{aligned}
r_{E2} &= -\frac{d[E2]}{dt} = k_{obs}[E2] \\
&= k_{^3DOM^*,E2}[^3DOM^*]_{SS}[E2] + k_{\bullet OH,E2}[\bullet OH]_{SS}[E2] + k_{^1O_2,E2}[^1O_2]_{SS} \\
&\quad - k_0[E2\bullet^+]_{SS}[DOM]_{SS} - k_1[DOM\bullet^- \cdots E2\bullet^+]
\end{aligned}
\tag{8.4.1}
$$

式中，[E2]为 17β-雌二醇的初始浓度（$mol \cdot L^{-1}$）；$k_{^3DOM^*,E2}$ 为 $^3DOM^*$与 17β-雌二醇的二级

反应速率常数$[(mol·L^{-1})^{-1}·s^{-1}]$；$[•OH]_{ss}$和$[^1O_2]_{ss}$分别为•OH 和 $^1O_2$ 的稳态浓度（$mol·L^{-1}$）；$k_{•OH,E2}$为•OH 与 17β-雌二醇的二级反应速率常数$[(mol·L^{-1})^{-1}·s^{-1}]$；$k_{^1O_2,E2}$ 为 $^1O_2$与 17β-雌二醇的二级反应速率常数$[(mol·L^{-1})^{-1}·s^{-1}]$。假设溶液中 $^3DOM^*$的 $F_T$在光照模拟实验中是稳定的，$^3DOM^*$的$[T]_{ss}$可以通过如下公式计算：

$$[^3DOM^*]_{SS}=\frac{k_{abs}\Phi_{ISC}[DOM]}{k_d+k_{O_2}[O_2]+k_{^3DOM^*,E2}[E2]} \tag{8.4.2}$$

离子自由基对的浓度为

$$[DOM•^-\cdots E2•^+]_{SS}=\frac{k_{^3DOM^*,E2}[^3DOM^*][E2]}{k_1+k_2} \tag{8.4.3}$$

而自由基阳离子的浓度为

$$[E2•^+]_{SS}=\frac{k_2[DOM•^-\cdots E2•^+]}{k_0[DOM]+k_r} \tag{8.4.4}$$

将式（8.4.2）～式（8.4.4）代入式（8.4.1）：

$$\begin{aligned}k_{obs}^T&=k_{obs}-k_{•OH,E2}[•OH]-k_{^1O_2,E2}[^1O_2]\\&=\frac{k_2k_rk_{^3DOM^*,E2}k_{abs}\Phi_{ISC}[DOM]}{(k_0[DOM])(k_d+k_{O_2}[O_2]+k_{^3DOM^*,E2}[E2])(k_1+k_2)}\end{aligned} \tag{8.4.5}$$

将式（8.4.5）线性化并转化：

$$\frac{1}{r_T}=\frac{1}{k_{obs}^T[E2]}=\frac{k_d+k_{O_2}[O_2]}{fk_{^3DOM^*,E2}}\frac{1}{[E2]}+\frac{1}{f} \tag{8.4.6}$$

$$\frac{1}{f}=\frac{(k_0[DOM]+k_r)(k_1+k_2)}{k_2k_rk_{abs}\Phi_{ISC}[DOM]} \tag{8.4.7}$$

式中，$k_d$ 为物理淬灭常数；$k_0$ 为 E2•⁺ 的淬灭速率常数；$k_1$ 为 $DOM•^-\cdots E2•^+$ 通过电子转移到达基态的反应速率常数；$k_2$ 为 $DOM•^-\cdots E2•^+$ 分离成阳离子自由基 $E2•^+$ 的反应速率常数；$k_r$ 为 $E2•^+$ 的一级降解速率常数；$k_{obs}$ 为 E2 在 DOM 溶液中的一阶降解速率常数；$k_{abs}$ 为 DOM 的光吸收速率；$k_{obs}^T$ 为由 $^3DOM^*$诱导的 17β-雌二醇间接光降解速率常数；$k_{^3DOM^*,E2}$ 可根据式（8.4.6）的斜率和截距获得。

基于上述方程，小麦秸秆 DBC 的$k_{^3DOM^*,E2}$值为$(3.57±0.39)×10^{10}\ (mol·L^{-1})^{-1}·s^{-1}$，玉米秸秆 DBC 的 $k_{^3DOM^*,E2}$ 值为$(4.20±0.37)×10^{10}\ (mol·L^{-1})^{-1}·s^{-1}$，SRHA 的 $k_{^3DOM^*,E2}$ 值为$(2.60±0.47)×10^{10}\ (mol·L^{-1})^{-1}·s^{-1}$，SRFA 的$k_{^3DOM^*,E2}$值为$(2.35±0.49)×10^{10}\ (mol·L^{-1})^{-1}·s^{-1}$。DBC 的$k_{^3DOM^*,E2}$值略高于 DOM，表明 $^3DBC^*$氧化 17β-雌二醇的能力比 $^3DOM^*$强。这与$f_{TMP}$的计算结果一致，即 $^3DBC^*$的 $f_{TMP}$平均值［淡水基质：438 $(mol·L^{-1})^{-1}$；海水卤化物基质：198 $(mol·L^{-1})^{-1}$］高于 $^3DOM^*$［淡水基质：49 $M^{-1}$；海水卤化物基质：40 $(mol·L^{-1})^{-1}$］，这是因为 TMP 也可被视为目标污染物。同时，$^3DBC^*$的$\Phi_{^1O_2}$ 平均值（淡水基质：4.75%；海水卤化物基质：4.70%）也高于 $^3DOM^*$（淡水基质：2.84%；海水卤化物基质：2.79%）。

由于 $^3DBC^*$在海水环境中具有相对较高的量子产率和电子转移能力，因此它会导致含 DBC 的河口水中的药物活性化合物进行更快速的三重态敏化降解。

基于上述讨论，可以发现卤素离子不会影响 $^3DBC^*$的 $F_T$ 值，但会降低其 $k_s'$ 值，从而导致 $^3DBC^*$稳态浓度增加，这归因于卤素离子的离子强度效应（图 8-14）。同时，在离子强度效应下，DBC 中的电子转移被抑制，这避免了三重态的能量损失，并表现出 $^3DBC^*$稳态浓度相对较高。对于含有卤素离子的基质中 $^3DBC^*$诱导的卡马西平光降解，卤素离子可以与 $^3DBC^*$发生反应，导致部分 $^3DBC^*$被淬灭，从而降低卡马西平的间接光降解速率。对于 17β-雌二醇，卤素离子抑制了 $^3DBC^*$和 17β-雌二醇之间的电子转移，从而降低了 17β-雌二醇的光降解速率。

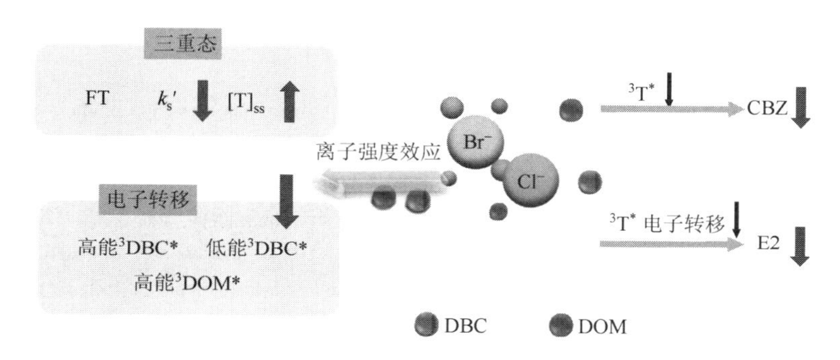


图 8-14　卤素离子对 DOM 三重态的影响机制

## 8.4.3　卤素自由基对 DBC 间接光降解卡马西平的影响

叔丁醇和异丙醇都可以与•OH 发生反应[21]。叔丁醇与•OH 的反应速率常数 $k_{\text{tert-butanol, •OH}} = 6.0\times10^8\ (\text{mol·L}^{-1})^{-1}\text{·s}^{-1}$，异丙醇与•OH 的反应速率常数 $k_{\text{isopropanol, •OH}} = 2.3\times10^9(\text{mol·L}^{-1})^{-1}\text{·s}^{-1}$[21, 22]。然而，叔丁醇和异丙醇与 RHS 的二级反应速率常数相差几个数量级［$k_{\text{isopropanol, Br·}} = 6.6\times10^6\ (\text{mol·L}^{-1})^{-1}\text{·s}^{-1}$］，$k_{\text{isopropanol, Cl2·−}} = 1.2\times10^5\ (\text{mol·L}^{-1})^{-1}\text{·s}^{-1}$，$k_{\text{tert-butanol, Br·}} = 1.4\times10^4\ (\text{mol·L}^{-1})^{-1}\text{·s}^{-1}$，和 $k_{\text{tert-butanol, Cl2·−}} = 7.0\times10^2\ [(\text{mol·L}^{-1})^{-1}\text{·s}^{-1}]$[23]。因此，利用卡马西平和 17β-雌二醇分别在叔丁醇和异丙醇存在条件下的光降解速率差异，研究 RHS 对 DBC 光降解卡马西平与 17β-雌二醇的影响。

在纯水和 0.18 $\text{mol·L}^{-1}$ $Na_2SO_4$ 基质中，由于不存在卤素离子，叔丁醇和异丙醇都可以淬灭•OH。如图 8-12（a）和图 8-12（b）所示，添加叔丁醇和异丙醇后，卡马西平表观光降解速率减小，表明•OH 参与了卡马西平的间接光降解。使用硝基苯作为•OH 的探针[24]对 DBC 中•OH 的光诱导生成情况进行测定，其在含有 DBC 的不同基质中的稳态浓度约为 $10^{-16}$ $\text{mol·L}^{-1}$（表 8-1）。•OH 可以氧化卤素离子产生 RHS，RHS 可以与污染物反应生成卤化中间体[23, 25]，$^3DOM^*$可以与卤素离子反应生成激基复合物或直接氧化卤素离子生成 RHS[26]，这将影响有机污染物的降解。在图 8-12（c）中，与在卤素离子存在条件下卡马西平的表观光降解速率相比，叔丁醇和异丙醇的添加没有显著影响卡马西平的光降解，而且即使确定了卤化产物，RHS 也不会显著影响卡马西平的光降解（表 8-2）。

### 8.4.4　卤素自由基对 DBC 间接光降解 17β-雌二醇的影响

在卤素离子和 DBC 共存的情况下，分别加入叔丁醇和异丙醇后，17β-雌二醇的 *k* 值没有显著降低［图 8-13（c）］。这再次表明，尽管形成了表 8-2 所列的卤化中间体，但 RHS 在 17β-雌二醇光降解中的作用可以忽略不计。在 $N_2$ 鼓泡后，17β-雌二醇在纯水中的光降解速率没有发生显著变化。

## 参考文献


[1] Tu Y N，Liu H Y，Li Y J，et al. Radical chemistry of dissolved black carbon under sunlight irradiation：quantum yield prediction and effects on sulfadiazine photodegradation[J]. Environmental Science and Pollution Research，2021，29（15）：21517-21527.

[2] Canonica S. Oxidation of aquatic organic contaminants induced by excited triplet states[J]. Chimia International Journal for Chemistry，2007，61（10）：641-644.

[3] Zhou H X，Yan S W，Lian L S，et al. Triplet-state photochemistry of dissolved organic matter：triplet-state energy distribution and surface electric charge conditions[J]. Environmental Science & Technology，2019，53（5）：2482-2490.

[4] Sharpless C M. Lifetimes of triplet dissolved natural organic matter（DOM）and the effect of $NaBH_4$ reduction on singlet oxygen quantum yields：implications for DOM photophysics[J]. Environmental Science & Technology，2012，46（8）：4466-4473.

[5] McKay G，Huang W X，Romera-Castillo C，et al. Predicting reactive intermediate quantum yields from dissolved organic matter photolysis using optical properties and antioxidant capacity[J]. Environmental Science & Technology，2017，51（10）：5404-5413.

[6] Zhou H X，Lian L S，Yan S W，et al. Insights into the photo-induced formation of reactive intermediates from effluent organic matter：the role of chemical constituents[J]. Water Research，2017，112：120-128.

[7] Zafiriou O C，Joussot-Dubien J，Zepp R G，et al. Photochemistry of natural waters[J]. Environmental Science & Technology，1984，18（12）：358A-371A.

[8] Pan Y H，Garg S，Waite T D，et al. Copper inhibition of triplet-induced reactions involving natural organic matter[J]. Environmental Science & Technology，2018，52（5）：2742-2750.

[9] Canonica S，Hoigné J. Enhanced oxidation of methoxy phenols at micromolar concentration photosensitized by dissolved natural organic material[J]. Chemosphere，1995，30（12）：2365-2374.

[10] Canonica S，Jans U，Stemmler K，et al. Transformation kinetics of phenols in water：photosensitization by dissolved natural organic material and aromatic ketones[J]. Environmental Science & Technology，1995，29（7）：1822-1831.

[11] Wang H，Zhou H X，Ma J Z，et al. Triplet photochemistry of dissolved black carbon and its effects on the photochemical formation of reactive oxygen species[J]. Environmental Science & Technology，2020，54（8）：4903-4911.

[12] Parker K M，Pignatello J J，Mitch W A. Influence of ionic strength on triplet-state natural organic matter loss by energy transfer and electron transfer pathways[J]. Environmental Science & Technology，2013，47（19）：10987-10994.

[13] Fu H Y，Liu H T，Mao J D，et al. Photochemistry of dissolved black carbon released from biochar：reactive oxygen species generation and phototransformation[J]. Environmental Science & Technology，2016，50（3）：1218-1226.

[14] Wan D，Wang J，Dionysiou D D，et al. Photogeneration of reactive species from biochar-derived dissolved black carbon for the degradation of amine and phenolic pollutants[J]. Environmental Science & Technology，2021，55（13）：8866-8876.

[15] Wang J Q，Chen J W，Qiao X L，et al. Disparate effects of DOM extracted from coastal seawaters and freshwaters on photodegradation of 2, 4-Dihydroxybenzophenone[J]. Water Research，2019，151：280-287.

[16] Grebel J E，Pignatello J J，Mitch W A. Impact of halide ions on natural organic matter-sensitized photolysis of 17β-estradiol in

saline waters[J]. Environmental Science & Technology，2012，46（13）：7128-7134.

[17] al Housari F，Vione D，Chiron S，et al. Reactive photoinduced species in estuarine waters. Characterization of hydroxyl radical，singlet oxygen and dissolved organic matter triplet state in natural oxidation processes[J]. Photochemical & Photobiological Sciences，2010，9（1）：78-86.

[18] Hou Z C，Fang Q，Liu H Y，et al. Photolytic kinetics of pharmaceutically active compounds from upper to lower estuarine waters：roles of triplet-excited dissolved organic matter and halogen radicals[J]. Environmental Pollution，2021，276：116692.

[19] Zhou Z C，Chen B N，Qu X L，et al. Dissolved black carbon as an efficient sensitizer in the photochemical transformation of 17β-estradiol in aqueous solution[J]. Environmental Science & Technology，2018，52（18）：10391-10399.

[20] Tian Y J，Feng L，Wang C，et al. Dissolved black carbon enhanced the aquatic photo-transformation of chlortetracycline via triplet excited-state species：the role of chemical composition[J]. Environmental Research，2019，179：108855.

[21] Zhao Q，Fang Q，Liu H Y，et al. Halide-specific enhancement of photodegradation for sulfadiazine in estuarine waters：roles of halogen radicals and main water constituents[J]. Water Research，2019，160：209-216.

[22] Fang J Y，Fu Y，Shang C. The roles of reactive species in micropollutant degradation in the UV/free chlorine system[J]. Environmental Science & Technology，2014，48（3）：1859-1868.

[23] Grebel J E，Pignatello J J，Mitch W A. Effect of halide ions and carbonates on organic contaminant degradation by hydroxyl radical-based advanced oxidation processes in saline waters[J]. Environmental Science & Technology，2010，44（17）：6822-6828.

[24] Liu H Y，Zhang B J，Li Y J，et al. Effect of radical species and operating parameters on the degradation of sulfapyridine using a UV/chlorine system[J]. Industrial & Engineering Chemistry Research，2020，59（4）：1505-1516.

[25] Liu H，Zhao H M，Quan X，et al. Formation of chlorinated intermediate from bisphenol A in surface saline water under simulated solar light irradiation[J]. Environmental Science & Technology，2009，43（20）：7712-7717.

[26] Jammoul A，Dumas S，D' Anna B，et al. Photoinduced oxidation of sea salt halides by aromatic ketones：a source of halogenated radicals[J].Atmospheric Chemistry and Physics，2009，9（13）：4229-4237.